ENFANTS, CHERCHEURS ET CITOYENS

Sous la direction de
GEORGES CHARPAK

ENFANTS, CHERCHEURS ET CITOYENS

AVEC LA COLLABORATION DE :

Leon Lederman et son équipe
René Garassino, Yves Janin, Alain Midol, Renée Midol
Marc Burgess, Daniel Mangili, Alain Maruani, Damien Polis
Sophie Ernst

15, RUE SOUFFLOT, 75005 PARIS
INTERNET : http://www.odilejacob.fr

ISBN 2-7381-0641-2

INTRODUCTION

Pollens

GEORGES CHARPAK

Après avoir passé une bonne partie de ma vie à contribuer au déchiffrement de l'infiniment petit, je me suis trouvé confronté, âge et honneurs aidant, à la cité où j'évoluais. Ma famille, mes amis, mon pays, ma belle planète sont devenus plus visibles, plus palpables, exigeant soudain plus d'attention, lorsque je suis sorti du cocon de la physique pure qu'était mon laboratoire, le CERN, le Centre européen pour la recherche nucléaire. C'est un vaste vivier de quelques milliers de personnes, où se côtoient des chercheurs du monde entier, libérés de la plupart des barrières matérielles grâce aux moyens dont ils sont dotés. Libérés aussi des barrières politiques car, aux pires moments de la guerre froide, les liens ne furent jamais rompus entre les physiciens des hautes énergies. L'absence de toute application militaire ou économique visible a permis aux hommes politiques de préserver cette passerelle entre les élites scientifiques de régions ennemies, passerelle dont l'effet principal a été la contamination de nos collègues subissant des régimes totalitaires par les idéaux démocratiques.

Au plus fort de mon engagement professionnel, je me suis intéressé aux problèmes qui affectaient le monde. Les guerres, les révolutions, les persécutions rencontraient un écho même dans notre cocon. Lorsque je l'ai quitté, j'ai ressenti le besoin d'approfondir ma connaissance de quelques problèmes qui me paraissaient essentiels pour l'avenir. Et ce n'est pas un hasard si j'ai écrit avec

R. L. Garwin, avec qui j'avais travaillé quand je suis arrivé au CERN, un ouvrage sur les problèmes du nucléaire civil et militaire, *Feux follets et champignons nucléaires*. J'avais pensé utile, en même temps que je développais mes propres connaissances, d'aider à éclairer un domaine dans lequel intérêts étroits et propagandes sectaires contribuaient à obscurcir les débats. J'attachais une grande importance à l'éducation, comme assise principale des sociétés démocratiques et aussi pour des raisons peut-être sentimentales. Arrivé de Pologne à l'âge de sept ans, d'une famille très modeste, j'avais pu bénéficier de l'instruction de la plus haute qualité qu'on pût alors trouver en France, sans jamais avoir à souffrir de l'impécuniosité des miens.

Mais aussi, pour des motifs rationnels, j'avais développé un sentiment d'horreur pour tous les intégrismes, tous les fascismes. Mon expérience m'avait appris qu'ils peuvent prendre toutes les couleurs de l'arc-en-ciel. Et je pensais qu'une bonne éducation largement répandue était le meilleur rempart à leur opposer. Quel devait être le rôle de la science dans cette éducation ? Je sentais qu'en raison du bouleversement que la science a apporté à la vie dans nos sociétés il fallait repenser son rôle dans l'enseignement donné à tous les citoyens. Ceux-ci ont vécu, pendant le siècle écoulé, un bourgeonnement extraordinaire de la science. Doivent-ils le considérer comme un bienfait ou un malheur ?

Pour ceux, fort rares, qui ont goûté aux fruits des nouvelles connaissances, ce fut une fête grisante. Pour ceux, très nombreux, qui ont vu leur santé, la qualité de leur vie s'améliorer, leurs richesses s'accroître, s'est ancrée l'idée que les bienfaits sont dominants. Pour ceux, en nombre considérable, qui ne sont pas adaptés aux modes de production nouveaux, aux relations sociales qu'ils imposent, l'intrusion brutale de la science, identifiée aux nouvelles technologies qu'elle a enfantées, est acceptée avec une sourde méfiance ou perçue comme une calamité.

Un certain aveuglement — qui se nourrit d'égoïsme, d'un sentiment de fatalité, d'une bonne conscience que les privilégiés dont l'avenir est assuré, du plus humble au plus nanti, ont toujours su se forger, ou faire forger par leurs penseurs — habite les premiers. Les seconds, les laissés-pour-compte, ceux que les changements condamnent à devenir plus pauvres, à quitter leurs terres, à perdre un statut social qui conférait de la dignité à leur vie, souvent difficile, rejettent souvent la science. Même si elle prolonge de dix ou vingt ans leur espérance de vie, grâce aux progrès de la médecine. Ce rejet les conduit parfois à tomber dans les rets d'idéologues qui ont su forger, avec un art consommé, un obscurantisme moderne aux mille facettes, mystiques, politiques ou scientistes.

Mais ces deux humanités vivent sur la même planète et doivent se frotter l'une à l'autre. Le siècle écoulé a vu se dérouler les plus gigantesques tueries de l'histoire. La vie de dizaines ou de centaines de millions d'humains a été une longue géhenne et n'a guère été adoucie par l'épanouissement des sciences.

À l'échelle des nations, on trouve des structures de solidarité qui visent à atténuer les disparités excessives entre les niveaux de vie. Elles sont devenues inadéquates. Il se crée dans les pays les plus riches des groupes de plus en plus étanches exclus d'une vie digne. La seule façon de faire machine arrière est d'empêcher que les enfants nés dans ces groupes ne sombrent eux aussi dans une exclusion irréversible. S'ils s'installent en permanence dans une vie misérable, ils se forgeront une culture étrangère et hostile à celle qui baigne la société où ils doivent vivre. Et c'est à un rythme endiablé que chaque décennie, puis chaque année, les technologies nouvelles viendront nous rappeler l'urgence d'adapter la société humaine à sa créativité galopante.

La violence qui naîtra de ce divorce rendra fragiles des structures démocratiques chèrement conquises, considérées comme acquises pour toujours et totalement inadaptées aux nouvelles relations sociales. L'évidence de ce constat a conduit depuis des dizaines d'années des éducateurs de nombreux pays à vouloir faciliter l'intégration sociale des enfants de toutes conditions par un enseignement profondément renouvelé dans ses méthodes, ses objectifs, son ambition.

L'éducation, une barrière contre la barbarie

J'ai eu le privilège, il y a six ans, d'être entraîné par mon ami Leon Lederman — qui m'a recruté au CERN il y a quarante ans — dans l'aventure qui est devenue la passion de sa vie : une réforme de l'enseignement donné aux enfants à l'âge tendre, de cinq à douze ans. Il ne s'agissait pas simplement d'introduire une somme de recettes scientifiques dans le cerveau des enfants ou des adolescents, mais d'utiliser leur immense et insatiable curiosité naturelle pour les conduire, par une démarche active, soigneusement élaborée par des scientifiques et des éducateurs, à l'approche du réel tout en apprenant — aspect crucial de la méthode — à communiquer oralement entre eux, à lire et à écrire, en assimilant l'art de raisonner qui leur sera un outil précieux pour se frayer une voie dans la société et pour relever ses défis changeants et inattendus.

Ma conviction a été forgée en une journée en voyant, dans un ghetto de Chicago, des enfants aux yeux pétillants de plaisir découvrir le monde et ses lois en manipulant des objets simples, bien choisis, en discuter entre eux puis avec la maîtresse, en décrivant par l'écriture et le dessin leurs observations, en s'imprégnant des concepts dont les scientifiques qui avaient imaginé les expériences voulaient qu'ils prissent conscience.

Je voyais en action une pédagogie qui reposait sur des idées simples. Il y a une grande parenté entre les démarches des petits enfants qui découvrent le monde et celles des chercheurs scientifiques engagés dans le déchiffrage des secrets de la nature. L'élaboration de la connaissance ne peut se faire, en très grande partie, qu'en s'engageant dans une recherche active et non en engrangeant des vérités assenées. Tous les enfants, tous les adolescents, doivent avoir le droit d'accéder à un niveau élevé de connaissances scientifiques, quels que soient leur origine, leur sexe, la diversité de leurs dons. Il est fondamental que les enfants disposent du temps nécessaire pour acquérir une connaissance profonde d'un certain nombre de sujets, plutôt qu'une accumulation de connaissances superficielles et dispersées. Après avoir parcouru toutes les classes de l'école, j'ai vu à tous les niveaux, en physique, en chimie, en sciences naturelles et en mathématiques, des enfants qui, avec joie, expérimentaient, apprenaient à leur rythme des concepts fondamentaux, réfléchissaient et discutaient.

Ce que je voyais en gestation avait pour moi une importance considérable. C'était la maturation de futurs hommes et femmes libres, capables de rechercher une vérité qui ne leur était pas livrée toute faite, enrichis d'un bagage intellectuel leur permettant de profiter, sans peur, de l'immense trésor des nouvelles connaissances et des nouvelles techniques dont le développement impétueux de la science risquait de les submerger.

Je connaissais la mauvaise réputation de la plus grande partie de l'enseignement public américain. Je savais, par le hasard de mes lectures, que la moitié des élèves du secondaire ne savent pas localiser sur une carte ni la France ni le Japon. La mauvaise qualité de l'enseignement public pénalise les populations les plus fragiles. Seuls 8 % des adolescents noirs, 20 % des adolescents hispaniques et la moitié des adolescents blancs savent calculer la monnaie due sur un repas de deux plats, c'est-à-dire enchaîner une addition et une soustraction. En 1985, 20 % de la main-d'œuvre est illettrée : elle peut épeler les lettres mais ne sait pas lire une phrase.

Tout cela contraste avec la formidable vitalité de l'économie américaine. Celle-ci réclame une modernisation de l'enseignement car elle a bien plus besoin de gens instruits que d'analphabètes. Il n'est pas étonnant que les écoles privées connaissent un essor plus grand que les écoles publiques, puisqu'elles disposent de plus de moyens et montrent une plus grande flexibilité à s'adapter aux besoins de la société.

Mais rien dans ma motivation n'est conditionné par l'idée d'aider à l'adaptation de la main-d'œuvre aux besoins de l'industrie. Les gens instruits et bien formés doivent devenir des citoyens de ce monde utiles dans tous les domaines où se développe leur vie, dans les usines, les bureaux, les champs, leurs foyers et les lieux où s'élaborent des échanges humains, politiques, artistiques, religieux. Je ne voyais pas dans l'école de Lederman naître des petits robots, mais des petits hommes pour lesquels le doute scientifique sera une partie de la culture acquise à l'école, une seconde nature forgée en ayant, seul ou en groupe, appris à déchiffrer les puzzles de la nature.

J'ai rencontré fortuitement, pendant l'été 1998 sur une plage corse, un physicien qui m'a raconté comment Lederman avait été aspiré dans l'aventure. L'enseignement public dans les classes élémentaires à Chicago fut affligé durant de longues années par une grève des instituteurs qui se déclenchait à chaque rentrée scolaire. En 1989, la grève durait depuis six semaines, et les parents étaient furieux. Le maire démocrate, noir, disait que la solution n'était pas de son ressort, de même que le gouverneur, blanc et républicain. La délégation de parents venue discuter avec le représentant syndical, qui selon la tradition américaine était un habile avocat, s'était entendu répondre qu'il n'avait rien à faire avec les parents d'élèves. Mon physicien, parent d'élève, décida alors de louer cinquante autobus et de lancer un appel aux parents, par des annonces payées dans les journaux, pour qu'ils envoient leurs enfants manifester dans l'avenue qui relie la mairie au palais du gouverneur, au cœur de la ville. L'appel fut entendu, et la circulation bloquée par les jeunes assis sur la chaussée. La police fut appelée pour dégager les lieux. Il paraît que les images diffusées par la télévision — un policier de Chicago menaçant de son bâton des « kids » de l'équipe de football, harnachés de leur équipement de guerriers extraterrestres, pour qu'ils dégagent les lieux — frappèrent l'opinion publique.

La pression de celle-ci a fait voler en éclats ces attitudes rigides. Le lendemain, la grève était arrêtée. Le maire et le gouverneur se sentirent soudain concernés, et une réforme radicale de l'enseignement public fut décidée. Elle devait être pilotée par une organisation qui s'appuierait sur toutes les forces vives de la ville : parents, industriels, autorités et enseignants. On demanda alors à Leon Lederman, auréolé de son prestige de directeur du grand laboratoire de physique des particules, le Fermilab, du prix Nobel de physique, et engagé dans des expériences pédagogiques comme l'enseignement des sciences aux enfants doués, de s'impliquer. Ce qu'il fit avec une énergie décuplée par l'importance de l'enjeu.

Lorsque je suis revenu en France, en 1993, j'ai emmené Leon Lederman rencontrer le ministre de l'Éducation nationale d'alors, François Bayrou, pour m'aider à le convaincre. Il l'a été. J'ai pu monter une petite délégation qui est venue à Chicago voir ce que j'avais vu. Ils ont éprouvé le même sentiment que moi. On pouvait certes trouver en France et de par le monde nombre d'expériences de même qualité et d'inspiration semblable, mais ce qui conférait son intérêt à l'entreprise de Lederman, c'était l'ampleur de son ambition.

Il voulait transformer l'enseignement à l'école publique élémentaire à Chicago qui comportait quatre cent quarante mille élèves et qui avait la réputation d'être au niveau le plus bas que l'on pouvait rencontrer aux États-Unis. Sa stratégie consistait à partir d'un enseignement scientifique faisant un large appel à l'expérimentation, introduit dès l'école élémentaire. Il empruntait ainsi une voie ouverte dans son pays par les efforts de toute une communauté d'éducateurs et de savants engagée, depuis de longues années, dans une réflexion et dans des actions visant à rénover l'enseignement scientifique donné aux enfants. Le principal obstacle résidait dans l'impréparation du corps enseignant. Il fallait donc, non seulement fournir la base matérielle indispensable à l'introduction de l'expérimentation scientifique à l'école, mais aussi former les éducateurs. Il créa une académie de formation des maîtres à l'Institut de technologie de l'Illinois et, aujourd'hui, il s'enorgueillit d'avoir pu former deux mille cinq cents instituteurs avec un personnel enseignant de soixante éducateurs et un budget annuel de 6 millions de dollars.

Lorsque notre délégation revint de Chicago, avec Pierre Léna et Yves Quéré, membres de l'Académie des sciences, nous avons su frapper aux bonnes portes pour obtenir des crédits hors Éducation nationale qui nous ont permis de démarrer l'aventure. Nous avons ainsi pu financer, en 1997, le voyage aux États-Unis, non pas cette fois de notables scientifiques ou universitaires, mais d'instituteurs engagés sur le terrain, accompagnés d'autres acteurs qui se sont révélés fort précieux. Ils ont visité les centres autres que Chicago où des expériences similaires étaient entreprises. Des centaines de millions de dollars avaient été dépensés par les autorités fédérales pour susciter des démarches semblables à celles de Chicago, dans une dizaine de centres.

La délégation comptait aussi un groupe important, composé d'enseignants de l'École des mines de Nantes. Sous l'impulsion de leur directeur, Robert Germinet, ils avaient implanté « La Main à la pâte » dans leur département en apportant un élément essentiel : des élèves ingénieurs volontaires pour mettre en place le programme expérimental dans les écoles primaires en aidant l'instituteur lorsque c'était nécessaire.

En février 1998, mon ami Leon Lederman m'a convié à une réunion de travail qu'il organisait à Chicago sur un thème proche de celui dont nous débattions en France, la réforme de l'enseignement scientifique dans les lycées américains.

Lederman et son équipe proposent un changement profond de l'enseignement des sciences dans les lycées, pour préparer les élèves à affronter le monde qui émerge et qu'il définit en quelques phrases lapidaires. La société a été bouleversée par un ouragan d'inventions et par la technologie née de la science. Une croissance encore plus explosive nous guette. Certains estiment que la masse des connaissances double tous les huit ans. En 2020, ce temps sera réduit à moins d'une année. Cette époque si proche verra une prolongation notable de la durée de la vie humaine, le prix des ordinateurs réduit à 600 francs, le paiement généralisé par cartes et Internet, les médicaments synthétisés sur mesure, le transport souterrain supersonique, plus une bonne partie de ce que peuvent imaginer vos auteurs préférés de science-fiction ! Le rythme s'accélère car la science et la technologie créent la richesse et la puissance dont elles se nourrissent.

Et puis vient la biologie avec sa dynamique formidable. L'impact de la biotechnologie pourrait bien dépasser celui de la microélectronique, avec des conséquences économiques et sociales imprévisibles. La chimie et la physique contribueront à ce progrès en apportant les outils nécessaires à l'analyse des processus biologiques de base. Un honnête homme du XXIe siècle devra être équipé d'une vision scientifique lui permettant de s'adapter à ces événements extraordinaires, de contribuer aux nouvelles industries qui vont émerger et de participer aux décisions que devra prendre la société pour orienter le rythme et la finalité de ces changements, dont il ne faut pas oublier les points menaçants. L'un d'eux, et non des moindres, c'est que la distribution inégale des bénéfices de la technologie va accroître le fossé entre les riches et les pauvres. L'accès équilibré à la connaissance sera crucial pour s'attaquer à ce problème.

La clé du succès réside dans notre capacité à adapter à ce monde notre système éducatif d'où doit émerger la sagesse qui permettra de maîtriser les choix entre le raisonnable et l'émotionnel. Est-ce qu'il y a un avenir pour un débat démocratique ou faudra-t-il nous en remettre à jamais à des experts pour barrer le bateau loin des récifs vers les eaux tranquilles de la prospérité ? Les objectifs de l'éducation dans une société démocratique doivent être de relever ce défi. Le but n'est pas de former les dirigeants, mais de préparer les étudiants au monde qui les attend.

Ce sont là quelques idées exprimées par Lederman dans la lettre qui accompagne le projet de réforme présenté dans ce livre par notre groupe de travail. Sa conclusion éclaire l'inspiration qui le guide. La démarche proposée doit abaisser les barrières entre les enseignements de la physique, de la chimie et de la biologie. Mais nous devons aussi faire de même pour celles qui séparent les sciences, les arts, les humanités et les sciences sociales. Plus nous faisons de sciences, plus nous semble réalisable ce rêve. Les écoles doivent aussi s'attaquer aux ajustements culturels que le nouveau millénaire demande. Nos étudiants doivent comprendre ce qu'implique vivre dans une société démocratique.

Ma participation à ce groupe de travail sur la réforme de l'enseignement scientifique dans les lycées s'est enrichie d'une brève escapade qui a renforcé mon désir de contribuer au renouvellement de notre enseignement scientifique dans les écoles, les collèges et les lycées. Il y a dix ans, Leon Lederman avait inspiré la création d'un « lycée d'élite » destiné aux enfants les plus doués de l'Illinois, où se trouve le Fermilab qu'il dirigeait. Ce lycée est peut-être le meilleur des États-Unis. Il présente la particularité d'avoir la même proportion de garçons et de filles des différentes races que la population de l'État !

C'est l'expérience de ce lycée qui inspire les idées-forces du projet de réforme des lycées que nous traduisons dans la première partie de ce livre.

J'ai aimé la démonstration d'une diversité réussie que présentait ce lycée par rapport aux lycées français qui préparent les élèves à entrer dans nos grandes écoles prestigieuses. Lors d'une émission télévisée avec Claude Allègre, j'avais émis une opinion un peu négative sur les classes de préparation aux grandes écoles, fondée sur ma propre expérience. J'avais oublié que cinquante ans étaient passés, oubli que je répète hélas souvent en maintes circonstances. J'ai reçu alors une volée de bois vert dans de nombreuses lettres de protestation et je suis retourné au lycée Saint-Louis auquel je devais une partie de ma formation scientifique entre 1939 et 1942.

J'ai dû faire acte de repentir après avoir constaté les progrès accomplis dans les classes de préparation aux grandes écoles. Mais les contrastes avec le lycée de Chicago étaient trop forts pour laisser passer l'occasion d'une confrontation. Avec l'aide précieuse de mon éditeur, j'ai demandé au professeur du lycée Saint-Louis qui m'avait piloté d'aller aux États-Unis enquêter sur le « lycée d'élite » et livrer le résultat de son constat. C'est finalement un quatuor qu'il a formé, qui s'y est rendu et va, dans ce livre, nous livrer une analyse critique des observations qu'il a faites pendant son séjour.

Lorsque j'ai décrit à Leon Lederman les progrès que nous avions accomplis dans la mise en place de « La Main à la pâte » — trois cent cinquante classes concernées dans cinq régions, 2 000 francs par classe pour l'achat du matériel et quinze jours de formation pour les maîtres —, il a manifesté une grande incrédulité. Les Français sont certes malins, mais comment ont-ils pu faire l'économie d'une formation rigoureuse des instituteurs engagés dans l'aventure ? Il ne fut pas convaincu par mes explications sur l'esprit militant des enseignants, leur stage éventuel de deux semaines à l'Institut de formation des maîtres, l'aide apportée par des étudiants scientifiques, parfois élèves officiers de l'École polytechnique effectuant leur année de service militaire, ou jeunes diplômés scientifiques recrutés sur des emplois temporaires, qui s'impliquent tous avec enthousiasme auprès des maîtres, la mise à disposition de ceux-ci d'un matériel pédagogique qu'ils font évoluer pour se l'approprier, etc.

En fait, je savais pertinemment que c'est sur le problème de la formation des maîtres que nous butions pour une généralisation de la méthode. J'ai donc pensé qu'il serait utile qu'un petit groupe aille camper quelques jours dans l'académie de formation des maîtres organisée par Lederman qui s'enorgueillit d'y avoir déjà formé deux mille cinq cents maîtres enseignant à cinquante mille élèves.

C'est à Vaulx-en-Velin, dans la banlieue de Lyon, qui s'est rendue tristement célèbre par des explosions de violence nées de ses difficultés sociales, que l'expérience de « La Main à la pâte » est le mieux implantée aujourd'hui : cent vingt instituteurs sur un total de deux cents. C'est justement là que j'ai vu, en France, les premières classes les plus convaincantes sur la puissance de la méthode, que j'ai entendu l'appel le plus pressant pour qu'une formation des maîtres plus élaborée vienne soutenir le projet. Ses principaux animateurs ont accepté de partir, également en quatuor, passer quelques jours à Chicago dans l'académie de formation des maîtres et de nous rapporter, pour ce livre, leur analyse. Là encore, l'enthousiasme d'Odile Jacob a permis de surmonter tous les problèmes matériels.

Leur témoignage est d'importance. L'utilisation des manuels américains nous a mis devant un problème inattendu. Dans les laboratoires et les universités, il est d'usage, lorsqu'un livre étranger est de qualité, de le traduire et d'en faire un manuel pour nos étudiants. Il en est ainsi, par exemple, des cours de physique de Richard Feynman en France, de même que du cours de mécanique quantique d'Albert Messiah aux États-Unis. Dans l'enseignement élémentaire, nous avons rencontré chez certains une réticence idéologique à utiliser des manuels américains, comme s'il s'agissait des fruits de l'impérialisme culturel véhiculé à la télévision par les séries de films bon marché de Hollywood. Cette réaction viscérale s'effacera sans doute avec l'intégration européenne. Alors paraîtra légitime l'exploitation universelle d'un effort culturel qui a coûté des centaines de millions de dollars aux contribuables américains et qui est le fruit du travail de centaines d'éducateurs de premier plan.

Mais ce que les enseignants de Vaulx-en-Velin ont découvert, c'est comment on pouvait aspirer à une réforme généralisée de toutes les écoles. Ils ont su catalyser l'intérêt de la plupart des enseignants en une mobilisation active en lui donnant l'appui du corps social environnant : scientifiques, élèves d'écoles d'ingénieurs, jeunes scientifiques mobilisés dans l'armée, jeunes embauchés temporaires grâce aux contrats emplois-jeunes lancés par le gouvernement pour s'attaquer au problème du chômage chez les jeunes diplômés. Et il en est surgi un événement, modeste par sa taille, mais d'une importance capitale : la majorité des classes de Vaulx-en-Velin ont mis à leur programme l'éducation scientifique fondée sur « La Main à la pâte », depuis les classes de maternelle jusqu'à l'âge de onze ans.

Or l'objectif n'est-il pas d'atteindre ce résultat à l'échelle du pays à moyen terme et non pas d'ajouter une tentative de réforme à beaucoup d'autres, en partie avortées, car ne touchant qu'une fraction infime du corps enseignant ? Les enseignants de Vaulx-en-Velin sont revenus avec des idées claires sur les conditions à rechercher en France pour qu'une extension massive soit obtenue dans un délai raisonnable — par exemple 30 % des classes engagées dans la réforme en cinq ans — en exploitant la centralisation de notre éducation nationale, pourvu qu'une volonté politique clairement affichée donne l'élan pour atteindre ce but.

C'est donc avec un grand intérêt que tous ceux qui se passionnent pour une réforme de l'enseignement primaire, essentielle afin de réduire la fracture sociale qui se développe, examineront leur analyse de l'expérience de formation des maîtres menée à Chicago par Leon Lederman et son équipe.

La fécondation mutuelle des recherches sur l'éducation

Puisque ce sont les hasards de l'amitié qui ont présidé à mon engagement dans l'aventure de « La Main à la pâte », je pense utile d'avoir une vue d'ensemble des entreprises semblables aux États-Unis, voire dans le monde.

Lorsque j'ai voulu grouper dans un livre toutes les observations recueillies dans des lieux d'enseignement aussi divers que ceux qui avaient attiré mon intérêt pendant mon court voyage, j'ai donc pensé qu'il était indispensable que des enseignants français allassent rassembler sur place, pendant un séjour suffisamment long, les informations essentielles. J'ai été saisi par le rôle d'abeilles butineuses qu'allaient jouer sur le terrain les enquêteurs partis glaner sur place les informations les plus pertinentes. Sur une fleur fraîchement éclose, l'abeille se couvre d'une multitude de grains de pollen qui sont les semences mâles d'une seule espèce de fleur, unique au monde. Elle les transporte sur les organes femelles d'une autre fleur, épanouis plus tardivement. Elle remplit son jabot de nombreux grains du pollen récolté lors des nombreuses visites qu'elle fait aux fleurs de la même espèce. Elle enrichit ainsi le patrimoine génétique de l'espèce végétale.

À la ruche, les abeilles apportent le nectar nourricier dont elles se sont régalées en butinant les fleurs. Et la richesse des espèces de fleurs visitées va conditionner la subtilité du goût des miels. Il en est des bons miels comme des bons vins. Des milliers de molécules contribuent à leur goût, et c'est souvent vanité que de vouloir associer le plaisir qu'ils donnent à une molécule particulière. Dans mon esprit, j'associais volontiers la diversité des observations rapportées par les collaborateurs de ce livre et leur apport éventuel au grand débat sur la réforme de l'enseignement engagé en ce moment en France, au rôle d'abeilles arrivant à la ruche après avoir recueilli le nectar dans des prairies lointaines. J'imaginais sans mal la danse des abeilles butineuses qui rentrent à la ruche avec une bonne récolte. Lorsqu'elles veulent convaincre leurs compagnes que celle-ci est particulièrement intéressante, elles gardent leur butin et effectuent une danse aux figures codées qui permet aux autres abeilles de savoir où s'est effectuée cette récolte, dans quelle direction par rapport au soleil et à quelle distance ! Savez-vous que les abeilles sont considérées comme la seule espèce vivante douée d'un langage, car elles vont aller droit aux fleurs, sans être accompagnées par celles qui ont fait la découverte ?

Je n'ai donc pas hésité à ajouter à ce livre quelques pages, prairies parées de fleurs inattendues. Sophie Ernst, chargée d'études à l'INRP, est revenue récemment d'un voyage au Japon où elle a été impressionnée par la généralisation, à grande échelle, d'un enseignement scientifique de qualité dans les écoles primaires. Elle nous rapporte ses observations et confirme l'intérêt qu'il y aurait à connaître en détail ce qui est entrepris dans le monde entier pour améliorer l'enseignement.

Il y a aux États-Unis mêmes une certaine diversité dans les expériences visant à réformer l'enseignement dans les écoles élémentaires.

Une éminente personnalité américaine du monde de l'éducation, Mme Karen Worth, est venue en France, en mai et en juin 1998, expliquer les rouages de la réforme américaine. Elle dirige aux États-Unis un des centres de développement pour l'éducation qui a produit manuels et matériels largement utilisés dans le pays. Karen Worth a mis en relief, en particulier, le rôle joué par les *kits*, ou mallettes de matériel élaborées pour aider le maître à faire son cours, qui lui sont livrées périodiquement, avec un manuel détaillé portant sur les sujets que ce matériel permet d'aborder. Celui-ci n'est pas destiné seulement à permettre aux enfants le contact avec le monde réel. Les maîtres sont formés pendant des stages de deux jours sur chaque mallette, pendant deux ans, soit un total de huit jours par an. Au terme de la troisième année, le stage est destiné à approfondir la connaissance scientifique relative aux sujets traités et à tenir compte de l'expérience acquise par les maîtres eux-mêmes. Ceux-ci sont alors capables de servir de moniteurs aux maîtres qui débutent. Lorsqu'une école comportant beaucoup de classes est impliquée dans l'expérience, l'existence de plusieurs classes de même niveau, qui pratiquent simultanément la méthode, permet une discussion et une collaboration fructueuses entre les maîtres. On voit là une stratégie intelligente tenant bien compte du milieu d'implantation de la réforme [1].

Je voudrais aussi parler d'une école à première vue singulière par les moyens qu'elle mettait en œuvre, quarante-cinq maîtres pour quatre-vingt-dix élèves dont l'âge allait de dix à quatorze ans. Singulière aussi par son programme qui s'appuyait sur une maîtrise intégrée et simultanée de toutes les facettes de la culture humaine, sans insistance particulière sur les disciplines scientifiques. Au

1. On trouvera dans le texte complet des exposés de Karen Worth, publié par l'Institut national de la recherche pédagogique (INRP), une explication détaillée de la mise en place du programme dans plusieurs villes et régions. Ils complètent les observations faites à l'Institut de formation des maîtres à Chicago.

terme de la visite que j'ai pu y faire en mai 1998 avec Leon Lederman, l'école me sembla illustrer fort bien la diversité des efforts passionnés des pionniers que j'ai eu la chance de rencontrer et qui donnaient le meilleur de leur vie à l'amélioration de l'éducation des enfants, de tous les enfants du monde. Je comparerai cette école à la fleur surgie d'une fissure dans la paroi d'un roc isolé, haut perché, planté au milieu de la vaste plaine, où butinent les abeilles parmi les milliers de fleurs éparses, et qui apporte son goût singulier.

Ma rencontre avec Courtney Ross, l'âme de cette école, relève certes plus du vol erratique d'une abeille que d'une recherche bien planifiée. Je reçus l'an dernier un coup de téléphone d'une actrice fort connue me disant qu'elle avait rencontré une amie américaine qui consacrait sa vie à l'éducation et qu'elle l'avait convaincue, ayant eu connaissance de mon activité par les médias, de l'utilité d'une rencontre avec moi. Je ne pus m'empêcher de sourire à l'idée qu'aux États-Unis elle était entourée, encerclée, submergée de dizaines de centres actifs où étaient expérimentées les réformes pédagogiques les plus diverses et les plus audacieuses et où travaillaient des amis que je considérais volontiers comme mes maîtres. Les paroles d'une amie pouvaient lui donner l'illusion que nous avions peut-être en France quelque potion magique.

Intrigué, j'acceptai de rencontrer Courtney Ross à Paris. Je découvris une Américaine élégante, énergique, qui voulut voir ce que nous faisions sur le terrain. Grand fut mon embarras car, si à Vaulx-en-Velin et dans plusieurs écoles de province j'avais vu de magnifiques exemples de « La Main à la pâte », il y en avait peu dans la région parisienne, et je n'en avais visité aucune. Je finis par trouver à Saint-Germain-en-Laye, banlieue aisée, une école qui n'était ni dans un ghetto ni submergée d'étrangers, où l'on me dit que les instituteurs portaient notre label et avaient obtenu un des prix de l'Académie des sciences pour les instituteurs qui s'étaient illustrés par un apport original à « La Main à la pâte ». C'était sans doute un des centres d'excellence qui avaient été créés pendant les dizaines d'années d'efforts entrepris pour introduire les sciences à l'école.

Ce fut éblouissant. Je retrouvais ce que j'avais vu jusqu'alors dans toutes les classes que j'avais visitées : le sérieux des enfants à apprendre, le plaisir des instituteurs à enseigner, le spectacle d'une pédagogie qui éveillait l'intelligence des élèves à travers une démarche expérimentale ouverte. Il y avait certes des différences sur des points importants avec les méthodes pratiquées à Vaulx-en-Velin. C'est ainsi que les cahiers d'expériences que chaque élève devait rédiger au cours du déroulement des leçons comportaient des lignes et des pages rédigées pendant les expériences. La réécriture de texte, calligraphiée aussi soigneusement que possible, sans faute d'orthographe, se fait aussi sur le même cahier, l'idée étant que, par politesse à l'égard du maître, l'élève devait aussi apprendre à écrire parfaitement, démarche délibérément absente ailleurs. Peu importait !

Courtney Ross parut favorablement impressionnée. Elle m'invita à lui rendre visite aux États-Unis. Il était évident qu'elle devait découvrir Lederman. Je m'arrêtai donc à New York lors d'un voyage. Nous allâmes ensemble à Chicago. Elle visita avec moi le « lycée d'élite » que nous décrivons dans ce livre, ainsi qu'une école élémentaire, et nous convînmes alors avec Lederman de visiter l'école Courtney Ross à Long Island.

Il s'avéra que la visite méritait le détour et même le voyage. Sur un vaste domaine, une centaine d'hectares, proche de sa maison à Long Island, Courtney Ross avait fait surgir une école. Le fil directeur de sa pensée était un enseignement historique des cultures, en suivant une chronologie qui se développait au fur et à mesure des études. Les élèves sont encouragés à rechercher les connexions éventuelles entre les cultures du monde et à les comparer.

Les élèves de dix ans commencent par étudier l'histoire de l'humanité depuis les temps préhistoriques jusqu'au développement des plus anciennes civilisations établies le long des fleuves. À onze ans, ils étudient la Chine ancienne et la Grèce, tandis que, l'année suivante, ils explorent la montée des empires et des religions du monde. À treize ans, ils étudient la culture viking et l'Afrique. La dernière année est consacrée à la Renaissance, à la Réforme et à l'Amérique du Nord naissante.

Le voyage à travers les cultures est l'occasion d'accéder à leurs diverses facettes en plongeant dans le contexte : arts plastiques, littérature, mathématiques, sciences, théâtre, musique, danse, technologie, sont l'occasion d'un enseignement qui repose sur une implication personnelle et non pas seulement sur des exposés par des maîtres. L'enseignement intègre toutes les disciplines et acquiert ainsi un rythme particulier.

Tout cela apparaîtra bien abstrait, mais qu'en est-il de la réalité de la vie des élèves ? Nous en avons vu qui, ayant à découvrir l'importance de l'apport de Galilée à la science contemporaine, avaient à faire son expérience. Ils manipulaient des poutrelles inclinées sur lesquelles roulaient des billes et ils devaient, par des méthodes simples, inspirées de celles que pouvait employer Galilée en son temps, déterminer la loi de la chute des corps dans le champ de gravitation de la Terre. Mais ils affichaient leurs résultats sur des ordinateurs portables, dont chacun était pourvu, et pouvaient jouer ainsi avec les données, en évaluer les erreurs, de façon tout à fait moderne. Quelle meilleure illustration trouver de « La Main à la pâte » ?

Les élèves avaient construit un nid surélevé pour les oiseaux migrateurs. Ils en avaient bagué certains avec un petit appareil électronique relié au système de satellite géostationnaire qui permet aujourd'hui aux navigateurs de déterminer à chaque instant leur position sur la Terre. Grâce à la coopération avec une université proche qui recueillait les données émises par le satellite, les élèves pouvaient suivre toutes les huit heures la migration des oiseaux. Ils plantaient des drapeaux le long du chemin qui allait très loin en Amérique du Sud et, couchés sur de grandes cartes de géographie, ils pouvaient discuter entre eux ou avec le professeur des lois de la migration des oiseaux en apprenant tout naturellement la géographie. Quel meilleur exemple donner de « La Main à la pâte » ?

Les arts plastiques des lointaines cultures donnaient lieu à des travaux personnels, et l'école était couverte du témoignage de l'intérêt des enfants à dessiner, à sculpter, à graver.

Courtney Ross avait tenu à ce que l'école jouisse du *nec plus ultra* de la technologie moderne en matière de communication. Chaque élève de plus de douze ans disposait ainsi de son ordinateur portable et, grâce aux six cents prises réparties dans l'école, avait une possibilité permanente d'utilisation personnelle ou en groupe, pour des dialogues, ou pour faire les recherches sur Internet. Ce qui paraît un luxe exagéré sera demain très banal s'il est vrai que, dans vingt ans, les ordinateurs portables coûteront moins de 600 francs. Il est donc intéressant d'observer l'impact de leur utilisation massive conduite dans les meilleures conditions. Ces facilités étaient aussi utilisées pour permettre à l'école, collectivement ou par petits groupes, d'être reliée à d'autres classes dans le monde, aussi bien en Chine que dans des quartiers en difficulté. Profitant du caractère opulent des ressources pédagogiques, les quarante-cinq enseignants de l'école constituaient en quelque sorte un petit institut de recherche pédagogique qui disposait de quatre-vingt-dix enfants pour tester les méthodes d'enseignement élaborées.

Les enfants n'étaient pas choisis en fonction de la fortune de leurs parents, comme dans les riches écoles privées. Ils n'avaient pas à payer et venaient des familles laborieuses de la florissante région où elle était implantée — garagistes, pêcheurs, employés de maison — et aussi bourgeoises. Sa composition était multiraciale. L'école affichait son hostilité à toute forme de racisme et de ségrégation.

Au mois de mai 1998, je suis également passé à Stockholm, à Séoul et à Bogota. J'ai été frappé de l'intérêt passionné manifesté dans ces pays si divers pour la réforme de l'enseignement dispensé aux enfants dès leur plus jeune âge et s'appuyant sur les mêmes principes que « La Main à la pâte ». Il est clair que l'enseignement est un des grands chantiers du siècle à venir. De son succès va dépendre la capacité de notre société à relever les défis immenses auxquels elle est confrontée et dont certains conditionnent en partie sinon sa survie, tout au moins celle des valeurs auxquelles nous sommes attachés, qui donnent un sens à notre vie.

En France, un vent de réforme balaie de fond en comble l'enseignement

Le corps enseignant, à tous les niveaux, se trouve aujourd'hui confronté à un « diable » de ministre de l'Éducation, de la Recherche et de la Technologie, Claude Allègre, qui est bien décidé à réformer de haut en bas l'enseignement en France, en ne respectant aucune situation si elle lui semble faire obstacle à une évolution qu'il juge urgente pour les enfants et pour le pays. Le fait qu'il est aussi en charge de la recherche et de la technologie indique qu'il associe le progrès scientifique et industriel de la France au succès des réformes qu'il veut entreprendre.

Il a impulsé un effort de réflexion sur la réforme de l'enseignement dans les lycées, dans les grandes écoles et dans les universités. Je me suis trouvé impliqué, pour expier je ne sais quel péché, dans tous les comités débattant de ces questions. Je l'ai fait avec une certaine souffrance car je ne peux pas passer plus d'une heure, ou deux heures à l'extrême limite, assis au sein d'un comité sans être envahi de fantasmes divers comme, par exemple, le problème plus ou moins insoluble auquel je suis attelé actuellement en physique, activité que je me refuse à interrompre. Ou, si ce champ est épuisé, aux fantasmes les moins avouables, comme le sont les vrais fantasmes ! Mais je dois dire que je trouve passionnants les débats en raison de leur ambition, même si les tâches auxquelles nous sommes conviés semblent écrasantes. Il existe une relation étroite entre les réformes entreprises aux différents niveaux de la vie scolaire et universitaire. Je souhaitais en avoir une vue d'ensemble même si je voulais consacrer mes activités au progrès de « La Main à la pâte ».

L'intérêt pour une réforme de l'enseignement qui en ferait une priorité nationale, de la maternelle aux grandes écoles, n'a jamais été aussi grand. L'enseignement des sciences de la nature doit être renouvelé à tous les échelons. Un travail de réflexion considérable a été fait, dans tous les ordres d'enseignement, pour imaginer des réformes qui corrigent certains dysfonctionnements flagrants et pour améliorer des structures qui ont tout de même fait leurs preuves, à en juger par la contribution du pays à la plupart des domaines de la science et de la technologie. L'objet de ce livre est de livrer à la réflexion les initiatives d'éducateurs éminents aux États-Unis, examinées à la loupe par des éducateurs français fortement impliqués eux-mêmes dans les projets de réforme.

Son but est ambitieux. Tout l'édifice des réformes de l'éducation repose sur les progrès accomplis dans l'enseignement donné aux jeunes enfants, de la maternelle à l'enseignement primaire. Pouvons-nous tirer, des expériences en cours, des règles qui nous permettront, en cinq ou dix ans, d'entraîner la totalité de nos trois cent quarante mille instituteurs dans une réforme radicale ? Je le crois. Pour y parvenir, il faut commencer par lancer la réforme à une échelle aussi grande que celle de l'enseignement public de Chicago, par exemple un grand département français, comme le suggère justement le ministre de l'Éducation nationale lui-même. L'étude de terrain, par l'équipe de Vaulx-en-Velin, sur l'Institut de formation des maîtres créé par Leon Lederman pour réformer, par « La Main à la pâte », l'éducation des quatre cent quarante mille élèves de l'école publique primaire prend alors un intérêt particulier. Ils arrivent à la conclusion, fondée sur leur propre expérience à Vaulx-en-Velin, qu'on ne peut y parvenir qu'en ajoutant à l'effort de formation l'adhésion en masse des instituteurs. C'est une révolution politique. Ils y croient, moi aussi en raison de l'intérêt spontané que j'ai rencontré chez tous les instituteurs qu'il m'a été donné de rencontrer. Mais la bonne volonté ne suffit pas. Cette révolution politique implique l'adhésion du corps social. Les instituteurs et les formateurs qui travaillent dans les instituts de formation des maîtres ont besoin de la coopération des scientifiques, des élèves des grandes écoles ou des facultés des sciences, des ingénieurs retraités. De tous ceux qui sentent que c'est une des rares causes dans lesquelles il vaut la peine de s'engager. La bonne surprise de ceux qui se sont déjà lancés dans l'aventure est que les candidats sont nombreux, et la bonne nouvelle, c'est que l'Éducation nationale est aujourd'hui beaucoup plus ouverte à la coopération avec le monde extérieur qu'il y a peu d'années. C'est peut-être tous ces atouts qui vont nous permettre d'aller plus vite que ne le pensent ceux pour qui les choses ne peuvent se faire que par le truchement d'organismes institutionnalisés et centralisés.

Mais je ne puis oublier l'apport essentiel des parents d'élèves. C'est véritablement une autre très bonne surprise que de découvrir que, là où « La Main à la pâte » est bien menée, les parents prennent intérêt à ce cahier d'expériences que l'enfant rapporte à la maison. Certains parents sont même prêts à contribuer, avec leur compétence professionnelle, au perfectionnement des expériences proposées aux enfants.

Des outils informatiques destinés aux enseignants sont en préparation chez des éditeurs en collaboration avec des industriels prêts à réaliser les mallettes de matériel en assurant leur renouvellement après les périodes de quelques mois pendant lesquelles elles sont utilisées. Il est clair que les moyens existent pour avancer et que les obstacles sont dérisoires par rapport aux enjeux de l'aventure.

Cet enseignement rénové sera divers, car il n'y a pas de recette miracle qui s'adapte à tous les peuples, à toutes les traditions. Mais je suis certain que ces femmes et ces hommes que je vois consacrer leur vie à donner aux enfants un enseignement qui les rende plus forts, plus confiants en eux-mêmes, plus curieux des autres et du monde où ils baignent sont aussi des piliers de résistance aux barbaries diverses dont les vagues déferlent à nos portes.

PREMIÈRE PARTIE

Leon Lederman, un pionnier de l'enseignement scientifique aux États-Unis

Leon Lederman est un physicien expérimentateur américain justement célèbre. Nous lui devons bon nombre de découvertes pendant ce dernier demi-siècle qui ont été autant d'étapes marquantes dans notre connaissance de l'infiniment petit. Il a reçu en 1982 le prix Nobel de physique pour sa contribution à la découverte d'un nouveau type de neutrino. Il a dirigé, pendant dix ans, le plus grand laboratoire de particules des États-Unis, le Fermi National Accelerator Laboratory (Fermilab), concurrent du Centre européen de recherche nucléaire (CERN) à Genève. C'est lors de son année sabbatique au CERN en 1959 qu'il m'y a recruté, m'introduisant ainsi dans le domaine de la physique des hautes énergies. J'en garde le souvenir d'heures exaltantes de travail acharné, d'efforts constants de clarification théorique et de collaboration avec des physiciens américains de premier ordre, attirés par les conditions de travail exceptionnelles au CERN et les agréments de la vie qu'on pouvait trouver à Genève.

L'ambition intellectuelle sans limite de Leon Lederman, qui le conduisait à choisir des expériences de physique fort difficiles et techniquement audacieuses, ne l'a jamais détourné de ses responsabilités de citoyen. Il s'est toujours investi corps et âme dans des expériences pédagogiques. Directeur du Fermilab, il accueillait chaque fin de semaine des lycéens et leurs professeurs venus s'enquérir des raisons d'être d'un tel laboratoire et apprendre directement de la bouche de physiciens comment les découvertes qui y étaient faites ouvraient des perspectives grisantes sur les mystères de l'univers, dans l'infiniment petit et l'infiniment grand.

Sa passion pour l'éducation l'a conduit à inspirer ou participer à des expériences dont l'intérêt sera évident pour quiconque s'inquiète de la coupure entre des hommes et des femmes scientifiquement analphabètes et une science qui joue un rôle de plus en plus grand dans leur vie quotidienne.

Inquiet, comme beaucoup de ses compatriotes, de la médiocrité de l'éducation de masse dans son pays, il a présenté avec ses collaborateurs, en juillet 1998, un plan de réforme radicale de l'enseignement scientifique dans les lycées. C'est par là que nous commencerons ce livre.

Georges CHARPAK

Renaissance de l'éducation scientifique américaine

UN PROJET D'ENSEIGNEMENT SCIENTIFIQUE POUR LES LYCÉES[1] (JUILLET 1998)

> « Nous sommes conscients de l'ampleur de la tâche à accomplir pour concevoir un nouveau cursus et aboutir à un consensus afin d'obtenir le résultat souhaité : des élèves qui seront des électeurs avertis, de futurs actifs pour les emplois de demain, des étudiants américains en lettres scientifiquement instruits et des étudiants aptes à appréhender tous les domaines de la science et de la technique. »
>
> Leon M. LEDERMAN.

Ce texte présente les conclusions d'un groupe de travail qui s'est réuni du 19 au 22 février 1998[2]. Il a été rédigé collectivement par Marjorie Bardeen, Fermilab ; Wade Freeman, université de l'Illinois à Chicago ; Leon Lederman, Fermilab ; Stephanie Marshall, Académie de mathématiques et des sciences de l'Illinois ; Bruce Thompson, Ecotracs ; et M. Jean Young, MJ Young et associés. La coordination a été assurée par Mike Perricone, Fermilab.

Il est temps d'envisager une réforme totale de l'enseignement des sciences au niveau secondaire : un nouveau contenu, de nouvelles méthodes, de nouveaux critères d'évaluation et une nouvelle formation des enseignants. Ce livre blanc propose un projet de réforme du cursus scientifique au lycée, c'est-à-dire une organisation, une pédagogie et un contenu dans le cadre d'une nouvelle séquence d'enseignement. Le projet est conforme aux normes nationales de l'enseignement scientifique (NSES, National

---

1. Ce travail a été soutenu par le laboratoire Fermi et les amis du Fermilab (Batavia, Illinois). Il a été financé par le ministère fédéral de l'Éducation et un donateur anonyme. Une aide supplémentaire a été apportée par le ministère fédéral de l'Énergie. Les idées contenues dans ce travail ont été développées grâce à un crédit du ministère de l'Éducation, ce qui n'implique en aucun cas son approbation. La traduction française a été assurée par Geneviève Bugnod et Patrice Jorland.

2. Piloté par trois membres du Fermilab, Marjorie G. Bardeen, Susan Dahl, et Leon M. Lederman, ce groupe de travail comprenait vingt-huit membres : des chercheurs, comme Georges Charpak, des universitaires, des professeurs de l'enseignement secondaire, des instituteurs et des psychopédagogues.

Science Education Standards) définies par le Conseil national de la recherche (NRC, National Research Council) et aux critères de l'Association américaine pour le progrès de la science (AAAS, American Academy for Advancement of Sciences) précisant ce qui doit être enseigné et comment l'enseigner. La mise en évidence des liens existants et susceptibles d'être développés entre les différentes disciplines scientifiques est à la base de la réorganisation du programme dans un souci de cohérence. Le projet adopte « la meilleure pratique » en matière de pédagogie.

Pour accéder au niveau défini par les normes nationales, les élèves du secondaire doivent suivre au minimum un cursus scientifique et mathématique de trois ans. Le nouvel enseignement scientifique préserverait la spécificité des disciplines traditionnelles, mais les relierait pour donner une vision globale et cohérente de la science. Ce sont les progrès scientifiques réalisés dans les domaines de la physique, de la chimie, de la biologie, des sciences de la Terre et de l'espace, qui sont à la base de la conception d'un nouvel enseignement qui débuterait en première année avec la physique (Science 1), se poursuivrait l'année suivante avec la chimie (Science 2) et se terminerait avec la biologie (Science 3). C'est exactement l'ordre inverse de ce qui est actuellement pratiqué.

L'objectif final serait un enseignement intégrant les différentes disciplines scientifiques. Il ne s'agit pas seulement d'inverser l'ordre dans lequel elles sont enseignées, mais de gommer ce qui, traditionnellement, les sépare. Ainsi, les concepts fondamentaux pourront être revus selon des approches différentes, et approfondis d'une année à l'autre.

Il s'agit, par ailleurs, de donner aux élèves l'occasion de mettre en pratique et de tester leurs nouvelles connaissances. Enfin, ce projet de réforme a pour ambition de montrer aux enseignants et aux responsables de l'encadrement scolaire comment les découvertes récentes sur l'acquisition des connaissances peuvent être appliquées à l'étude des sciences au lycée.

Un souci d'égalité et de justice sociale anime également notre volonté de réforme. Une présentation plus logique des concepts scientifiques fondamentaux devrait permettre à tous les élèves du secondaire d'accéder au niveau prescrit par les normes nationales et d'aller au-delà en dépit des handicaps hérités d'expériences antérieures. Tous les élèves à l'issue d'une scolarité bien conçue seront capables d'étudier et de comprendre les données essentielles qui leur permettront d'aborder les bouleversements que la science va engendrer au prochain siècle. Le niveau scolaire national tel qu'il est défini aujourd'hui est en réalité un niveau minimal : tous les élèves devraient pouvoir y accéder.

Ce projet marque une nouvelle étape dans le cadre des réformes successives qui ont été amorcées avec plus de succès que d'échecs depuis que l'importance des sciences a été reconnue au lendemain de la guerre.

Préambule

Alors que les tableaux de bord des automobiles sont aujourd'hui plus informatisés que la cabine d'Apollo 13, l'enseignement secondaire n'a guère changé par rapport à ce qu'il était un siècle auparavant. Le monde est à l'heure de bouleversements sans précédent, générés par la science et la technologie. Et pourtant, la science n'est pas correctement enseignée à l'école. Les élèves sont de moins en moins préparés à recevoir un enseignement scientifique alors que l'importance de cette formation est de plus en plus grande. Le peu d'intérêt de la communauté scientifique pour la question scolaire est en partie à l'origine de cet état de fait. Trop d'établissements secondaires dispensent un enseignement selon des programmes trop lourds, conçus sur le principe de l'accumulation des connaissances, et appliquent des pédagogies qui n'ont rien à voir avec l'excitation qui est le propre de la recherche et de la découverte scientifiques. Quelques écoles modèles offrent des exceptions réjouissantes, mais les quinze mille districts scolaires du pays agissent de façon indépendante et cahotique.

Quoi qu'il en soit, les écoles ne donnent pas à *tous* leurs élèves un enseignement scientifique et mathématique, elles ne forment pas des citoyens capables d'appréhender les problèmes relevant de la science et de la technologie, aptes à faire la différence entre la connaissance scientifique et les croyances personnelles, une force de travail adaptée à une société technologique moderne, des gens ayant plaisir à comprendre la complexité de l'univers et le rôle qu'ils y jouent individuellement.

La résistance au changement est impressionnante. Les normes nationales et leurs dérivés dans certains États doivent être renforcés par des modèles de réforme du cursus. Dans ce texte, nous proposons un modèle conçu à partir d'un ensemble de principes de base : cohérence, intégration des disciplines scientifiques, enseignement allant du concret à l'abstrait, investigation, mise en rapport et en application, organisation du cursus selon la logique de l'acquisition des connaissances. À partir de ces principes de base, on pourrait sans doute envisager d'autres modèles. Le mieux est l'ennemi du bien !

Introduction

Il y a une trentaine d'années, les États-Unis gagnaient la course à la conquête spatiale et donnaient la priorité à la formation de scientifiques, de mathématiciens et d'ingénieurs. Il y a dix ans, les États-Unis étaient qualifiés de « nation menacée » (*nation at risk*) au vu de l'incapacité du pays à donner à tous les élèves une formation satisfaisante. De plus en plus d'élèves, à la fin de leurs études secondaires, étaient mal préparés à l'entrée dans la vie active, que ce soit dans l'industrie ou dans les affaires, et mal préparés à jouer un rôle actif dans une société de plus en plus dépendante de la science et de la technologie. Pour faire face à cette situation de crise, des normes nationales ont été définies, précisant ce que tous les élèves devaient étudier et ce qu'ils étaient capables de faire.

Aujourd'hui, le pays doit s'attaquer au problème et s'assurer que tous ses enfants ont la possibilité d'étudier et de comprendre les sciences, les mathématiques, la technologie, selon les normes nationales. La nation ne peut pas se satisfaire de la réussite, à l'école et dans la société, d'une minorité. Le « rêve américain » — égalité des chances — tient à un double engagement : garantir l'égalité et la qualité, particulièrement en ce qui concerne l'éducation scientifique et technique.

Ce nouveau défi a des enjeux plus importants encore que la conquête spatiale, il doit être relevé dans un délai plus court et concerner tous les enfants. Il est essentiel que les cursus scientifiques correspondent aux besoins des élèves en tant que futurs travailleurs et citoyens. Pour relever le défi, il faut un engagement national et un projet audacieux et ambitieux.

Les besoins

Tous les élèves des lycées devront être prêts, au XXIe siècle, à jouer un rôle actif dans une société confrontée à l'accélération des progrès scientifiques. Les carrières et les emplois seront liés à ces avancées et aux technologies formidables qui sont à l'origine des transformations de notre vie quotidienne. Le monde change tellement vite que toute personne entrant dans la vie active avec les connaissances et le savoir-faire requis trente ans plus tôt est inapte à occuper un emploi exigeant une compétence technologique. Dans l'industrie, on déplore le manque de formation des travailleurs. Le gouvernement fédéral et les différents États doivent aujourd'hui faire face aux problèmes légaux posés par les nouvelles technologies. Ces bouleversements soulèvent des problèmes éthiques : Internet, les technologies de reproduction, les tests génétiques. L'école doit pouvoir répondre à ces questions et proposer de nouvelles approches afin de donner aux élèves une solide formation de base et les préparer à acquérir en permanence de nouvelles connaissances.

Il y a trente ans, on n'imaginait pas pouvoir cartographier le génome humain. Aujourd'hui, c'est fait. Demain, ce nouveau secteur sera générateur d'emplois dans les domaines de la santé, de la médecine et de l'agriculture. Comment l'enseignement tel qu'il est dispensé à l'école prépare-t-il les élèves à aborder les problèmes découlant de la cartographie du génome humain ? Comment mesureront-ils les problèmes sociaux et légaux qu'un tel savoir ne manquera pas de soulever ? Et comment adapteront-ils leur propre comportement pour tirer le meilleur parti de ce savoir ? Pour cela, l'approche scientifique et les modes de pensée scientifiques sont indispensables.

Afin que la nation aborde avec succès le XXIe siècle, il faut que tous les citoyens aient un bagage scientifique minimal. C'est un changement sans précédent pour un système d'enseignement qui repose traditionnellement sur l'idée que seuls doivent être formés les futurs ingénieurs et les scientifiques, estimant que la science n'est pas accessible à tous. Aujourd'hui, à l'aube du XXIe siècle, priver un enfant d'une formation scientifique de base serait une absurdité et une injustice. Les sciences et les mathématiques que nous proposons sont accessibles à tous. Les responsables, les parents et les dirigeants doivent se préoccuper des changements rapides générés par les nouvelles technologies, travailler ensemble pour trouver des solutions appropriées et imaginatives aux problèmes de demain, prévoir les conséquences de leurs décisions, faire circuler l'information scientifique et technologique de façon efficace, préserver l'équilibre entre la société, la croissance économique et l'environnement.

Si l'on prend en compte tous ces éléments, il est clair qu'aujourd'hui les élèves du secondaire sont très mal préparés à l'issue de leur scolarité. Les classes terminales ont obtenu de piètres résultats au test international TIMSS, en février 1998. Quinze ans après, le rapport « A Nation at Risk » alertait le pays sur l'échec du système scolaire, éclaté en cinquante États et quinze mille districts scolaires, sans projet pédagogique clair, conforté par des succès anecdotiques mais apparemment peu conscient de la stagnation des méthodes d'enseignement en vigueur. Durant les cinq dernières années, on a noté une volonté de réagir et des améliorations encourageantes, mais les progrès sont très lents. Pourquoi les élèves de ce pays (et ceux qui ont la physique comme matière principale sont parmi les meilleurs) ont-ils un niveau si faible par rapport aux autres États ? Pourquoi la population est-elle si ignorante, tant au niveau des connaissances que des méthodes scientifiques ?

Les échecs les plus évidents sont les suivants. Les élèves entrent au lycée sans une bonne formation et sans être préparés à aborder les mathématiques et les sciences. Dans la plupart des États, on n'impose que deux ou trois disciplines scientifiques dans les lycées et non pas un enseignement cohérent. Dans la majorité des établissements, l'enseignement s'ordonne ainsi : biologie, chimie et physique. La biologie descriptive est la discipline la plus fréquemment choisie. La moitié seulement des élèves terminent le programme de chimie, et un cinquième tout le cursus. Pour l'essentiel, celui-ci est conçu discipline par discipline, comme s'il s'agissait de domaines n'ayant aucun rapport entre eux. Les cours se résument à des énumérations de faits et de principes à retenir. Le cursus est structurellement mal conçu. La plupart des élèves n'abordent pas les nouvelles données de la biologie car cette discipline est enseignée sans que la physique et la chimie soient des préalables obligatoires. Et pourtant, la biologie moderne exige des connaissances relevant tant de la chimie que de la physique.

Il est temps d'examiner de façon critique le cursus que suivent les lycéens américains depuis un siècle. On y commence l'étude des sciences (et souvent on la termine) avec la biologie, parfois précédée d'un cours de sciences de la Terre ou d'une introduction aux sciences physiques.

L'ordre d'enseignement des disciplines scientifiques — c'est-à-dire la séquence : biologie, chimie et physique — a été mis en place en 1894, sur la recommandation d'une prestigieuse commission nationale (The Committee of Ten). Actuellement, les disciplines scientifiques, enseignées à partir des manuels scolaires, sont abordées de façon indépendante, sans liens entre elles. Et ce, en dépit de voix autorisées qui ont en vain tenté d'attirer l'attention sur l'absurdité de la séquence. L'ordre est inapproprié, il ne correspond pas aux développements des sciences au cours du siècle précédent et ne prend pas en compte les évolutions de l'enseignement des mathématiques, avec l'algèbre introduit désormais dès les premières années.

À titre d'exemple, Uri Haber-Schaim, l'un des membres de notre groupe de travail, a choisi deux manuels de biologie parmi les plus utilisés dans les lycées et a recherché les termes utilisés sans avoir été par ailleurs développés, donc censés être préalablement connus. La liste est longue, citons par exemple : acides, énergie, pH, bases, catalyse, réactions chimiques, conservation de l'énergie, demi-vie, photosynthèse et spectre d'absorption. À la lecture de la liste complète, il est clair que la chimie est vraiment nécessaire à la compréhension de la biologie. L'auteur s'est livré à l'examen des manuels de chimie les plus fréquemment utilisés pour y rechercher les notions physiques censées être connues, telles que désintégration nucléaire, dimension atomique, radiation électromagnétique, spin de l'électron, transition des niveaux d'énergie, nombres quantiques orbitaux, champ électrique, radioactivité et ainsi de suite.

Pour aller un peu plus loin dans la critique de la séquence « biologie-chimie-physique », considérons la proposition suivante : « La transmission des ions positifs de sodium et de potassium à travers les membranes cellulaires est essentielle au fonctionnement des influx nerveux. » Cette seule phrase comprend des concepts physiques et chimiques fondamentaux appliqués à un aspect essentiel de la biologie. Si les élèves ne connaissent pas la physique et la chimie, ils sont forcés de retenir de mémoire une description de l'influx nerveux, sans posséder les notions préalables de physique et de chimie, et c'est encore ce qu'ils peuvent faire de mieux.

La biologie s'efforce d'expliquer les processus essentiels qui se produisent au niveau cellulaire et ne se limite pas à de simples descriptions. L'enseignement préalable de la physique et de la chimie permettrait de donner aux élèves les éléments d'explication nécessaires et leur ferait découvrir la manière dont travaillent les scientifiques.

Prenons un autre exemple. Les lois des gaz énoncées par les chimistes rendent compte de la pression de la température et du volume des gaz. Ce sont des lois essentielles à la compréhension de ce qu'est la matière. Elles sont généralement présentées sous forme de simples équations (le modèle du gaz parfait) à partir d'expériences ; c'est-à-dire, lorsqu'on augmente le volume d'un gaz à une température donnée, la pression diminue, et lorsqu'on élève la température d'un gaz dans un volume donné, la pression s'accroît. Ces lois décrivent de façon brute la manière dont se comporte la nature. L'explication est fournie par un modèle simple : le gaz est un ensemble d'atomes, en mouvement constant, dont la vitesse moyenne est fonction de la température de l'ensemble. Les lois des gaz apparaissent alors limpides. La pression résulte de l'impact d'un très grand nombre d'atomes sur une surface limitée. Si le volume augmente, la densité plus faible des atomes diminue le nombre de collisions par seconde ; c'est-à-dire que la pression décroît. Si le gaz est chauffé, les atomes s'agitent plus vite, augmentant le nombre d'impacts, et la pression augmente. Les atomes ne sont pas visibles, mais la réalité de leur existence est progressivement attestée par le grand nombre de phénomènes différents qu'ils permettent d'expliquer. Ces exemples montrent qu'il est important de hiérarchiser les explications, ce que l'enseignement de la science ne devrait pas ignorer.

La prise de conscience des insuffisances de la formation scientifique à l'école a suscité une réaction, les niveaux en sciences et en mathématiques ont été redéfinis à la hausse, précisant ce que les diplômés du secondaire devaient savoir, comprendre et être capables de faire. Ces nouvelles normes partent du principe qu'une grande majorité d'élèves doit pouvoir accéder aux niveaux ainsi définis avec la motivation et les moyens nécessaires. Deux initiatives précises ont fait l'unanimité : les « niveaux » (*benchmarks*) du Projet 2061 de l'AAAS et les normes nationales de l'enseignement scientifique (NSES) établies par le Conseil national de la recherche. Les normes en mathématiques ont été définies par le Conseil national des professeurs de mathématiques (NCTM, National Council of Teachers of Mathematics). Pour accéder aux niveaux requis par ces normes, les élèves du secondaire doivent suivre au minimum trois années d'enseignement en sciences et autant en mathématiques.

Il s'agit là d'une occasion en or pour réformer complètement le programme scientifique de l'enseignement secondaire : un nouveau contenu, un nouveau matériel pédagogique, des laboratoires, un contrôle des connaissances et une formation appropriée des enseignants. Une telle réforme suppose un nouveau paradigme pédagogique. Des moyens financiers seront nécessaires pour assurer aux enseignants une formation permanente et leur permettre de disposer de temps pour travailler ensemble.

La séquence que nous proposons est conforme aux nouvelles normes nationales et met l'accent sur la méthode à suivre pour que tous les élèves accèdent au minimum aux niveaux requis, articulant les sciences aux mathématiques de telle sorte que les élèves puissent utiliser et exercer leurs connaissances mathématiques.

Un changement institutionnel de cette ampleur nécessitera d'importants moyens et une organisation rigoureuse. Mais cette réforme de l'enseignement scientifique qui repose sur le développement des connexions logiques interdisciplinaires offre des perspectives tout à fait excitantes. La combinaison sciences-mathématiques réactive la vieille idée du savoir global. Une approche qui correspond d'ailleurs aux progrès réalisés dans les domaines de la neurologie et des sciences cognitives.

Le paradigme organique de l'apprentissage

La neurologie et les sciences cognitives permettent pour ainsi dire de « voir » comment le cerveau apprend. Ces disciplines nous enseignent que l'ancien paradigme mécaniste ne décrit pas la façon dont le cerveau se développe. Ce paradigme repose sur trois constructions et métaphores dysfonctionnelles : le cerveau comme ordinateur séquentiel, l'apprentissage comme accumulation d'informations et l'esprit comme *tabula rasa*.

Ce que l'on sait désormais du processus d'acquisition des connaissances nous montre que le cerveau ne fonctionne pas sur un mode sériel, mais plutôt comme un processeur parallèle capable de traiter simultanément différents types d'informations.

L'apprentissage n'est pas une accumulation d'informations, c'est un processus, personnel et social, de construction de sens à partir des multiples représentations du savoir.

L'esprit n'est pas une ardoise vierge, mais un réseau neural dynamique, « plastique » et auto-organisé, qui apprend mieux lorsque l'apprentissage sollicite tout l'être humain — le corps et les émotions.

Ce nouveau paradigme de l'apprentissage, ou cette nouvelle manière plus organique et dynamique d'appréhender l'acquisition des connaissances, nécessite que soient créées les conditions permettant aux élèves de traiter simultanément plusieurs types d'information ; de comprendre l'information lorsqu'elle est noyée dans un contexte complexe mais authentique, original et dense, de construire du sens à partir de connexions et de modèles ; d'organiser et de relier une information nouvelle au savoir acquis ; de travailler en collaboration avec les autres élèves ou avec les adultes de façon constructive (et non pas hostile) ; d'exercer en permanence leurs nouvelles connaissances en les reprenant à des niveaux plus grands de complexité sur de longues périodes de temps.

Ce nouveau « savoir à propos du savoir » permet aux éducateurs, aux parents, aux responsables de créer les conditions et l'environnement cohérents et nécessaires à l'épanouissement des aptitudes des élèves.

Le cerveau humain est, à la lettre, « branché » constamment. Mais, en vertu du modèle mécaniste de l'apprentissage, les écoles ont conçu un environnement défavorable qui étouffe la curiosité innée des enfants. Le paradigme organique ouvre d'autres perspectives, comme la création de groupes de travail au sein des classes et des écoles afin de stimuler la curiosité des élèves et de répondre à leur soif de découverte.

La classe idéale

Il y a deux aspects dans une classe : son organisation et ce qui s'y passe. Le résumé suivant de « la meilleure pratique » de l'enseignement et de l'apprentissage décrit les conditions nécessaires à l'application d'une pédagogie conçue à partir des nouvelles données sur la manière d'apprendre. Lorsque l'on fait référence à « la meilleure pratique » dans ce texte, cela signifie la mise en œuvre des stratégies pédagogiques préconisées par les « normes » et les « niveaux ». Ce résumé donne un aperçu de la littérature.

« LA MEILLEURE PRATIQUE »

Les éducateurs en conviennent, l'enseignement des sciences à l'école devrait refléter la pratique scientifique. « La meilleure pratique » pédagogique consiste pour l'essentiel à faire vraiment découvrir aux élèves ce qu'est la science en les incitant à entreprendre des recherches sur ce qui est déjà connu, à collecter et à analyser des données, à proposer des réponses, à nourrir leurs explications de preuves et à exposer les résultats obtenus. Les « vrais » scientifiques et les élèves en cours de sciences sont virtuellement engagés dans la même démarche, mais pas à la même échelle.

Durant les décennies précédant la réforme de l'enseignement scientifique, lors des séances de travaux pratiques, les élèves se livraient à une recherche étape par étape qui devait les conduire à fournir les réponses attendues, ces exercices étant appelés « recettes de cuisine » (*cookbook activities*). Bien que les élèves puissent se livrer à des exercices similaires dans le cadre de la réforme, la façon dont ils rassemblent, organisent, analysent les données et les utilisent à l'appui de leurs explications caractérise « la meilleure pratique » d'apprentissage. Par exemple, lorsque les élèves mesurent la densité de différents objets, au lieu de se contenter de donner la bonne mesure et de considérer que c'est là le but de leur recherche, ils analyseront les données obtenues pour déboucher sur une réflexion plus générale concernant les rapports entre la masse et le volume comme fonction de la densité.

Les méthodes traditionnelles comme la lecture, les exercices, l'usage des manuels auront toujours leur place dans la réforme, mais l'approche sera différente. La lecture sera pratiquée sur le mode socratique ou débouchera sur un débat. Les manuels auront une fonction documentaire, et le programme ne se résumera pas à leur contenu. Le travail se fera dans un esprit où prédomineront la curiosité, le goût de l'investigation, le scepticisme et l'ouverture aux nouvelles idées, sans que l'on se préoccupe de la méthode d'enseignement suivie.

« La meilleure pratique » se caractérise par le fait que les élèves se livrent à de véritables expériences scientifiques avec l'aide des professeurs. Une présentation sommaire des comportements des enseignants et des élèves figure en appendice A. Les nouvelles normes nationales définissent clairement ce que signifie « investigation » pour les élèves de tous les niveaux. Nous ne développerons donc pas cette notion.

LA SALLE DE CLASSE

Dans une salle de classe conforme aux grandes orientations de la réforme, les élèves sont invités à travailler ensemble, ce qui suppose une disposition particulière des tables et des chaises. La classe peut être bruyante en raison de l'activité déployée. Si l'enseignant fait face à la classe, il est sans doute en pleine discussion avec ses élèves. Sur les murs sont affichés des documents et des travaux d'élèves. Le matériel et les équipements peuvent être placés dans les coins de la salle, accessibles aux élèves ayant des travaux en cours. Si les élèves sont en plein travail, ils sont par groupes de deux ou plus, pour recueillir des données. L'enseignant va d'un groupe à l'autre et pose des questions afin de faciliter la compréhension individuelle.

L'idéal, c'est une salle comportant deux zones, d'un côté un laboratoire, et de l'autre un espace pour la discussion et le cours. Le laboratoire est équipé de paillasses ou de tables avec des arrivées de gaz et des robinets d'eau courante. Les équipements nécessaires, les tubes, les bacs, les microscopes, les balances, sont prévus pour être utilisés par des groupes de deux. Les tenues de protection, les douches en cas d'urgence et autres installations du même type sont disponibles dans les zones où la sécurité pourrait faire problème. Les ordinateurs sont soit regroupés dans un espace réservé à cet effet, soit répartis dans la classe, permettant aux élèves d'enregistrer, d'analyser et de traiter les données.

Dans la partie consacrée à l'activité orale, les bureaux et les chaises sont mobiles et peuvent ainsi être disposés différemment selon les besoins : petits groupes de discussion ou exposé devant toute la classe. La salle est équipée d'un plan de travail avec arrivée de gaz et évier pour les démonstrations ou les exposés. Le matériel pédagogique comprend également un projecteur mural, des tableaux blancs ou noirs, un magnétoscope, des cartes, des maquettes. Le bureau du professeur peut être équipé d'un ordinateur réservé à son usage.

Il faut prévoir un ordinateur pour quatre élèves, quelle que soit la disposition. Deux ordinateurs au moins auront accès à Internet. Un ou plusieurs seront équipés d'un lecteur de CD-ROM. Dans l'idéal, la plupart des ordinateurs seront en réseau. Un écran à cristaux liquides ou tout autre dispositif permettra de projeter l'écran d'ordinateur à tout le groupe. Des livres, des revues et d'autres sources imprimées seront à la disposition des élèves.

Il s'agit d'une classe idéale, mais la perfection n'est pas nécessaire pour concevoir une nouvelle manière d'apprendre. Ainsi, dans l'une des meilleures écoles que nous avons visitées, la salle de classe était petite et avait pour seul équipement permanent des tableaux noirs, un bureau pour le professeur, vingt tables mobiles pour les élèves et un placard pour les dossiers. Lorsque nous sommes entrés dans la classe, il nous a fallu une ou deux minutes pour trouver le professeur : il était au sein d'un groupe de quatre élèves penchés sur un ordinateur installé sur une table roulante. Cinq autres élèves avaient regroupé leurs tables pour travailler ensemble, l'un d'eux était au tableau noir et notait les résultats obtenus. Plusieurs élèves étaient en bibliothèque afin de trouver les réponses à des problèmes soulevés la veille. Les autres prenaient des notes sur leur cahier de sciences. Il s'agissait d'une classe de physique comptant quinze élèves, et, pour l'essentiel, les travaux pratiques se déroulaient dans un petit laboratoire non attenant ou, souvent, à l'extérieur. Par exemple, ils testaient leurs fusées artisanales sur le terrain de football. Le jour de notre visite, tous les élèves travaillaient sur un projet commun qui nécessitait des caméras vidéo et un traitement de texte. Ce matériel idéal était disponible mais pas nécessairement dans la classe même.

Cursus scientifique au lycée

Pour satisfaire aux normes nationales, les élèves des lycées doivent suivre un cursus minimal de trois ans en sciences et autant en mathématiques. Pendant ces trois années, une séquence cohérente devrait permettre à chaque élève d'être à l'aise en science, en technologie, et de maîtriser l'approche scientifique. Les écoles devraient concevoir un programme couplant l'anglais, l'histoire et les mathématiques avec les trois années d'enseignement scientifique. Intégrant les progrès réalisés en physique, en chimie, en biologie et dans les sciences de la Terre et de l'espace, le cursus commencerait, en première année, par une mise au point en physique — une présentation concrète, abordant des thèmes que les élèves sauront associer aux notions de mouvement et de force. Cette présentation serait assortie de multiples exemples empruntés à la vie quotidienne et agrémentés éventuellement de références à la série *Star Trek* pour ce qui concerne l'espace, les galaxies et les trous noirs. Les lycées pourront continuer à organiser des cours avancés dans les disciplines majeures et des options en sciences de la Terre, astronomie, écologie, passages à la vie active, science, technique et société. Ce cursus de base scientifique pour tous les élèves devrait en amener davantage à faire plus de sciences.

Progressivement, la physique amènera l'élève à pénétrer dans le domaine des idées abstraites, comme l'énergie et les atomes. À la fin de la première année, l'élève devra comprendre l'atome, sa structure et son comportement social, qui est le produit des forces électriques et de la théorie atomique. Les notions mathématiques auxquelles on fera appel devront correspondre à ce qui est censé être connu à ce niveau, avec cette valeur ajoutée de la physique : une prise de conscience précoce que même l'algèbre élémentaire est utile.

À titre d'exemple de cette approche progressive, les élèves apprennent en physique que les atomes exercent des forces les uns sur les autres.

« Ces forces sont parfois attractives, et les atomes peuvent alors se combiner pour former une molécule. Dans d'autres cas, ils se repoussent. Deux molécules entrant en collision peuvent échanger des partenaires atomiques lors d'un processus que nous appelons "réaction chimique". Les atomes sont très particuliers : ils aiment certains partenaires, préfèrent certains types de combinaisons. Par exemple, une molécule d'oxygène (deux atomes d'oxygène) peut rencontrer un groupe d'atomes de carbone. Les atomes d'oxygène adorent les atomes de carbone (attraction forte), et le système carbone-oxygène peut se briser dans un terrible vacarme ; tout ce qui se trouve à proximité prendra un peu de l'énergie libérée. Une grande quantité d'énergie cinétique est alors créée. Et, bien sûr, ça brûle[3]. »

En deuxième année (centrée sur la chimie), on abordera la combinaison des atomes : la formation des molécules — ou, selon la formulation plus conventionnelle en chimie, « la combinaison des éléments pour faire des composés ». Une branche de la chimie, par exemple, établit que toutes les substances sont des combinaisons d'atomes. Il s'agit de formations tridimensionnelles dont la compréhension nécessite un véritable travail de détective. Des exemples pourront être empruntés à la géologie et à l'écologie pour introduire des notions de base relatives aux sciences de la Terre. C'est l'étude des composés chimiques qui, au XIXe siècle, fut à l'origine de la première preuve de l'existence de l'atome.

À l'issue de la deuxième année, les élèves pourront aborder les molécules complexes qui sont à la base de la biologie moléculaire. Les cellules, tissus, protéines, gènes, ADN sont étudiés pendant la troisième année (centrée sur la biologie). Les combinaisons d'atomes sont alors essentielles à la compréhension de la très grande variété des processus relatifs à la matière vivante. Au cours de cette séquence, on mettra l'accent sur les thèmes et les principes communs aux disciplines scientifiques : par exemple, la conservation et les transformations de l'énergie ; les vibrations, du pendule au spectre des micro-ondes.

Le résultat devrait être un cursus cohérent de trois ans. Sa force, c'est d'offrir la liberté de passer les frontières disciplinaires et donc de revoir les concepts fondamentaux sous des angles différents, de façon de plus en plus élaborée. Tout au long de ces trois années, l'histoire des sciences devra être présentée. On pourra intercaler des plages historiques à partir des questions suivantes :

---

3. Richard P. Feynman, Robert B. Leighton et Matthew Sands, *The Feynman Lectures on Physics*, Pasadena, California Institute of Technologie, 1963, p. 1-7.

« Comment le savons-nous ? Pourquoi est-ce intéressant ? » On pourra également aborder au cours du programme les thèmes suivants : l'influence de la science et de la technologie sur le comportement humain, les potentialités humaines, avec à la fois ses promesses et les problèmes qu'elle pose. En ayant la possibilité de poser des questions restées sans réponse, les élèves vivront l'excitation de l'activité scientifique. Les mauvaises pistes, le caractère provisoire des théories scientifiques, le scepticisme intellectuel, la nature de la prédiction, et un peu de la passion et de la beauté du monde physique et biologique se manifesteront alors.

L'ordre de la séquence aura pour avantage majeur de permettre aux élèves d'appliquer leurs connaissances et de les tester en permanence. Les acquis en physique s'appliquent en chimie et en biologie. Les acquis en physique et en chimie servent en biologie, et les connaissances mathématiques, de plus en plus élaborées, sont régulièrement sollicitées. Tout au long de ces trois années, les professeurs pourront proposer des thèmes interdisciplinaires (par exemple « une station sur Mars » ou « l'écologie d'une mare ») faisant appel aux acquis antérieurs : la physique la première année, la physique et la chimie la deuxième année, et les trois disciplines la dernière année. L'occasion est belle pour introduire les sciences sociales. Là encore il s'agira de mettre en évidence les liens étroits existant entre la science, la technologie et la société.

Les professeurs inviteront les élèves à appliquer régulièrement leurs connaissances de base. Dans le cursus actuellement en vigueur, ils n'en ont guère l'occasion. La réforme du programme permettra de vérifier que le transfert des connaissances s'effectue correctement. Si les élèves s'exercent de façon permanente et consolident ainsi leurs acquis, on peut légitimement s'attendre à ce qu'ils soient aptes à procéder à ces transferts de savoir. La société a en fait besoin d'individus capables de mobiliser des connaissances scientifiques pour résoudre des problèmes ou prendre des décisions, ce qui revient au même.

L'égalité et la justice sociale sont les objectifs cruciaux du nouveau cursus. Une présentation logique des concepts scientifiques essentiels permettra aux élèves de réussir, sans les handicaps hérités d'expériences antérieures. Traités à fond, ces concepts essentiels resteront acquis. Les méthodes d'apprentissage par l'investigation, si efficaces à l'école primaire, serviront désormais à pousser les élèves à apprendre les sciences selon leurs besoins propres. En proposant une méthode applicable dans tous les établissements, la réforme préparera les futurs électeurs à prendre des positions justes et responsables sur des sujets comme la santé publique, la technologie et l'environnement. Cette méthode d'enseignement et d'apprentissage des sciences peut devenir le meilleur moyen de préparer tous les élèves du secondaire à vivre au XXIe siècle.

Ce modèle repose sur un ensemble de principes : cohérence, interpénétration des disciplines scientifiques, passage progressif des notions concrètes aux idées abstraites, mariage de la description et de l'explication, investigation et sensibilisation au processus même de l'acquisition des connaissances. D'autres modèles pédagogiques novateurs suivent bon nombre de ces principes. Le nôtre correspond à une méthode appliquée avec succès dans au moins deux douzaines d'établissements aux États-Unis ainsi que dans des systèmes centralisés d'éducation en Asie et en Europe.

Le programme scientifique conforme aux normes : un modèle descriptif

Afin de faire mieux comprendre les relations existant entre les concepts et les principes scientifiques fondamentaux auxquels se réfèrent les normes (*standards*) et les niveaux (*benchmarks*), nous avons mis au jour les présupposés implicites qui ont conduit à leur choix. Ces présupposés sous-jacents sont les suivants.

Un ensemble fini de concepts scientifiques considérés comme essentiels pour toute personne scientifiquement éduquée (*scientifically literate*).

Un *pattern* de relations entre ces concepts qui forment des principes de base intellectuellement cohérents (les lois scientifiques).

Les principes fondamentaux des quatre disciplines scientifiques reliés et connectés sans fin.

Les relations entre les disciplines permettant au professeur et à l'élève de commencer par n'importe quel principe ou discipline et d'avoir accès au contenu des autres.

Une stratégie consistant à partir de la physique sans exclure *a priori* que toute autre aurait très bien pu faire l'affaire.

Une base mathématique correspondant aux normes définies par le NCTM.

HIÉRARCHIES

Les relations hiérarchiques entre les concepts et les principes peuvent s'établir de multiples façons. La plupart de ces relations sont évidentes, mais deux exemples permettent d'y voir plus clair.

Premier exemple : la gravité.

Selon les normes, « les mouvements et les forces » constituent un thème essentiel à tous les niveaux. Plusieurs concepts et principes sont sous-jacents à cette norme requise pour tous les niveaux. L'un d'eux est la gravité universelle. La gravité a une influence sur le mouvement des objets à la surface de la Terre, par exemple les projectiles et les orbites des objets célestes. La gravité explique la rotation de la Terre. Les orbites permettent de comprendre le mouvement des planètes, la forme des galaxies, la danse des étoiles binaires. La gravité et l'énergie des étoiles expliquent l'évolution stellaire. La rotation de la Terre associée à l'énergie du Soleil et à l'attrait de la Lune rendent compte de phénomènes comme la circulation atmosphérique, la forme de la Terre, les marées. La gravité influe également sur la façon dont la vie s'est developpée sur la Terre. D'autres concepts viennent nourrir ces différentes explications : la radioactivité, les réactions nucléaires, la chimie de la haute atmosphère, etc.

Second exemple : la matière vivante.

« La matière, l'énergie et l'organisation des systèmes vivants » sont une norme essentielle du cours de biologie. Toute l'énergie nécessaire aux systèmes vivants provient en fait du Soleil par le biais de son électromagnétisme (la lumière). C'est à partir de concepts chimiques que l'on peut expliquer les transformations de l'énergie. Par ces transformations, les plantes produisent de la nourriture (énergie), présente dans l'écosystème. La quantité d'énergie disponible est en grande partie à l'origine de la répartition des populations (organismes) dans l'écosystème. Les réactions atomiques et moléculaires avec les photons (lumière) et entre elles constituent le phénomène sous-jacent.

La section suivante aborde la philosophie du projet, ses grandes orientations et les éléments clés pour développer un cursus scientifique.

La philosophie du projet

La séquence physique-chimie-biologie peut constituer un tronc commun obligatoire, comme c'est le cas pour l'anglais ou les langues. Il est nécessaire que le cursus scientifique soit traité en trois ans, au lycée, pour que la formation soit complète et cohérente.

Le programme conçu selon les grandes orientations de ce projet repose sur les principes de coordination et d'intégration. La coordination permet d'établir des relations entre les segments, et l'intégration fait appel aux relations existant au sein des segments pour favoriser l'application simultanée. Les connexions entre les éléments sont aussi importantes que les éléments eux-mêmes.

Cette démarche permet de reprendre des parties du cours de physique lors de la deuxième année, fondues dans le cours de chimie. De la même manière, les processus chimiques peuvent être évoqués en cours de physique. D'une année à l'autre, les frontières entre les disciplines peuvent s'estomper et il est du ressort de l'administration scolaire de les redéfinir. Les termes « Science 1 », « Science 2 » et « Science 3 » peuvent être adoptés car ils correspondent à la philosophie du projet et laissent aux administrations scolaires des districts toute latitude pour définir leur contenu. La quatrième année, « Science 4 », est plus pointue, avec des matières à options préparant à la poursuite des études, ou des cours de sciences de la Terre, géologie, astronomie, technologie des sciences, technologie et société (STS).

Certains des thèmes considérés comme fondamentaux dans les programmes traditionnels peuvent être reconsidérés, abordés différemment ou négligés pour permettre aux élèves de traiter en profondeur les sujets sélectionnés. On pourra accorder la priorité à des sujets propres à mettre en évidence les connexions existant au sein d'une discipline ou entre les disciplines. C'est par un choix judicieux des thèmes à traiter que les élèves parviendront à appréhender la démarche scientifique qu'il leur faudra maîtriser dans le futur.

Les différents thèmes seront abordés de façon que les élèves puissent faire le lien entre la science telle qu'ils l'étudient à l'école et leur vie quotidienne, réfléchir et envisager les problèmes éthiques. Ils devront disposer de temps pour se forger un avis personnel et prendre pleinement possession des disciplines qu'ils sont en train d'étudier.

Cette conception de l'enseignement des sciences permet d'établir des liens étroits avec les mathématiques enseignées. Les professeurs de mathématiques bénéficient ainsi du fait que les élèves ont à leur disposition des applications concrètes dans les sciences. Ces rapprochements seront bénéfiques aux deux disciplines.

Toute réforme de ce type devrait aboutir à un cursus qui comporte « un cycle d'apprentissage », l'acquisition des connaissances commençant toujours par l'exploration pour déboucher sur l'application.

Une pédagogie fondée sur l'investigation, un bon usage des lectures et des ressources audiovisuelles, des références permanentes à la vie quotidienne, des ouvertures sur les carrières possibles, un usage judicieux des technologies, l'intercommunication des disciplines et une participation effective des élèves en classe, tous ces éléments combinés prépareront les élèves à devenir les citoyens avertis du XXIe siècle, qu'ils choisissent de poursuivre leurs études ou d'entrer dans la vie active.

Les professeurs, les écoles et les districts scolaires pourront travailler ensemble pour élaborer et prescrire un projet conforme au cursus suivi dans leur État. Pour réussir, ce projet devra partir des connaissances des enseignants et miser sur leur engagement, et tenir compte du niveau et des capacités des élèves qui doivent apprendre ces matières.

Les grandes lignes d'une stratégie

Ce projet de réforme, fondé sur la séquence physique-chimie-biologie (P-C-B), implique une sélection judicieuse des thèmes traités, correspondant essentiellement aux normes NSES et aux niveaux. Le cursus que nous proposons met davantage en évidence les relations existant entre les différents concepts et principes. À partir de ces grandes orientations, les écoles et les districts scolaires pourraient envisager l'enseignement scientifique selon une approche en spirale. C'est par ce biais que le projet gagnera en force, en prenant des voies permettant d'unifier et de renforcer le programme chaque année et d'une année à l'autre.

L'APPROCHE CYCLIQUE

Le cursus élaboré à partir des grandes orientations du projet doit être structuré selon deux directions. Tout d'abord *verticalement,* pour être cohérent d'une classe à l'autre. À cette fin, le cursus mettra en avant les concepts essentiels interdisciplinaires. Plus nombreuses seront les connexions entre les disciplines, mieux les connaissances seront consolidées tout au long des trois années. Enfin, il est tout aussi essentiel de respecter une cohérence *horizontale,* en veillant à ce que l'enseignement de chaque discipline corresponde à une logique interne. Comme le dit Howard Gardner, « les disciplines représentent pour moi la tentative la plus sérieuse de réponse concertée à [...] de telles questions. L'histoire nous enseigne d'où nous venons ; la biologie nous explique ce que signifie le fait d'être vivant, la physique nous parle du monde des objets, vivants ou non... Certains pensent que les disciplines ne sont pas pertinentes, et d'autres que seul le travail interdisciplinaire est intéressant... Je ne suis d'accord ni avec les uns ni avec les autres. Les disciplines sont ce qui nous préserve de la barbarie ; je ne crois pas que l'on puisse faire un travail interdisciplinaire avant d'avoir fait un travail disciplinaire ».

COHÉRENCE VERTICALE

La séquence P-C-B n'exclurait pas les digressions, en suivant d'autres scénarios ou en prenant d'autres voies permettant aux élèves de revoir, de consolider ou de tester leurs expériences et connaissances antérieures. Avec la physique d'abord et la biologie à la fin, le choix des thèmes à traiter dans le programme peut se nourrir des multiples connexions logiques possibles au sein des disciplines et entre elles.

Pour être à la portée des plus jeunes élèves, l'enseignement de la physique, durant la première année, privilégierait essentiellement les expériences précises, offrant ainsi, dans un délai assez court, la possibilité aux élèves de procéder selon le cycle exploration-application. Le cursus devra nécessairement tenir compte des aptitudes de ces jeunes élèves. Il faudra réfléchir à la meilleure façon d'aborder certains thèmes, au choix des concepts utilisés. Une abondante littérature est disponible sur ce sujet.

Au cours de la première année et à son issue, lorsque les élèves se seront familiarisés avec la manière dont on apprend, les expériences pourront se diversifier, en inclure de plus élaborées. La deuxième année, les activités pourraient être plus complexes, demandant une plus grande participation des élèves. Au cours de la troisième année seraient abordés des thèmes plus généraux nécessitant la mise en pratique des connaissances acquises précédemment.

COHÉRENCE HORIZONTALE

Chaque discipline a sa propre cohérence qu'il est nécessaire de respecter. On commence l'année par des expériences au niveau macroscopique, à partir de thèmes concrets et familiers pour aborder progressivement, selon une approche plus détaillée, des sujets plus abstraits. Toutefois, en Science 3 (biologie), on peut commencer par les cellules. Au cours de chaque année, le programme offre de nombreuses occasions pour revoir, consolider et approfondir les connaissances acquises. Dans la mesure où les situations concrètes sont plus accessibles et convaincantes, cette séquence en spirale devrait générer des conclusions fondées non pas sur la croyance, mais sur l'observation et sur la visualisation ou l'application des principes. Cette méthode permet, lors de la reprise des thèmes, de mettre l'accent sur l'utilisation ou l'application des concepts acquis et ne se limite pas à une simple répétition.

Souvent les élèves ont des failles ou ont mal compris certaines notions, et ces faiblesses ne sont détectées que très tard, voire jamais. Il faut s'employer à rectifier les incompréhensions ancrées et persistantes. C'est pourquoi l'enseignement des sciences devrait commencer par une évaluation du niveau de compréhension des élèves, académique, et de tous ordres. Cela suppose un cursus aux multiples entrées et une méthode d'enseignement permettant aux professeurs d'être à l'écoute des élèves afin d'évaluer dès le départ leurs connaissances et leurs aptitudes.

Ce projet de cursus s'emploie à rechercher les points communs et les fils conducteurs permettant d'aborder logiquement d'autres disciplines, comme l'astronomie, les sciences de la Terre et de l'espace, l'écologie. Il tend également à mettre en avant les nombreuses liaisons possibles avec les mathématiques et l'histoire. Le programme annuel comporte un tronc commun obligatoire et des options possibles pour les élèves aptes à suivre et intéressés. Pluridisciplinaires, ces prolongements peuvent déboucher sur des projets à long terme.

CONSTRUIRE UNE CULTURE SCIENTIFIQUE (*SCIENTIFIC LITERACY*)

Une personne scientifiquement capable ou cultivée (*literate*) commence par les expériences concrètes, construit ensuite leur signification en interagissant avec elles, et en ressort équipée pour combiner la compréhension initiale avec les outils et les méthodes de la science. Pour construire cette culture scientifique, le cursus proposé part des phénomènes réels, apprend à quoi servent les outils scientifiques, familiarise avec le raisonnement scientifique et met en évidence les liens entre la science, la technologie et la société.

LES PHÉNOMÈNES CONCRETS

Les jeunes s'intéressent à ce qui les concerne directement, ou bien à l'imaginaire, au récit romancé, à l'exotisme. Les informations, les études de cas et les événements quotidiens pourront être utilisés à titre d'exemples concrets, permettant aux élèves de mettre en application les connaissances nouvellement acquises. Ils pourront également faire des exposés à partir de leurs lectures scientifiques, présenter leurs connaissances en public, devant les parents, la classe ou leurs futurs employeurs.

LES OUTILS DE LA SCIENCE

Il est nécessaire que les élèves obtiennent de bons résultats rapidement afin d'adopter une attitude positive par rapport à la science. Dans ce but, l'accent sera mis la première année sur la pratique expérimentale. Les outils de travail maîtrisés durant cette année serviront lors des deux années suivantes et seront perfectionnés. Plutôt que de faire appel à des connaissances strictement factuelles, les premières expériences privilégieront l'observation, la collecte de données et la réflexion d'où découlera la conclusion. Par ailleurs, ces premières expériences porteront essentiellement sur des principes généraux plutôt que sur des concepts spécifiques.

Le cursus encouragera les applications technologiques à l'appui de différents types d'apprentissage. Un bon usage de la technologie permettra aux élèves de façonner leurs matières de manière à faciliter leur compréhension et à développer leur créativité scientifique. La science ainsi enseignée aura un attrait pour des élèves que les méthodes traditionnelles auraient pu rebuter. De plus en plus découvriront ce qu'est la science, et elle se révélera par conséquent accessible à tous et non seulement à une minorité privilégiée.

LES HABITUDES MENTALES SCIENTIFIQUES

Le cursus doit aborder les questions suivantes : Comment savons-nous qu'une chose est vraie ? Pourquoi devons-nous le croire ? De quelle manière avons-nous trouvé les réponses ? Comment les scientifiques posent-ils les questions ? Comment les scientifiques pratiquent-ils la science ? Que nous apprend l'histoire sur la science et les scientifiques ?

Pour familiariser les élèves avec les habitudes mentales scientifiques, les enseignants doivent s'employer à présenter la science comme une source d'interrogations passionnantes sur le fonctionnement du monde. Le cursus intègre le fait que la science est très présente dans la société par le biais de la technologie. Mais, si la science et la technologie sont étroitement liées, il s'agit de deux domaines différents, et les élèves devront comprendre la différence. La science est le fruit des efforts des hommes, son histoire est ponctuée de succès majeurs et de belles erreurs qui sont liées à sa nature même, et montrent toute l'importance du doute. Dans cette optique, les enseignants devraient disposer d'outils, de critères d'évaluation pour apprécier la progression des élèves. Les classes pourraient être dotées, par exemple, de grandes affiches murales représentant les concepts à acquérir, les élèves visualisant ainsi leur progression.

LES PASSERELLES ENTRE SCIENCE, TECHNOLOGIE ET SOCIÉTÉ

En fondant l'éducation scientifique sur l'étude des phénomènes réels, l'acquisition d'un savoir-faire et des habitudes mentales scientifiques, on ouvre l'accès à d'autres domaines. Toute personne scientifiquement éduquée doit être capable d'appliquer ses connaissances et son raisonnement à la société et à la technologie. Le cursus devra aborder les questions d'intérêt général, comme la santé, la citoyenneté, la sécurité, la responsabilité. Les élèves débattront des phénomènes culturels et naturels, ils examineront les causes et les conséquences de comportements comme l'indifférence, l'arrogance, et l'hostilité entre les hommes, les cultures et la nature. Ils se familiariseront avec les prédictions, pas seulement celles qui permettent de tester la validité des théories, mais aussi celles qui permettent d'apprécier les choix politiques ; par exemple, quelles sont les conséquences de l'addition de fluor à l'eau que l'on boit ? Que se passera-t-il si l'on crée un impôt sur l'émission de dioxyde de carbone dans l'atmosphère ?

Éléments clés du projet

Les orientations, tant sur le plan des méthodes et que sur celui des thèmes à aborder, présentées dans ce texte sont autant de directions possibles pour bâtir un cursus. Il ne s'agit pas de définir de façon précise l'ordre des cours, mais de proposer différentes voies pour concevoir un programme à partir des recommandations de ce livre blanc.

La liste des thèmes à aborder dans chaque discipline n'est ni exhaustive ni restrictive, elle correspond au schéma regroupant les concepts jugés fondamentaux. Bon nombre des thèmes proposés sont susceptibles de contribuer au renforcement du programme dans la mesure où ils multiplient les connexions possibles au sein même des disciplines et d'une discipline à l'autre.

LA PHYSIQUE EN PREMIÈRE ANNÉE

La physique est à la base de la séquence scientifique, elle contribue à faciliter l'étude des autres disciplines du cursus et constitue également une discipline à part entière. On commence son étude par des objets familiers et visibles pour aller progressivement vers des niveaux plus abstraits. Un des objectifs majeurs étant d'éveiller la curiosité, le goût de la découverte et le désir de comprendre pourquoi les choses se passent ainsi lors d'une expérience donnée.

QUELQUES THÈMES ESSENTIELS EN PHYSIQUE

Le cursus, par rapport aux programmes classiques, accorde moins de place à la mécanique, à l'optique, à l'acoustique et à la radioactivité, et met davantage l'accent sur les thèmes suivants (par ordre alphabétique) :

- la théorie atomique, la structure des atomes, la formation des molécules, les modèles atomique et moléculaire,
- la conservation de l'énergie,
- la conservation de la masse,
- l'électricité et la charge,
- l'énergie,
- les gaz,
- la gravité,
- la théorie cinétique des gaz,
- la lumière et la photosynthèse,
- la lumière, en tant qu'onde et particule,
- la matière et ses propriétés,
- la quantité de mouvement,
- la pression,
- les ondes.

LA CHIMIE EN DEUXIÈME ANNÉE

Durant la deuxième année, on accorde une plus grande place aux expériences en laboratoire et aux travaux faisant appel aux expériences réalisées en première année. Là encore, le programme devra laisser le temps aux élèves de développer leur curiosité, de satisfaire leur soif de découverte tout en leur donnant l'opportunité de faire le lien entre les expériences réalisées en chimie et les connaissances acquises en physique.

Le cursus de cette année, avec la chimie comme priorité, est fondamental pour aborder la biologie en troisième année. Lors de l'étude des réactions chimiques et des affinités entre substances, on donnera la priorité aux atomes et aux molécules, comme le phosphore et l'eau, essentiels en biologie. Les élèves exploreront également les voies reliant la chimie et les thèmes nouveaux de la biologie, comme l'immunologie et le clonage.

QUELQUES THÈMES ESSENTIELS EN CHIMIE
(PAR ORDRE ALPHABÉTIQUE)

- les acides et les bases,
- les atomes,
- l'équilibre,
- les réactions fondamentales,
- la cinétique,
- la construction d'un modèle : visuel, mathématique, informatique,
- la chimie organique,
- l'oxydation, la réduction,
- les relations chimiques,
- la périodicité,
- la radioactivité, la stabilité atomique,
- la liaison chimique simple,
- la solubilité,
- structure et fonction,
- la thermodynamique,
- visualisation tridimensionnelle, géométrie moléculaire.

LA BIOLOGIE EN TROISIÈME ANNÉE

Dans le même esprit que les deux années précédentes, le programme de biologie met l'accent sur l'expérimentation, en classe et en laboratoire. Les élèves devraient alors être aptes à réaliser leurs expériences de façon plus pertinente, forts du savoir-faire et des concepts acquis durant les deux premières années du cursus.

Cette troisème année, à la différence des deux autres, commence au niveau microscopique — la structure et la fonction de la cellule — et aborde ensuite des thèmes plus globaux. L'objectif premier est de donner un aperçu de l'unité et de la diversité de la vie, de rendre compte des efforts entrepris pour la comprendre, la contrôler et la manipuler. Le programme devra également aborder les questions sociales, éthiques, les formes de vie et l'avenir de la science.

QUELQUES THÈMES ESSENTIELS EN BIOLOGIE (PAR ORDRE ALPHABÉTIQUE)

- les atomes (phosphore, carbone, etc.),
- le comportement des organismes,
- la diversité biologique : génétique, espèces, écosystème,
- structure et fonction de la cellule, dysfonctionnement,
- l'énergie, flux de matière et d'énergie dans les systèmes vivants,
- l'evolution,
- l'hérédité, les bases moléculaires de l'hérédité,
- l'interdépendance entre entités vivantes et non vivantes,
- l'interdépendance des organismes,
- les niveaux d'organisation biologique : cellules, tissus, organes, organismes,
- les niveaux d'organisation écologique : espèces, populations, communautés, écosystèmes,
- les molécules fondamentales (eau, ADN, molécules à base de carbone, protéines, etc.),
- la photosynthèse,
- taux, échelle et grandeurs des changements,
- les relations entre la croissance démographique, l'industrialisation et l'écologie régionale et mondiale,
- la reproduction,
- structure et fonction,
- les rapports de la surface au volume dans les différentes formes de vie,
- les tendances et les cycles,
- l'eau : chimie de l'eau, densité, concentrations.

THÈMES INTERDISCIPLINAIRES

Figurent ci-dessous des thèmes n'appartenant pas de façon spécifique à une discipline, mais pouvant être intégrés à la séquence de trois ans.

Approches :

- études de cas,
- discussions sur la loi,
- discussions sur la médecine,
- choix de société et choix personnels, leurs conséquences,
- apprentissage par les projets.

Thèmes :

- l'écologie,
- l'énergie et son influence sur les systèmes vivants,
- équilibre et perturbation,
- évolution,
- les relations entre structure et fonction,
- le raisonnement statistique, estimation et probabilité,
- viabilité,
- systèmes.

SCIENCES DE LA TERRE ET DE L'ESPACE

La quatrième discipline, les sciences de la Terre et de l'espace, peut faire l'objet d'une quatrième année, car son étude dépend très étroitement des acquis dans les trois autres matières. Les sciences de la Terre permettent également d'étudier chacune des autres disciplines, en une séquence qui sera évoquée ultérieurement. La transformation du projet en cursus peut suivre d'autres voies pour appliquer les normes.

Quelques exemples illustrant le projet

Les vignettes suivantes éclairciront la séquence P-C-B. Elles proposent diverses façons de traduire la structure et le contenu du cursus, en conformité avec la philosophie exposée plus haut.

PREMIER EXEMPLE :
UN SCÉNARIO POUR TROIS ANS

L'exemple présente une séquence P-C-B courant sur trois années scolaires, avec un survol rapide, une liste d'éléments importants du programme, un aperçu des sujets mathématiques utiles à l'accomplissement du cursus chaque année.

Première année : physique.

La physique est approchée d'une manière devant aider les élèves à comprendre les concepts en fonction des mesures qu'ils effectuent. On recourt aussi peu à la confiance que le demandent les sciences. Les enseignants accordent le temps nécessaire à une véritable investigation et à la mise en relation des sujets étudiés. Le cursus opte clairement pour une information approfondie plutôt que pour la couverture nécessairement superficielle d'une multitude de sujets.

Une approche nouvelle de la physique conceptuelle commencera avec l'électricité, quand bien même d'autres possibilités existent. Les élèves apprennent à utiliser des électromètres et à construire des circuits ; les activités sont conçues pour capter l'intérêt : l'électricité est familière aux élèves qui trouvent sans doute du plaisir à apprendre comment fonctionnent les appareils d'usage quotidien. La conservation de la charge est un bon exemple de départ du principe de conservation. La conservation de la masse est également un sujet décisif, bien que le programme invite à aborder ce concept à un stade antérieur. Si les lycéens comprennent comment mesurer le courant et le voltage, ils disposeront d'un outil pratique qui leur permettra de mesurer les transferts d'énergie. C'est en fait plus facile à faire que la mesure traditionnelle des forces par laquelle commencent de nombreux cours de physique. Après tout, nous mesurons quotidiennement des courants et des voltages alors que les lycéens ne mesurent les forces que dans leurs laboratoires de physique. Cela constitue une bonne introduction à la mise en relation des phénomènes avec des modèles abstraits. À cette étape, il ne convient pas d'accabler les étudiants avec un modèle abstrait de la charge en termes d'électrons. Le cursus aborde l'électricité au plan phénoménologique.

On pourrait alors introduire l'énergie thermique comme le produit d'un courant électrique passant à travers des matériaux. En mesurant le courant et le voltage, les lycéens acquièrent une compréhension quantitative de l'énergie, comme quelque chose qui se mesure et passe d'une force à l'autre. Une fois qu'ils savent calculer l'énergie thermique, les élèves peuvent utiliser celle-ci comme étalon pour l'examen d'autres formes d'énergie. La production de l'énergie du rayonnement pourrait être un excellent point de départ. Les expériences consistent notamment en la construction d'un moteur électrique simple et en la comparaison entre la chaleur produite par un mouvement simple et celle produite en soulevant une masse. L'idée de chaleur manquante est reliée à d'autres formes d'énergie produite. Le cursus introduit de la sorte des concepts tels que ceux d'énergie cinétique et d'énergie potentielle. Il évite la définition abstraite de l'énergie comme « travail » en permettant aux élèves d'élaborer leurs propres définitions à partir des mesures effectuées. Chemin faisant, les élèves acquerront des techniques de laboratoire et une pratique d'interprétation des données. Si l'enseignant souhaite introduire le concept de force, c'est aussi un moment propice, en relation avec l'énergie potentielle.

Éléments du programme de physique. Trouvent place dans ce modèle les sujets de physique suivants :

• composants et termes électriques : circuits, courant, voltage,

• énergie électrique et puissance,

• forces et mouvement, applications à des systèmes importants : mouvement sinusoïdal simple, mouvement circulaire,

• énergie — énergie potentielle et énergie cinétique, conservation de l'énergie, retour sur les systèmes simples, énergie du rayonnement, lumière, énergie comme solution du mystère de la chaleur manquante, énergie interne, changement d'état, stabilité des systèmes simples comme question de l'énergie minimale, relations avec la théorie atomique, plongée dans l'abstraction,

• lignes spectrales et aperçu des phénomènes quantiques,

• théorie cinétique de la matière, énergie cinétique à l'échelle atomique, pression, lois des gaz avec démonstration concrète simple, exemple du ballon avec un gaz,

• modes de transport de l'énergie, particules, ondes, tremblements de terre, bacs à ondulations ; son, lumière, photosynthèse,

• structure de l'atome,

• extensions possibles : gravité, astronomie, convection (météorologie).

Éléments de mathématiques appropriés à la physique dans ce modèle. Les éléments suivants relèvent des mathématiques dont la physique a besoin, soit comme préalables, soit pour être enseignés concurremment :

• calculatrices graphiques, tableaux, logiciels : ce thème générique comprend la modélisation, la solution des problèmes et le raisonnement mathématique en incorporant de façon logique l'usage approprié de l'informatique,

• nombres réels : calculs sur des nombres réels, des décimales, des exposants, la numération, l'ordre des grandeurs, les arrondis, l'échelle, l'estimation, le sens des nombres, le pourcentage,

• modélisation des problèmes concrets,

• taux et proportion,

• équations et inégalités, leurs propriétés, résoudre des équations,

• fonctions : algèbre des fonctions (combinaison, composition), construction, représentation graphique, interprétation des graphes, utilisation de tableurs et de calculatrices graphiques aussi bien que du papier et du crayon,

• interprétation de données, avec utilisation de tableurs pour explorer, interpréter, histogrammes, meilleur ajustement, erreurs de mesure,

• statistiques, avec mesure des valeurs centrales,

• introduction aux probabilités.

Deuxième année : chimie.

La chimie est la « science du changement », l'étude des propriétés des substances et des réactions qui créent des substances nouvelles à partir de substances existantes. Dans le monde ordinaire, visible, de notre vie quotidienne, le changement est incessant et revêt une importance pratique primordiale. Toutefois, on comprend mieux ce changement si l'on se réfère au monde microscopique des atomes et des molécules, monde que l'on voit rarement. Les deux niveaux (macroscopique et microscopique) interagissent constamment dans la pratique moderne de la chimie. Le programme présente la chimie comme une discipline qui découvre au plan microscopique une unité sous-jacente des changements macroscopiques si formidablement divers qui conditionnent nos vies.

Le cursus commence à un niveau macroscopique concret, en classant les matériaux (mélange, substance chimique, composé, élément, métal et non-métal, acide et base, etc.). Les expériences illustreront les propriétés caractéristiques importantes des matériaux : densité, point d'ébullition, point de fusion. On passe ensuite à la classification des réactions chimiques en s'attachant particulièrement à la dissolution. On s'intéressera assez tôt à l'énergétique des réactions chimiques, ce que rend possible ce qui a été dit l'année précédente à propos de l'énergie, de ses transformations et de sa conservation. Les expériences portent notamment sur les matières organiques (l'ensemble aliment-combustible-fibre), afin de relier à la chimie ce que les lycéens voient et utilisent chaque jour.

Le cursus adopte une approche historique, au sens où il évoque les débuts de la chimie moderne en rappelant les travaux de Lavoisier sur la combustion et la conservation de la masse. C'est seulement ensuite qu'il passe au niveau microscopique. Il présente les faits chimiques qu'utilisa Dalton pour suggérer la théorie atomique et il explique les difficultés rencontrées par ce savant, et d'autres, pour arriver à des formules chimiques cohérentes et aux masses atomiques relatives. Cela illustrera comment se construisent et se testent les modèles, et fournira en même temps l'arrière-plan pour exposer les principes fondamentaux de la stœchiométrie.

Le cursus reprend ensuite la physique des gaz, abordée durant l'année de physique, pour y ajouter des notions sur les mélanges gazeux et les interactions entre les particules chimiquement différentes dans de tels mélanges. Ces notions sont expliquées en termes de théorie cinétique moléculaire (étudiée l'année précédente). On retourne ensuite à la différence entre chaleur et température ; on ajoute l'énergie chimique potentielle à la typologie discutée l'année précédente. Ce nouveau type d'énergie est expliqué par l'existence ou la formation de liaisons chimiques entre les atomes.

Revenant au niveau macroscopique, le cursus établit, par l'expérience et la démonstration, que les réactions s'arrêtent souvent avant terme. Cela permet d'introduire le concept d'équilibre chimique, qui sera appliqué à certains types de réactions établis auparavant.

La différence entre un véritable équilibre thermodynamique (dans lequel aucun changement ne se produit) et la stabilité cinétique (dans laquelle de nouveaux changements sont possibles, mais ils seront lents) est abordée avec des exemples et des expériences. La dimension temporelle en chimie est un arrière-plan déterminant pour comprendre les enzymes et leur fonction biologique.

Enfin, le cursus aborde, pour examen et utilisation, le modèle de l'atome établi par le physicien. La formation moléculaire en tant que processus d'énergie potentielle donne une vue microscopique des réactions chimiques. Des éléments de la théorie quantique peuvent être utilisés, avec l'énergie, pour donner un sens aux outils importants de la chimie que sont la spectroscopie atomique et la spectroscopie moléculaire. Des applications sont aujourd'hui effectives en astronomie — par exemple, la découverte d'hélium dans le Soleil — et en biologie.

La théorie de la liaison chimique, l'électronégativité, les électrons et leurs structures en pointillés conduisent aux géométries moléculaires en trois dimensions et introduisent à la biologie moléculaire.

Éléments du programme de chimie. Les questions suivantes feraient partie du modèle :

• classification des matériaux : qu'est-ce que le monde qui nous entoure ? Périodicité, métaux et non-métaux,

• réactions chimiques : comment la matière interagit-elle dans le monde qui nous entoure ? Éviter la distinction changement chimique/changement physique, acide (âcre)/base (amer), pH, solubilité, réaction organique simple telle que la déshydratation,

• stœchiométrie — conservation de la matière (réduire sans exclure totalement), le nombre d'atomes ne change pas, utiliser des exemples biologiques, réactions des gaz, loi de Dalton,

• les réactions chimiques conduisent à une situation d'énergie plus basse, conservation de l'énergie, énergie des liaisons, thermodynamique (les processus iront dans un sens, pas dans l'autre), assez de cinétique pour comprendre les enzymes, énergie d'activation (qualitative seulement),

• équilibre — qu'est-ce que le changement ? Tout changement implique équilibre, perturbations, principe de Le Chatelier, la constance d'équilibre détermine l'importance du changement en cours,

• périodicité des éléments chimiques,

• liaison chimique — modélisation en trois dimensions, qu'est-ce qui crée un lien ? (éviter les configurations de l'électron), utilisation de l'électronégativité pour décrire la liaison, structures en pointillés de l'électron, formes — géométrie, la géométrie d'une molécule,

• photosynthèse — discussion de la conservation de l'énergie de la lumière et de l'énergie chimique dans les molécules utiles aux vivants (préparer les élèves au début du cours de biologie de troisième année).

Éléments de mathématiques appropriés à la chimie dans ce modèle. Les éléments suivants relèvent des mathématiques nécessaires à la chimie, soit comme préalables à celle-ci, soit pour être enseignés concurremment à celle-ci :

• modélisation et solution de problèmes — raisonnement mathématique, utilisation à tout instant de la technologie appropriée, y compris les calculatrices graphiques, les logiciels géométriques et l'algèbre,

- taux et proportion,
- congruence et similarité,
- analyse de données, visualisation géométrique et spatiale ; géométrie synthétique et analytique, y compris les rotations, les transformations, 2D et 3D,
- argument et preuve,
- logarithmes — solutions de plusieurs équations à plusieurs inconnues, matrices.

Troisième année : biologie.

Telle qu'on l'enseigne, la biologie privilégie aujourd'hui la mémorisation sur la compréhension. Par exemple, les élèves doivent mémoriser les structures moléculaires et les modes de réaction plutôt qu'apprendre pourquoi les structures travaillent à soutenir les fonctions des processus biologiques. Avec notre approche partant de la physique, les lycéens sont familiarisés avec les fondements de la structure atomique et des interactions moléculaires. Cela autorise le professeur à souligner comment la structure soutient naturellement la fonction. Par exemple, de nombreuses molécules forment des polymères : qu'est-ce qui différencie un type de polymère d'un autre ? Comment ces composants fondamentaux sont-ils utilisés dans des combinaisons variées conduisant à la diversité de la vie ? La compréhension de principes simples puisés dans la physique et dans la chimie permet aux élèves de suivre la croissance naturelle de la complexité. Ce cours commence avec la molécule, passe à la cellule, puis à l'organisme et enfin à l'écosystème. Tout y est relié à la survie (sélection naturelle). La reproduction est étudiée au niveau génétique, puis le programme passe à celui de l'environnement.

Comprendre la structure et la fonction de la cellule — pierre fondatrice de la vie — est la meilleure façon pour un lycéen de comprendre la vie au niveau de l'organisme et au-delà de celui-ci. En faisant de la cellule l'unité déterminante, le cursus pose la question : pourquoi les cellules sont-elles utiles ? Comment répondent-elles aux changements ? Que leur faut-il pour fonctionner correctement ? Quelles seront les conséquences d'un fonctionnement incorrect ? Des systèmes similaires peuvent s'appliquer à l'organisme et à l'écosystème. Un cours de biologie au lycée devrait également inclure assez de biologie humaine pour que les élèves puissent prendre, en connaissance de cause, les décisions concernant leur vie personnelle.

Au total, cette approche entend que les lycéens deviennent des décideurs dans un monde en changement permanent, un monde où les outils de la biologie moléculaire sont si puissants que les hommes ont la capacité inédite de s'altérer eux-mêmes ainsi que l'environnement dont ils dépendent.

Éléments du programme de biologie. Les questions de biologie suivantes sont prévues dans le modèle :

- composants moléculaires de la cellule — les élèves commencent avec des molécules introduites dans un système vivant par photosynthèse, phénomène abordé en deuxième année,
- structure et fonction de la cellule, respiration cellulaire et autres processus cellulaires, reproduction, comprenant la structure et la fonction de l'ADN,
- communication cellulaire — signaux de l'environnement entraînant des réponses cellulaires, croissance, développement, mort,
- rôle de la génétique dans la fonction cellulaire ; comment des mutations affectent ce rôle,
- organismes — structure du corps en relation avec la fonction,
- interactions des organismes et des organismes avec d'autres organismes,
- éthique des effets de l'homme sur l'environnement interne et externe,
- ingénierie génétique et gestion de l'environnement,
- évolution ; éléments communs aux divers organismes.

Éléments de mathématiques appropriés à la biologie dans ce modèle. Les éléments suivants relèvent des mathématiques et sont nécessaires en biologie, soit comme préalables, soit pour être enseignés concurremment :

- modélisation géométrique en trois dimensions,
- probabilités,
- statistiques pour l'analyse de données,
- modélisation par tableaux pour la collecte de données,
- ajustement de courbes,
- fonctions exponentielles.

DEUXIÈME EXEMPLE : UNE INTÉGRATION DES SCIENCES DE LA TERRE

Une autre façon d'intégrer horizontalement et verticalement un cursus, c'est de se concentrer sur le même domaine, mais en l'abordant chaque année sous l'angle d'une discipline différente. Dans la progression P-C-B qui vient d'être décrite, on aura veillé à ne pas oublier les sciences de la Terre ni à utiliser de façon incidente ou comme de simples extensions des fragments de cette discipline. Le présent exemple suggère une approche alternative, qui fait de la Terre et de ses phénomènes le fil directeur d'une progression triennale et d'une intégration des sciences de la Terre à la physique, à la chimie et à la biologie. Fondamentale est ici l'idée que la planète Terre est notre maison et qu'en tant que telle elle ouvre des pistes à toutes les autres disciplines à l'intérieur de la science et au-delà.

Ici, la Terre structure le cursus. Il s'agit d'explorer la planète avec les yeux du physicien, puis avec ceux du chimiste et enfin avec ceux du biologiste, d'une année sur l'autre. Évidemment, le cursus étendra chacune des disciplines de manière à satisfaire des normes scolaires. Ci-dessous sont énumérées les connexions avec les sciences de la Terre pour chacune des trois années.

Terre et physique.

La Terre change et se développe avec le transfert de l'énergie d'une forme à l'autre. Il faut suivre le passage de l'énergie à l'intérieur des systèmes de la planète et examiner les changements qui se produisent.

Les sujets comprennent : l'énergie comme monnaie universelle ; l'érosion ; géophysique : la structure de la Terre et comment nous la connaissons ; la gravité ; lumière et photosynthèse ; structure et liaison des minéraux ; quantité de mouvement ; tectonique des plaques ; pression ; neige de la chute à la métamorphose en tapis neigeux, au glissement et aux avalanches ; rapports surface/volume ; le soleil ; ondes.

Terre et chimie.

L'énergie chimique est particulièrement importante dans le façonnage de la planète car les phénomènes chimiques gouvernent la formation des roches, des océans et de l'atmosphère qui constituent le monde.

Les sujets comprennent : précipitations acides ; liaisons chimiques et photosynthèse ; chimie de l'eau ; énergie ; équilibre ; pollution ; sols ; solubilité ; cycle de l'eau ; thermodynamique.

Terre et biologie.

Les systèmes vivants contiennent une grande part de l'énergie existant sur Terre. Les comportements de ces systèmes altèrent en retour le monde dans lequel ils vivent.

Sujets du cursus : disparition d'espèces par inadaptation, spéciation ; cycles biogéochimiques, flux de la matière et de l'énergie ; diversité biologique ; mécanismes des migrations d'oiseaux ; cellules, pigments, énergie, organisme et photosynthèse ; climat ; écologie de l'hiver ; flux d'énergie ; évolution et adaptation, stress, sélection naturelle ; habitats, biomes ; interdépendance des entités vivantes et non vivantes ; biogéographie des îles ; biologie marine ; dérangements naturels, stress et séries ; réponses des organismes au froid et à la chaleur ; ressources d'énergie ; sols, plantes et substances nutritives ; structure et fonction ; thermodynamique

Des mauvais exemples

Se contenter des normes NSES ou des niveaux (*benchmarks*) ne garantit pas le bien-fondé d'un programme. De même, suivre des stratégies pédagogiques fondées sur « la meilleure pratique » n'assure pas l'acquisition effective de connaissances. Les deux non-exemples sont pris dans les cursus actuels. Ils comprennent plusieurs éléments de « meilleure pratique » mais présentent des défauts dirimants, comme le montre la section « pourquoi c'est un mauvais exemple ». Ces exemples sont typiques de ce qui se fait aujourd'hui.

Biologie : second semestre. Systèmes humains ; écologie.

Le second semestre commence avec une unité consacrée aux systèmes du corps humain, en partant du système circulatoire pour finir par le système endocrinien. Tous les organes sont nommés et localisés, les structures sont reliées aux fonctions. Les élèves participent à diverses activités qui leur permettent de dire comment les différentes parties du corps fonctionnent ensemble.

Ensuite, les élèves abordent une unité d'écologie ; ils apprennent comment les organismes vivent et fonctionnent ensemble dans les écosystèmes tout en occupant leurs niches respectives. Les élèves participent à diverses activités concernant les chaînes et les réseaux alimentaires. Ils explorent les cours de leur établissement et les parcs du voisinage pour appliquer ce qu'ils ont appris aux écosystèmes du monde réel.

À la fin du semestre, une courte unité est consacrée à la santé de l'environnement. Les élèves participent à un projet à long terme explorant les effets de la pollution présentée sur CD-ROM. Les activités engagent les élèves dans des jeux de rôles, la solution de problèmes, la présentation en groupe de leurs projets.

Pourquoi est-ce un mauvais exemple ?

Cette séquence comporte bien des éléments à retenir. Les lycéens participent à des activités « Esprit et Main à la pâte », explorant l'environnement réel tout en s'engageant dans un projet à long terme.

Toutefois, rien ne vient relier les activités ni intégrer ce que les élèves ont appris avant. Une légère altération donnerait une séquence beaucoup plus sensée. En reliant la santé de l'environnement aux systèmes du corps humain, les élèves couvriraient tous les sujet de l'unité « systèmes humains », mais dans un plus large contexte, englobant les effets des polluants de l'environnement sur ces systèmes. La chimie étudiée l'année précédente serait étendue à l'examen des polluants chimiques, prolongeant ainsi la trame commencée avec la physique. L'étude des réactions photochimiques prolongerait la trame commencée avec le spectre électromagnétique.

Physique : premier semestre. Énergie, mouvement et forces, électricité.

Les élèves étudient la nature de l'énergie. À travers des activités qui développent leurs capacités d'observation, de prévision et de mesure, ils apprennent à décrire comment l'énergie se transforme, comment l'énergie potentielle se transforme en énergie cinétique et comment fonctionne la loi de conservation de l'énergie.

Les lycéens passent ensuite aux forces et au mouvement. Ils créent et interprètent des graphiques, acquérant une expérience pratique à propos de la vitesse, de l'accélération, de la quantité de mouvement et de la friction. Et ils progressent ainsi jusqu'aux lois newtoniennes du mouvement.

Au cours de l'unité « électricité », les élèves abordent la charge et continuent leur étude des forces. Ils explorent le courant électrique, faisant l'apprentissage des circuits, de la résistance, du voltage et de la loi d'Ohm.

Pourquoi est-ce un mauvais exemple ?

Une fois de plus, la séquence ne relie pas les concepts. Une séquence élaborée pour permettre un développement conceptuel relierait les forces à la matière et à l'énergie. Les formes de l'énergie serviraient comme exemples scientifiques illustrant des idées générales. Les élèves exploreraient une variété de principes afin de concevoir le fonctionnement de la nature, apprenant à prévoir et à inférer à partir de données, se familiarisant ainsi avec les habitudes mentales du scientifique.

Ce qu'implique la mise en œuvre

Refondre le cursus des lycées n'est pas un projet que l'on peut entreprendre en solitaire. Cet effort a de lourdes implications dans deux domaines décisifs pour les établissements scolaires, à savoir la formation antérieure des lycéens, le perfectionnement professionnel des enseignants en activité et à venir. De surcroît, de réelles barrières institutionnelles doivent être levées si l'on veut que le nouveau programme réussisse.

CONDITIONS PRÉALABLES

La réforme de l'enseignement scientifique au lycée que nous proposons a de lourdes implications pour l'éducation préalable et ultérieure des lycéens. En ce qui concerne l'éducation préalable, les nouveaux cours exigent que les élèves entrent au lycée avec certains savoirs, savoir-faire et attitudes scientifiques. Fondamentalement, la nouvelle séquence s'aligne sur les compétences acquises à l'école et au collège conformément à des normes favorisant une démarche d'investigation.

Le système éducatif actuel autorise trop souvent les élèves à entrer au lycée avec une incompréhension fondamentale de ce qu'est la science. C'est largement le résultat de l'enseignement scientifique qu'ils ont reçu antérieurement, reflétant lui-même les faiblesses de la formation scientifique que leurs enseignants ont reçue. Une fois encore, le vent du changement souffle, mais les changements en cours dans les écoles et dans les collèges sont un zéphyr, alors qu'il y faudrait une tornade ! De nombreux élèves sortent de ces cycles en concevant la science comme une collection statique de données déconnectées et invariables. Du fait de leurs enseignants, de leurs manuels et des contrôles auxquels ils sont soumis, de nombreux élèves ont une vision faussée, selon laquelle la science est essentiellement un immense et terrifiant vocabulaire qui décrit des détails infimes, compliqués et inintéressants.

Le nouveau cursus scientifique du lycée doit être mis en œuvre comme un élément d'une réforme véritablement systémique, cultivant une conception de la science beaucoup plus pertinente, à savoir celle d'une entreprise humaine applicable à de multiples aspects de la vie quotidienne des élèves.

Quelles sortes de savoirs et de savoir-faire ce cursus attend-il des élèves entrant au lycée ? Dans une certaine mesure, la réponse peut être trouvée dans les normes NSES ou les niveaux (*benchmarks*). Les élèves devraient pouvoir montrer qu'ils connaissent au moins les schémas fondamentaux de catégorisation scientifique : par exemple, distinguer les différents groupes de vertébrés, utiliser une terminologie similaire pour décrire des trajectoires, celles d'une balle de football ou celles d'une fusée. S'il ne leur est pas nécessaire d'avoir une connaissance approfondie de la taxonomie ou de la systématique, ils devraient être capables de trier divers objets (par exemple, les feuilles d'essences diverses) en subdivisions cohérentes et significatives, de clarifier les raisons du tri (par exemple, feuille lisse, lobée, dentelée). Ils sentiraient à peu près la différence entre science et pseudo-science, ils seraient peut-être en mesure de dresser une liste des caractères qui font de l'astronomie une science et excluent l'astrologie du royaume. Ils devraient être capables de décrire, en termes généraux au moins, le travail des scientifiques et comment ils s'y prennent dans ce travail. En décrivant des phénomènes scientifiques simples, ils ne devraient pas invoquer des forces mystérieuses ou magiques, mais pouvoir suggérer de quelles manières possibles des éléments de l'environnement seraient susceptibles d'influencer le comportement étudié.

Un exemple peut illustrer le niveau de savoir-faire que les élèves devraient avoir atteint avant d'entrer au lycée. Les enseignants peuvent attendre d'un élève qu'il sache effectuer une série de mesures simples mais essentielles autour de l'expérience d'un simple mouvement pendulaire. Autrement dit, les élèves doivent être capables de mesurer la longueur du pendule et sa période d'oscillation avec une exactitude suffisante. Ils devraient être capables de réunir des données répétées, de les comparer avec esprit critique, de soulever des questions à propos des résultats qui s'écartent trop de la moyenne. Sur demande, les élèves devraient aussi pouvoir déterminer la masse ou le volume du pendule (par exemple, pour s'assurer que ces facteurs ont été maintenus constants d'un appareil à l'autre). Ces mêmes élèves devraient pouvoir effectuer des interprétations simples de données et prévoir le résultat d'expériences répétées. Les enseignants ne devraient pas exiger qu'une interprétation complexe soit donnée ou une extrapolation faite à partir des données collectées (comme la manière dont la période d'oscillation pourrait changer avec la longueur du pendule). Les élèves devraient être capables de décrire le protocole de base de l'expérience, de suggérer des extensions possibles ou des variations de l'expérience (par exemple, l'effet d'une modification de la longueur, de la masse, du volume ou de la position initiale du pendule). Les élèves devraient pouvoir discuter les raisons pour lesquelles ces modifications seraient intéressantes et faire des prévisions générales sur les résultats de manipulations des variables.

Pour ce qui relève de l'attitude, les enseignants pourraient espérer que les recrues aient une conception positive de la science, soient sensibles à son attrait, à l'excitation qu'elle procure, à son potentiel et à ses limites. Pour être des apprenants actifs des nouvelles clauses scientifiques, les élèves devraient être curieux, ouverts aux idées neuves et aux données contradictoires, être tout à la fois sceptiques et honnêtes. Ils devraient démontrer qu'ils conçoivent la science comme une branche de l'entreprise humaine de compréhension du monde environnant, qu'ils comprennent que le savoir scientifique change dans le temps, que les idées considérées à un moment donné comme justes puissent devenir inadéquates pour expliquer de nouveaux phénomènes.

LA FORMATION PROFESSIONNELLE DU CORPS ENSEIGNANT

Notre projet de restructuration de l'enseignement scientifique au lycée est conçu pour stimuler la créativité et pour jeter un défi à l'intelligence des enseignants en exercice, pour ouvrir les salles de classe aux scientifiques, pour réformer les programmes de formation des enseignants, et pour donner une impulsion de l'intérieur à travers un réseau d'enseignants tuteurs de leurs pairs.

Un recrutement national des professeurs de sciences est essentiel avec, comme composante organique, une mise à niveau professionnelle et des activités collégiales. Un nombre bien plus élevé de professeurs de lycée sont formés en sciences biologiques et sensiblement moins en chimie ou en physique. Les professeurs doivent élever leurs connaissances scientifiques en physique, en chimie, en biologie, en sciences de la vie et de l'espace, de manière à démontrer l'interrelation des sciences. Ils doivent également étendre leur compréhension de la pédagogie, autrement dit parvenir à un savoir fondé sur l'investigation, sur la construction des connaissances et sur la solution des problèmes. Les professeurs de sciences doivent savoir ce que leurs élèves apprennent en mathématiques et quelle est leur progression.

Une fois encore, la réponse peut être trouvée dans les normes nationales. La conception du développement professionnel est celle d'un processus actif, construit par les intéressés et conduit ensemble pour progresser ensemble. Le métaobjectif est que les enseignants forment des groupes dotés d'une réelle autorité, efficaces, capables d'initiative, se poussant, se jetant des défis, s'entraidant. Les choses évolueront différemment selon les établissements et les districts scolaires. Globalement, le cadre du projet a besoin de fixer des objectifs et de fournir aux gens la capacité de les atteindre. Compte tenu de ces besoins, le développement professionnel des enseignants est une entreprise gigantesque qui doit :

- s'appliquer virtuellement à tous les professeurs de sciences, y compris ceux qui sont en formation ;
- inclure les sessions d'été et des ateliers : mettre au point la vision d'ensemble, vérifier les programmes couronnés de succès, les gens et les ressources pédagogiques, etc. ;
- agir de manière continue et permanente à l'intérieur des établissements : les structures des lycées doivent être adaptées afin

que les enseignants puissent se rencontrer fréquemment pour discuter des relations entre disciplines et de la progression des élèves ;

• inclure toutes les parties concernées — la direction, les professeurs, les parents, la communauté, les intendants et tout le personnel non enseignant — et former une communauté de discussion et de collaboration ;

• intégrer l'usage de la technique afin de passer en vraie grandeur à un coût raisonnable et de combler les lacunes du savoir-faire local ;

• avoir facilement accès aux scientifiques *via* le courrier électronique, Internet, le fax, le téléphone, afin de demander un avis, d'obtenir une clarification ou une aide pour convertir les dernières informations en sujets scolaires.

Les programmes de formation professionnelle des enseignants ne sont pas proposés dans le vide, et ce qui peut réussir ici ne réussira pas nécessairement ailleurs. Neuf facteurs contractuels ont été identifiés qui influencent la formation professionnelle des enseignants :

• connaître les élèves, savoir qui ils sont et quels résultats sont attendus, tel est le point de départ déterminant de toute planification du développement des personnels ;

• connaître les enseignants, être sensibles à leurs besoins ; comprendre ce qu'ils savent de leurs disciplines et quelle est leur aisance en mathématiques ; comprendre à quelles pressions ils peuvent être soumis et quelles exigences on a à leur égard : toutes choses décisives pour qu'un programme de développement des personnels soit réussi ;

• améliorer les pratiques en classe dépend de ce que l'on sait des pratiques actuelles. Les normes nationales abordent quatre aspects de cette pratique, qui demandent attention si l'on veut que la réforme réussisse — le cursus, les instructions, la formation des personnels doit prendre en considération les politiques menées au plan local, à celui de l'État fédéré et à celui de l'État fédéral ;

• les établissements et les districts doivent évaluer les ressources disponibles pour soutenir la formation professionnelle des maîtres. Des fonds doivent être alloués ou transférés pour les horaires des personnels, de nouveaux matériels pédagogiques, l'amélioration des installations, etc. Les districts pourraient recevoir des dons et autres soutiens des communautés ;

• les établissements et les districts doivent favoriser et soutenir le travail en commun des enseignants, l'expérimentation d'idées nouvelles et l'échange d'expériences ;

• les établissements et les districts ont besoin d'infrastructures *in situ* pour aider à la formation des personnels ;

• les promoteurs de ces actions ont beaucoup à apprendre des expériences antérieures de l'établissement ou du district. Qu'est-ce qui a réussi ? Qu'est-ce qui a échoué ? L'attitude des enseignants lors des expériences antérieures peut façonner leur acceptation de nouveaux efforts ;

• la formation des personnels qui conduit à changer le contenu et la méthode d'enseignement doit prendre en compte l'opinion des parents et de la communauté. Les aider à comprendre pourquoi le changement est nécessaire et leur donner la possibilité d'accepter une nouvelle conception de l'enseignement scientifique fera d'eux des partisans d'un effort de formation professionnelle des enseignants, plutôt que des empêcheurs de tourner en rond.

OBSTACLES À LA MISE EN ŒUVRE

Et les facteurs favorables et les facteurs contraignants doivent être pris en compte dans la mise en œuvre des changements révolutionnaires qui sont ici proposés. La transition des cours actuels au nouveau programme est en soi un défi. Pour pouvoir changer, le système doit se confronter à des questions banales — peur du changement, manque de compréhension ou de perception, ressources, excuses, nouveaux paradigmes, manque de continuité — affectant tous les pans du système, le personnel administratif, les enseignants, les élèves, les parents, le public, les élus, les entreprises.

Bien que la présentation la plus désirable de la science dépende de l'entrelacement et de l'intégration de thèmes scientifiques importants, plusieurs données structurelles vont à l'encontre de cette forme d'éducation, au moins à court terme. À savoir :

• l'absence d'un cadre d'enseignants préparés au contenu et aux savoir-faire pédagogiques ;

• l'absence de matériaux pédagogiques convenant à des lycéens travaillant de cette manière nouvelle ;

• les préoccupations des enseignants et des élus à propos de cours différents des normes requises pour le passage dans l'enseignement supérieur ;

• le manque d'évaluations adaptées à autre chose qu'aux cours traditionnels ;

• les réticences des enseignants à travailler avec des élèves d'âges et de niveaux différents, par exemple physique d'un niveau et biologie d'un autre niveau.

Les exemples suivants d'obstacles à la mise en œuvre représentent des situations qui différeront certainement d'un district à l'autre, d'un établissement à l'autre.

Obstacles logistiques.

Il faudra davantage de salles de classe, d'enseignants et d'instruments. Les enseignants auront besoin d'une plage horaire banalisée pour la préparation et d'un lieu d'où coordonner la mise en œuvre du programme. Le concept d'équipe scientifique a été élaboré pour abaisser les barrières entre disciplines, mais l'équipe scientifique devra travailler à baisser les barrières avec les disciplines non scientifiques. L'école est si compartimentée qu'une collaboration plurisectorielle est virtuellement impossible. Les exigences et les critères d'évaluation concernant le travail des élèves peuvent ne pas être uniformes d'une discipline à une autre. De ce fait, élèves et enseignants peuvent se trouver dans l'impossibilité de s'entraider, et les professeurs être incapables de transmettre leur savoir et leur savoir-faire à d'autres disciplines.

Obstacles intellectuels.

Dans les districts aisés, qui produisent aujourd'hui de bons élèves, parents, enseignants et gestionnaires peuvent ne pas être incités à adopter le nouveau cursus. La saturation de l'enseignant et l'attitude « ce n'est pas aux vieux singes... » vis-à-vis d'une énième tentative de réforme peuvent déboucher sur l'absence de coopération du corps professoral. Les enseignants peuvent craindre d'être considérés comme mauvais, stupides ou même comme des « faussaires » après leurs expériences passées et l'absence de soutien à leurs initiatives antérieures. Ils peuvent ne pas avoir reçu l'autorité pour exprimer leurs opinions. Ils peuvent être dans l'incapacité de mettre leur expérience passée dans l'établissement au service du changement. Ils peuvent ne pas être traités comme des professionnels. Souvent, une inégalité existe dans les tâches, dans les rôles et dans les responsabilités confiés aux enseignants par l'administration, des professeurs ayant par exemple cinq classes et quatre séries ou niveaux dans cinq salles différentes, remplies d'élèves réputés « difficiles ». *Les universités doivent accepter de considérer que le nouveau cursus répond entièrement à leurs exigences d'admission.*

Contraintes de temps.

Les enseignants doivent disposer du temps nécessaire pour se rencontrer et planifier un enseignement scientifique cohérent. Les plages réservées à la préparation en commun ne doivent pas être perturbées par l'ordre du jour de l'administration. Il faut faire confiance aux enseignants pour qu'ils organisent et utilisent effectivement le temps alloué pour leur propre enrichissement.

Les élèves ont besoin du temps nécessaire à une démarche d'investigation. Quand on exige d'eux qu'ils consacrent davantage d'années à la science, puisque celle-ci devient obligatoire, cela signifie qu'ils auront moins de temps pour les cours facultatifs ou les arts. Différentes formes d'emploi du temps, l'extension de la journée ou de l'année scolaire, peuvent constituer des réponses, mais ce sera difficile à mettre en œuvre.

Les coûts du développement professionnel.

La réforme exigera un nombre accru d'enseignants pour les années additionnelles d'études scientifiques. Les lycées ne peuvent débuter par la physique sans professeurs de physique. Peu d'enseignants de sciences sont formés à la physique. Dans la mesure où une physique conceptuelle serait choisie par tous les élèves, il faudra jusqu'à quatre fois plus de classes de physique qu'à l'heure présente. Les enseignants habitués à enseigner une discipline quantitative plutôt que conceptuelle peuvent craindre d'avoir à s'adresser à tous les lycéens. Ils peuvent avoir le sentiment d'une perte de statut, passant de cours optionnels et élitistes à des cours ouverts à tous. Par ailleurs, on manque de professeurs préparés à enseigner la biologie moderne à tous les lycéens. De plus, donner aux enseignants le temps pour améliorer leurs capacités de manière collégiale coûtera de l'argent.

Le nouveau cursus doit être introduit dans les programmes des enseignants en formation afin que les lycées ne soient pas éternellement contraints de mettre à niveau leurs professeurs en exercice.

Dans les districts qui ne peuvent attirer les professeurs les mieux formés, l'effort de recyclage interne risque d'être excessif. L'homologation des nouveaux enseignants et la réhomologation des professeurs en exercice doivent insister sur une maîtrise vérifiable du domaine d'enseignement. La formation professionnelle des enseignants doit être utile et pertinente. Elle doit être permanente, fournir une pratique guidée et, le cas échéant, un tutorat par ses pairs comme forme de soutien à l'essor et au changement en cours.

Barrières éducatives.

On manque de matériels appropriés à un cursus cohérent de trois ans intégrant les disciplines. De nouveaux matériels pédagogiques et des modifications aux équipements de laboratoire sont nécessaires. Les élèves devront avoir suivi des cours de sciences et de mathématiques aux niveaux appropriés du cycle primaire afin de réussir dans le nouvel enseignement scientifique du lycée.

Barrières d'évaluation.

Les établissements manquent d'instruments d'évaluation appropriés au contenu et au niveau. Or une évaluation significative et authentique est nécessaire pour mesurer les progrès et le degré de réalisation des objectifs. Qui concevra les instruments d'évaluation ? Quand ceux-ci seront-ils conçus ? L'évaluation doit déterminer la progression des élèves ainsi que ce qu'ils accomplissent. Les élèves doivent démontrer qu'ils comprennent la relation entre la science expérimentale et la synthèse des concepts et principes inclus dans telle ou telle expérience (c'est-à-dire la partie « tête » de l'expression « tête et main à la pâte »). Il faut aussi prévoir l'évaluation du niveau préalable des lycéens et indiquer comment répondre à leur incompréhension. Élèves et enseignants doivent produire et utiliser des rubriques qui spécifieront clairement les résultats de l'exercice.

Barrières financières.

Ce projet est trop coûteux pour les seuls établissements scolaires. Qui aura la responsabilité de rechercher d'autres financements au plan local ? au niveau de l'État fédéré ? au plan national ? Qu'advient-il des dollars supplémentaires que les districts reçoivent dans l'enveloppe *Average Daily Attendance* (« Assiduité quotidienne moyenne »), des fonds fédéraux et des dollars de l'État qui n'arrivent pas jusqu'aux salles de classe ? L'origine du dilemme est claire. Si la nation et les États entendent établir de nouvelles normes de haut niveau, ils doivent fournir les moyens pour que *tous les élèves* atteignent ces normes.

Conclusion

Cet échafaudage d'un ensemble d'options éducatives changera fondamentalement la manière dont les lycéens apprennent la science. Le système actuellement en usage dans la grande majorité des établissements est illogique et détourne de la science de trop nombreux élèves. Dans un monde dominé par la science et les techniques afférentes, une telle situation n'est guère acceptable. Établir des normes scientifiques, ce qui implique un long processus de construction d'un consensus national, représente un pas essentiel pour remédier à la situation. Ce rapport constitue une nouvelle étape vers l'établissement d'un même consensus national sur les éléments d'un cursus scientifique de trois ans, fondé sur les normes fédérales.

L'échafaudage définit une ligne stratégique qui peut être suivie de manière différente au plan local, en fonction des talents disponibles, des ressources financières, du potentiel d'imagination pédagogique, etc. La nécessité d'une stratégie centrale devrait être évidente. C'est au niveau national que le savoir scientifique distillé au cours du siècle écoulé, l'anticipation vraisemblable du rythme d'accroissement des connaissances, la compréhension concrète des interconnexions entre disciplines, l'interaction entre la science et la société, peuvent être mélangés et modulés par des éducateurs scientifiques expérimentés. Le but est donc d'établir un consensus national sur une stratégie autour de cet élément de la réforme éducative. C'est probablement à cause du profond engagement en faveur d'un contrôle local du système éducatif que des modifications rationnelles des programmes scientifiques des lycées prennent tant de temps à s'accomplir.

Deux douzaines au moins de lycées (et il y en a certainement bien d'autres) enseignent aujourd'hui les sciences de la façon rationnelle qui est suggérée ici ou ont modifié autrement un enseignement déjà centenaire. Ces établissements semblent être pleinement satisfaits des résultats obtenus. Mais, pour vendre ce cursus, il sera nécessaire de consacrer beaucoup de temps à ces lycées innovants afin d'évaluer leurs programmes. Il peut être également souhaitable de savoir comment les lycées d'Europe et d'Asie traitent la science. C'est ce que l'on appelle la « recherche ».

La prochaine étape est de diffuser largement ce rapport, de jauger l'enthousiasme et les résistances qu'il générera. À condition de disposer d'un financement, modeste, il serait approprié d'étudier les lycées qui réussissent, d'évaluer les coûts additionnels, de répondre aux préoccupations légitimes, de constituer un puissant groupe au sein des communautés scientifique, universitaire, militaire et des milieux économiques.

Appendice. Comportements du professeur et de l'élève

Dans son « Cadre d'une pratique en classe » (*Classroom Practice Framework*), le Centre national pour l'amélioration de l'enseignement scientifique (National Center for Improving Science Education) traduit en comportements spécifiques ce que la littérature dit d'un enseignement scientifique réformé. Il décrit une vision des comportements en classe du professeur et de l'élève, vision de laquelle part ce projet.

L'ouvrage précité évoque douze comportements d'élève et de professeur :

1. Les élèves *font* de la science.

Les élèves font de la science de manière active au lieu d'apprendre des choses concernant la science. Ils peuvent répondre à des questions ou résoudre des problèmes de manière à acquérir une compréhension des concepts ou à explorer les relations de cause à effet dans la compréhension des principes. Ils font des manipulations et mettent la main à la pâte. Ils utilisent des techniques de traitement : prévoir, inférer, comparer, estimer.

2. Les élèves enquêtent.

Les élèves ont à résoudre des problèmes ouverts ou à répondre à des questions exigeant une recherche qui implique la collecte et l'analyse des données. Ils peuvent eux-mêmes répondre à leurs propres questions par des expériences qu'ils auront conçues, individuellement ou en groupe.

3. Les élèves communiquent.

Les élèves diffusent leurs résultats par le truchement de rapports de laboratoire, d'exposés, de discussions, de journaux ou de carnets de bord. Les élèves s'écoutent et ajoutent aux commentaires des uns et des autres pendant les discussions.

4. Les élèves collectent, manipulent et utilisent les données.

Les élèves manipulent les données collectées lors des recherches en laboratoire, en bibliothèque ou à l'aide d'autres sources d'information. Ils utilisent cette information pour fournir les preuves confortant les assertions de leurs rapports et exposés. Les données peuvent être collectées et utilisées en recourant à des techniques informatiques.

5. Les élèves travaillent en groupe.

Les élèvent apprennent en coopération ou en collaboration par le truchement des projets, enquêtes et autres activités de petits groupes. Ils interagissent autour du sujet abordé ; ils construisent ensemble à partir de la compréhension de chacun ; dans certains cas, ils travaillent ensemble pour mener à son terme un projet ou une recherche en confiant une tâche particulière à chacun des membres du groupe.

6. Les enseignants pratiquent une véritable évaluation.

Les enseignants utilisent des procédures d'évaluation conformes à « la meilleure pratique », c'est-à-dire en testant la compréhension ou la capacité à poser ou à résoudre des problèmes, au lieu des QCM ou des tests à réponses courtes qui sondent la connaissance des faits et des définitions.

7. Les enseignants facilitent l'acquisition.

Les enseignants agissent comme des auxiliaires en posant aux élèves des questions ouvertes, en les encourageant à expliquer et à prévoir de façon à élever leur compréhension, en posant des questions fouillées qui encouragent la discussion. D'une manière générale, l'enseignant intervient comme consultant des élèves. Ceux-ci s'adressent les uns aux autres, cherchent souvent à s'entraider plutôt qu'à toujours demander la réponse au professeur. Dans une classe où le professeur n'est pas un auxiliaire, les élèves s'adressent à lui ; l'enseignant prodigue un savoir généralement de manière magistrale ; les interactions élèves-enseignant sont mieux définies par le terme « récitation » que par celui de « discussion ».

8. Les enseignants soulignent les relations avec la vie réelle.

Les enseignants utilisent des exemples et des applications concernant le contenu du sujet traité en partant de la vie réelle ou en se servant de matériel pédagogique en rapport avec la vie réelle. De leur côté, les élèves sont capables d'expliquer comment ce qu'ils étudient est relié au travail des scientifiques.

9. Les enseignants intègrent la science, les techniques et les mathématiques.

Les enseignants intègrent les domaines traités pour illustrer comment les différentes disciplines coexistent dans la vie pratique. Par exemple, le professeur peut inclure en classe des concepts statistiques au moment où les élèves apprennent comment organiser des données. Les enseignants peuvent même exploiter d'autres domaines, comme les arts du langage, pour illustrer les instruments de communication, se référer à l'histoire ou aux institutions politiques pour traiter les sujets sociaux qui concernent la science.

10. Les enseignants offrent la profondeur plutôt que l'ampleur.

Les enseignants engagent leurs élèves dans un nombre restreint de sujets qui sont approfondis en classe, plutôt que d'évoquer brièvement de nombreux sujets comme le font tant de professeurs qui « boudent le programme » au cours de l'année. En abordant moins de sujets, les enseignants peuvent contraindre les élèves à un travail soutenu, par exemple des projets se déroulant sur des semaines ou des mois.

11. Les enseignants construisent sur ce qui a été déjà compris.

Les enseignants relient ce que les élèves ont étudié ou ce qu'ils savent déjà aux acquisitions nouvelles. Ils peuvent le faire en introduisant la leçon du jour ou en poussant les élèves à discuter de ce qu'ils ont appris avant d'introduire un nouveau sujet. Ils cherchent à détecter les éventuelles incompréhensions et à y répondre.

12. Les enseignants utilisent une grande variété de matériels.

Dans ses cours, l'enseignant utilise une grande variété de matériels et de documents plutôt que de se borner au manuel assigné. Certains de ces documents et matériels peuvent être informatiques.

Notez que ce « Cadre » couvre un ensemble de comportements complexes dont nombre se recoupent et se recouvrent. Ainsi, « collecter et manipuler les données » peut être considéré comme une partie de « les élèves enquêtent » ou de « *font* de la science ».

Les comportements des élèves sont similaires à ceux du scientifique dans sa pratique. Les comportements des enseignants incluent des méthodes et des stratégies considérées comme les plus efficaces pour la formation des élèves. Dans la vision que nous avons, les comportements qui viennent d'être évoqués constituent l'essentiel de ce qui se passe dans les salles de classe.

DEUXIÈME PARTIE

Perspectives ouvertes dans nos écoles et dans nos lycées

Le chapitre précédent a exposé les principes d'une réforme radicale de l'enseignement scientifique dans les lycées. Celle-ci ne vise pas à former de façon plus efficace des ingénieurs ou des chercheurs scientifiques, elle a pour ambition de donner à tous les connaissances indispensables pour vivre dans le monde actuel où l'on ne peut esquiver, quelle que soit la profession que l'on exerce, l'impact des sciences et des technologies qu'elles engendrent.

L'accès à la connaissance scientifique doit se faire par des méthodes qui n'ont rien à voir avec celles qui sont appliquées dans la plupart des lycées. Il implique des démarches de recherche, d'expérimentation, d'investigation personnelle mais en aucun cas une accumulation encyclopédique de résultats des diverses sciences.

L'inspiration de Lederman doit une large part à deux expériences auxquelles il a consacré une grande partie de sa vie : d'un côté le « lycée d'élite », destiné à donner la meilleure formation scientifique possible à des enfants exceptionnellement doués et, d'un autre côté, l'effort d'alphabétisation scientifique entrepris à grande échelle dans les classes élémentaires de l'enseignement public de Chicago.

Cet enseignement avait la réputation d'être le plus faible qu'on pût trouver aux États-Unis. La majorité des élèves est issue des couches sociales les plus pauvres, puisque les classes moyennes envoient leurs enfants dans des lycées privés.

Lederman a entrepris, avec une équipe d'une soixantaine d'éducateurs, de réformer totalement l'enseignement primaire, en faisant appel à l'expérimentation scientifique par les élèves eux-mêmes. « Hands on » est le maître mot de cette démarche : nous l'avons traduit par « La Main à la pâte ».

L'équipe de Lederman s'est donné pour tâche de former les maîtres d'école, d'élaborer le matériel nécessaire à l'expérimentation et de coopérer à la mise en place de cet enseignement dans les écoles de Chicago. Elle est relativement indépendante des structures administratives de l'Illinois et dispose d'un budget annuel de cinq à six millions de dollars.

Une équipe de quatre enseignants, collaborant à la mise en place d'un enseignement scientifique rénové dans les classes élémentaires de Vaulx-en-Velin, est allée sur place observer l'activité de l'académie de formation des maîtres et nous livre ses observations et ses réflexions dans le chapitre qui suit.

Georges CHARPAK

Les inédits de Vaulx-en-Velin

RENÉ GARASSINO, YVES JANIN,
ALAIN MIDOL ET RENÉE MIDOL

> « Ce n'est pas en agissant seul ou grâce à une idée, si bonne fût-elle, que l'on peut venir à bout de difficultés. La lutte contre l'échec scolaire ne peut être que systémique, collective, organisée à large échelle et poursuivie sur des décennies. »
>
> P. PERRENOUD[1]

« *La Main à la pâte* »

L'initiative de « La Main à la pâte » est née, en 1996, de l'intérêt porté par Georges Charpak au programme de l'enseignement des sciences à l'école élémentaire conduit à Chicago par son ami Leon Lederman. Programme qui s'inscrit dans un vaste projet américain de rénovation de l'enseignement scientifique.

Ce projet vise à promouvoir la rénovation de l'enseignement scientifique en favorisant, chez les enfants, l'expérimentation, l'observation et l'investigation à partir de phénomènes et d'objets familiers en utilisant un matériel simple.

Il privilégie une interaction entre action et réflexion concrétisée par la tenue d'un *cahier d'expériences* qui accompagne en continu la démarche d'apprentissage des enfants.

S'il doit développer l'éducation scientifique des enfants, le projet a aussi une portée sociale qui se caractérise par une éducation citoyenne à partir d'une mise en œuvre de débats d'idées entre les enfants, d'écoute réciproque, de formation de la pensée critique et de respect de la preuve.

Ce programme américain est porté par une volonté politique forte, une implication importante et active des milieux scientifiques,

1. Directeur du Centre de sociologie de l'éducation de l'université de Genève.

et une mobilisation du système éducatif, des partenaires et des familles pour soutenir et accompagner les enseignants. Des documents pédagogiques d'un type nouveau (par exemple, les modules *Insights*) sont fournis aux enseignants en même temps que tout le matériel nécessaire aux expérimentations. Une formation et un accompagnement dans leurs écoles sont proposés aux enseignants.

Frappé par les résultats que ce programme permet d'obtenir en particulier avec les élèves des quartiers défavorisés et convaincu du bien-fondé de cette démarche, Georges Charpak a suscité l'intérêt du ministère de l'Éducation nationale pour une opération concernant l'école élémentaire française intitulée « La Main à la pâte ».

Pour une première phase expérimentale, l'idée retenue était de partir des acteurs de terrain, en faisant appel à des maîtres volontaires prêts à tenter l'expérience en élaborant eux-mêmes des protocoles pédagogiques en référence à la démarche d'expérimentation et d'investigation. Leur travail devait être communiqué sous forme de fiches d'expérience diffusables au plan national. Ils bénéficieraient pour cela d'une dotation budgétaire (environ 2 000 francs par classe) et d'une formation de deux à trois semaines.

« La Main à la pâte » est lancée à la rentrée de 1996 par un appel d'offres limité à cinq départements, qui ont retenu trois cent cinquante classes volontaires. Un groupe de pilotage national est mis en place avec l'appui de l'Académie des sciences, et la préparation d'un site Internet est mise à l'étude avec la collaboration de l'Institut national de la recherche pédagogique (INRP).

Retenu dans le cadre du premier appel d'offres, Vaulx-en-Velin présente un cas particulier intéressant à étudier de plus près. Ce site a conduit une action originale qui a mobilisé, à la fois, des classes et des maîtres travaillant à partir de l'hypothèse nationale mais aussi des maîtres ayant accepté de travailler à partir de documents pédagogiques américains (les modules *Insights*). Deux voyages d'étude aux États-Unis ont contribué à approfondir la réflexion et les actions engagées.

C'est à cette action offrant une diversité de dispositifs et d'entrées dans la rénovation des enseignements scientifiques que sera consacrée la partie suivante, bilan de deux années d'expérience.

Vaulx-en-Velin est une ville de l'agglomération lyonnaise de quarante-quatre mille habitants, caractérisée par une situation difficile. Elle compte, au plan national, parmi les « Grands Projets urbains » (GPU) et les « Zones franches ».

Toutes les écoles de la ville sont en Zone d'éducation prioritaire (ZEP). En quelque sorte, Vaulx-en-Velin est une ville d'Éducation prioritaire !

« *La Main à la pâte* » *à Vaulx-en-Velin*

Dans le département du Rhône, trois circonscriptions ont été sollicitées, dont celle de Vaulx-en-Velin (une circonscription définit un secteur scolaire sous la responsabilité d'un inspecteur de l'Éducation nationale). Ce premier appel d'offres a concerné cinquante-cinq classes dont quinze à Vaulx réparties sur trois écoles. Un groupe de pilotage départemental sous l'autorité de l'inspecteur d'académie rassemblait, outre les trois circonscriptions concernées, l'Institut universitaire de formation des maîtres (IUFM) et des scientifiques représentant les universités et les grandes écoles lyonnaises.

LA CIRCONSCRIPTION LYON XXI

Elle concerne la majorité des écoles vaudaises, soit vingt-cinq écoles, et développe un projet éducatif appelé « Défi Vaulx 2000 ». Ce projet est centré sur les apprentissages fondamentaux de l'enfant dans son environnement sanitaire et social. Il s'articule autour de trois axes : un axe social en direction des familles (accueil, rencontres, échanges), un axe sanitaire (dépistage, signalement, suivi) et un axe pédagogique comprenant notamment un « rallye mathématiques » et un « défi lecture » auxquels sont venues s'ajouter les activités scientifiques.

Par exemple, dans le « rallye mathématiques », quinze problèmes du type suivant sont soumis aux enfants : « Dans un sac sont mélangées 10 billes vertes, 6 billes rouges et 14 billes jaunes. Je plonge la main dans le sac sans regarder pour prendre des billes : combien dois-je prendre de billes pour être certain d'avoir au moins deux billes de la même couleur[2] ? » Les enfants disposent d'une

2. Le seul nombre intéressant n'apparaît pas, c'est le nombre de couleurs. Pour être sûr d'avoir au moins deux billes de la même couleur, il faut prendre une bille de plus que de couleurs, soit quatre billes. En ce qui concerne le français, le défi est de faire lire un livre entier aux enfants. Deux classes s'affrontent dans un jeu de questions-réponses sur un ensemble commun de livres pour la jeunesse. Les enfants élaborent des questionnaires sur les livres qu'ils soumettent à une autre classe. La classe gagnante est celle qui a obtenu le meilleur taux de bonnes réponses aux questionnaires qu'elle a reçus de l'autre classe.

heure et demie pour la résolution des problèmes et doivent se mettre d'accord sur un seul bulletin-réponse pour toute la classe. Le maître ne doit fournir aucune réponse, il ne peut qu'apporter une aide matérielle en cas de besoin.

« Défi Vaulx 2000 » est fondé sur la volonté de s'opposer au fatalisme de l'échec scolaire. L'évolution positive des résultats aux évaluations nationales CE2-6e ces dernières années conforte les orientations et les efforts engagés.

C'est dans ce contexte pédagogique particulier qu'est arrivé l'appel d'offres « La Main à la pâte ». Il a permis de mobiliser une première vague de quinze volontaires.

L'ÉQUIPE DES MAÎTRES VOLONTAIRES

Ces quinze enseignants volontaires étaient déjà engagés dans des expériences de rénovation de l'enseignement

En ce qui concerne les sciences, ils avaient travaillé avec une association (« Rencontre à petits pas », RAPP) émanant d'une école d'ingénieurs (l'Institut national des sciences appliquées de Lyon). Les étudiants de cette école venaient un après-midi par semaine dans les classes, pendant une dizaine de séances, et présentaient aux enfants les problèmes qu'ils avaient préparés. Dans ce cadre, les maîtres n'étaient guère que des témoins, ils étaient pris dans ce qu'on appelle « une logique d'intervenant extérieur ». L'opération « La Main à la pâte » offrait aux maîtres une opportunité plus intéressante pour eux. Ils n'étaient plus seulement associés, ils devenaient les véritables moteurs de l'enseignement scientifique dans leurs classes. Ces expériences ont sans doute joué un rôle déterminant dans leur engagement pour « La Main à la pâte ».

Conformément au dispositif prévu par le ministère pour le démarrage de l'opération, les enseignants ont suivi un stage de quinze jours à l'Institut universitaire de formation des maîtres (IUFM), stage de remise à niveau et d'initiation à la méthode expérimentale, et se sont retrouvés dans leurs classes avec ce seul bagage théorique.

Il restait encore aux maîtres à acquérir le matériel avec les 2 000 francs alloués par classe. Ce n'était pas une mince affaire, car cela voulait dire acheter pour une seule expérience quelques bricoles dans un grand magasin, d'autres dans une pharmacie, d'autres encore dans un magasin spécialisé qui n'a pas l'habitude de les vendre en si petite quantité, en demandant chaque fois une facture en cinq exemplaires pour satisfaire aux règlements administratifs, un vrai travail d'apothicaire !

Quant à la liaison prévue avec les responsables du comité départemental de pilotage, elle s'est avérée tout d'abord plutôt formelle, c'est pourquoi a été développée, sur le terrain, une initiative de parrainage scientifique. Cinq scientifiques volontaires issus des grandes écoles ou des universités lyonnaises se sont engagés à aider les enseignants qui le souhaitaient, soit en élaborant avec eux des protocoles expérimentaux, soit en apportant leurs contributions à la réflexion sur le projet d'éducation scientifique. Comme il paraissait important de préciser leur rôle, une charte du parrainage a été rédigée.

LE PARRAINAGE DES SCIENTIFIQUES

Le parrain est un scientifique confirmé ou un ingénieur, actif ou retraité, bénévole, et qui accepte pour une année au moins d'établir des liens avec une classe ou une école engagée dans l'opération « La Main à la pâte ».

Il partage les valeurs éducatives et démocratiques du projet, s'intéresse à l'éveil de la pensée scientifique chez les jeunes enfants, porte un regard positif sur le métier d'enseignant.

L'ensemble de ces points donne sens à son action.

Il donne un peu de son temps en venant assister à quelques séances de travail pour comprendre ce qui est en jeu et les problèmes qui se posent. Il participe alors à la recherche de solutions en mobilisant ses connaissances ou en faisant appel à d'autres scientifiques appartenant à son réseau professionnel. Il joue un rôle de proximité et d'interface.

En dehors de ses temps de présence, il laisse ses coordonnées et accepte d'être sollicité quand une difficulté apparaît, quand les élèves ou le maître ont besoin d'être guidés, renseignés ou rassurés.

Lorsqu'il est en déplacement, il peut garder le contact par courrier avec la classe et rapporter des documents intéressants. Ainsi, en établissant des liens avec son activité professionnelle et la classe, il donne une ouverture au travail engagé, il apporte un peu de « souffle scientifique » à l'ensemble.

Le parrain est une référence scientifique tangible. Il apporte son regard sur la science d'aujourd'hui et de demain.

Depuis, une évolution s'est faite, renforçant les liens entre les parrains et le projet de circonscription.

CHOIX DES THÈMES SCIENTIFIQUES

Les thèmes étaient différents suivant les enfants concernés dont l'âge se situe entre cinq et douze ans. Dans tous les cas, les sujets, choisis par les maîtres, confrontent les élèves à un problème mettant en interaction différents domaines scientifiques.

Par exemple, la question « Peut-on boire l'eau du lac de Miribel ? » a fait ressortir des liens entre biologie, physique et chimie.

Le maître a apporté en classe des bouteilles remplies d'eau du lac et a demandé aux élèves s'ils étaient prêts à boire cette eau. C'était typiquement ce que recherche « La Main à la pâte » : confronter les élèves à un problème en les mettant en situation.

Dans cette eau, il y avait des « petites bêtes » et d'autres choses troubles dont une filtration mécanique pouvait avoir raison. Mais il restait encore suffisamment d'impuretés pour poser d'autres questions : existerait-il des bêtes plus petites, des bactéries ou des molécules chimiques qu'on ne verrait pas à l'œil nu et qui rendraient cette eau inconsommable ? Les élèves n'étant évidemment pas outillés pour répondre à ces questions, le maître leur a fait emprunter le chemin inverse : si l'on part d'une eau pure et qu'on y ajoute du sable et différentes substances, est-on capable, par filtration, par précipitation ou par d'autres techniques encore, de les enlever pour retrouver l'eau pure ?

Cette question, les enfants la soulèvent et la portent le plus loin possible jusqu'à des impasses ou à la réinvention de la distillation, jusqu'à des réponses ou à d'autres questions.

PRODUCTION DES FICHES D'EXPÉRIENCES

Conformément au contrat, les maîtres ont rédigé des fiches, ce qui s'est avéré extrêmement fructueux pour eux-mêmes. La contrainte de donner à son expérience vécue une forme écrite, donc synthétique, est particulièrement formatrice. Les fiches produites par les maîtres au plan national ont fait l'objet d'une validation par un groupe de travail piloté par M. l'inspecteur général Bérard et sont actuellement disponibles sur le site Internet Lamap[3].

---

3. http://www.inrp.fr/Lamap.

On peut néanmoins se poser la question de l'utilité de cette diffusion. Est-ce que des fiches élaborées par des collègues et utilisées par des maîtres qui n'ont jamais fait la même démarche peuvent vraiment guider l'innovation pédagogique ? Nous avons sur nos étagères nombre de documents pédagogiques remarquables, faits par des maisons d'édition disposant de collaborateurs compétents, de moyens considérables et contraintes à une production de qualité ; or ils sont très peu utilisés parce qu'il faut toujours une médiation pour s'approprier ce type d'outil, qu'elle soit assurée par des formateurs, des inspecteurs, des scientifiques, ou d'autres...

LES DOCUMENTS PÉDAGOGIQUES AMÉRICAINS À L'ESSAI

Simultanément à l'élaboration de protocoles par les enseignants, il a été décidé localement d'expérimenter les documents américains dont Georges Charpak avait souligné l'intérêt. L'équipe vaudaise savait que ces documents avaient été conçus par les plus hautes compétences, des scientifiques éminents, des didacticiens, des psychopédagogues, des enseignants, qu'ils avaient été testés en classe et optimisés pour produire les meilleurs résultats. Ils pouvaient être d'une aide précieuse dans la perspective d'une extension de l'opération à d'autres enseignants (ces documents sont aujourd'hui disponibles sur ce site Internet Lamap).

L'association ADEMIR (Association pour le développement dans l'enseignement de la micro-informatique et des réseaux) a assuré la traduction des documents américains, la constitution des mallettes de matériels nécessaires à leur mise en œuvre et l'accompagnement dans les classes. Le premier document traduit a été celui des sons pour la simple raison qu'il avait été recommandé par Karen Worth (enseignant-chercheur responsable du programme *Insights* à Cambridge).

Le premier contact avec ces outils a laissé une impression contrastée. Si les maîtres étaient intéressés par le fait qu'il y avait là « tout pour réussir », ils ne pouvaient s'empêcher de considérer que ce protocole apparemment directif et contraignant ne convenait guère à la pratique des enseignants français.

L'idée de prendre appui sur des documents étrangers ne laissant d'autre initiative que celle de la mise en œuvre constituait une double gageure. La pédagogie directive n'est pas dans la tradition française, et les produits culturels américains ne jouissent pas chez nous d'une auréole. Il a donc fallu user de persuasion pour convaincre six maîtres de tenter l'expérience. Ils ont consenti aux premiers essais seulement « pour voir ».

Dans le cadre de la circonscription, un stage d'une semaine a été organisé pour qu'ils puissent découvrir et s'approprier cet outil, après quoi le travail a commencé avec les classes, l'équipe de circonscription étant totalement engagée dans l'aventure.

Le résultat a été très encourageant, car ces ressources, peu attirantes *a priori*, se sont révélées extrêmement riches dans la pratique. Nous reviendrons sur ce point dans notre appréciation générale des documents américains. Mais d'abord, voici le contenu du document « son ».

LE SON

Exploration des sons. Les élèves essaient d'identifier les sons enregistrés sur une cassette et produisent leurs propres sons en utilisant des objets de la classe.

Comparaison et description des sons. Les élèves sont initiés aux principales caractéristiques des sons. Ils étudient la tonalité, le volume et la qualité.

Qu'est-ce que le son ? Les sons produits par le corps. Les élèves produisent une variété de sons avec leurs voix et construisent un kazoo. Ils sont initiés aux vibrations et au rapport entre le son et les vibrations.

Qu'est-ce que le son ? Exploration des vibrations. Les élèves génèrent puis observent des vibrations et des sons en utilisant un diapason, des bandes de caoutchouc et des tambours faits maison.

Caractéristiques du son : exploration de la tonalité avec des tambours. Les élèves explorent la relation entre la tension et la tonalité. On leur demande de fabriquer quatre tambours ayant des tonalités différentes.

Caractéristiques du son : exploration de la tonalité avec des élastiques. Les élèves continuent à explorer les relations entre la tension et la tonalité en utilisant les bandes caoutchouteuses, les planches percées et les tees de golf.

Tonalité et dimension. Les élèves emploient des rondelles et des morceaux de bois pour explorer la façon dont la taille d'un objet vibrant modifie la tonalité du son.

Cordes de guitares. Dans le cadre d'une évaluation intermédiaire, les élèves emploient leurs connaissances de la tonalité, de la taille et de la tension pour faire une guitare avec quatre cordes, chacune ayant une tonalité différente.

Autres caractéristiques du son : qu'est-ce que le volume ? En utilisant leurs instruments et leurs voix, les élèves explorent le rapport entre le volume et la force mise en œuvre pour générer le son.

Changer le volume : l'amplification. Les élèves sont initiés au concept de l'amplification et explorent les effets de la table de sons en utilisant des peignes et des bandes de caoutchouc.

Le voyage du son. Les élèves explorent comment le son voyage d'un point à un autre. Ils sont initiés à l'idée que différentes matières peuvent transmettre des sons.

Utiliser le son pour communiquer. Les élèves construisent des téléphones pour explorer quel matériel fonctionne le mieux et modifie le son transmis.

Autres caractéristiques du son : la qualité. Les élèves écoutent la musique et décrivent avec des mots et des images la qualité ou le timbre.

Faire de la musique. Les élèves combinent leurs connaissances des sons et leur créativité pour construire des instruments et jouer ensemble leur propre musique.

À l'usage, bien des réticences concernant ces documents ont été levées. La richesse des situations pédagogiques mise à jour par l'expérience a emporté l'adhésion. En effet, au contraire des outils qui proposent des expériences démonstratives dans un cadre limité, ces documents déroulent un véritable itinéraire d'exploration systématique de la complexité. Rien n'est simplifié ; au mieux, le parcours ménage des étapes, mais en fin de course l'enfant aura réalisé une somme d'expériences propres à lui faire prendre conscience des phénomènes et de la possibilité de repérer des principes, des règles, des lois. Cette richesse laisse parfois les maîtres ou les observateurs perplexes : l'exploration tous azimuts ne risque-t-elle pas de disperser l'attention des élèves et de les empêcher de construire un corpus cohérent de connaissances ? Apparemment, il n'en est rien puisque les résultats des évaluations individuelles de fin de parcours sont nettement supérieurs aux attentes.

La part très importante accordée à l'organisation interactive du travail dans les protocoles pédagogiques apporte des réponses positives aux questions que l'on se pose souvent sur les limites du travail de groupe. La démarche d'investigation, quant à elle, apporte des réponses très intéressantes à la question si difficile de la pédagogie différenciée. En effet, dans la mesure où chaque enfant définit ses hypothèses et son projet d'expérimentation, son activité s'inscrit au plus près de son champ de compétences, on pourrait dire « dans sa zone proximale de développement », pour reprendre l'expression de Vygotski[4].

Finalement, la crainte suscitée par l'aspect contraignant des modules américains s'est dissipée lorsque les maîtres ont pu constater que ce cadre rigoureux leur laissait en réalité une grande part d'initiatives. Évitant les voies sans issue, ce guidage soulage en partie leur travail et les rend plus disponibles pour observer et accompagner leurs élèves.

L'introduction des outils américains dans le projet local et les échanges qu'ils ont suscités ont eu plusieurs effets.

Les maîtres qui les ont expérimentés envisagent tout à la fois de poursuivre et de profiter plus encore de leur utilisation, mais souhaitent également concevoir eux-mêmes des protocoles sur des sujets dans lesquels ils se sentent à l'aise.

Inversement, les maîtres qui ne les ont pas utilisés envisagent de le faire pour enrichir leur expérience.

Ce double mouvement d'« appropriation-développement » est intéressant à observer et laisse présager une dynamique constructive.

Nous soulignerons que c'est en testant les documents américains que nous avons vraiment compris la signification de « l'investigation raisonnée ».

Dans cette démarche dite « *Inquiry* », les enfants sont confrontés à des phénomènes réels dont on ne réduit pas la complexité. Ils ne vont pas à l'expérimentation la tête vide ou cramponnés à leur intuition personnelle. La démarche consiste à s'appuyer sur les acquis antérieurs des enfants, leurs observations, leurs expériences et les représentations qui en résultent, pour leur demander d'abord de produire individuellement des hypothèses. Celles-ci servent alors de base à un travail par petits groupes pour argumenter et arrêter un nombre raisonnable d'hypothèses à vérifier. En groupe, les enfants réfléchissent et discutent sur le dispositif expérimental à mettre en œuvre, et réalisent les différentes expérimentations retenues afin d'en tirer des conclusions. Chacun rédige dans son cahier d'expériences les étapes de cette investigation raisonnée.

4. Lev Semenovitch Vygotski, *Pensée et langage*, Paris, Dispute, 1997.

Après expérience, il nous paraît difficile de réduire cette démarche à la leçon de choses qui privilégiait l'observation, aux méthodes actives dont le guidage était insuffisant ou encore à la pédagogie de l'éveil où l'absence d'accompagnement fut cause d'échec. La démarche d'investigation raisonnée intègre ces approches connues et permet d'aller au-delà. Aujourd'hui, c'est certainement un des risques majeurs du projet « La Main à la pâte » que d'être compris comme un simple retour à la leçon de choses.

LE CAHIER D'EXPÉRIENCES

Idée innovante du programme américain, retenue dans le cadre de l'expérimentation française, le cahier d'expériences constitue une dimension particulièrement intéressante de la démarche.

Il renseigne sur la démarche plus que sur le résultat :

• Il fait récapituler les questions, les hypothèses, les étapes ; il garantit davantage l'acquisition des connaissances qu'un résumé. La réalisation du cahier va solliciter l'attention et la mémoire de l'élève, elle l'habituera à l'exigence et à la rigueur.

• En utilisant le schéma, le plan, la maquette, le croquis, le tableau, le graphique, l'élève repérera l'ordre des choses et les différentes manières d'en rendre compte. Il construira progressivement de véritables connaissances, même si ce chemin passe provisoirement par des étapes intermédiaires pas tout à fait justes. Il s'apparente ainsi au cahier du chercheur avec ses tâtonnements, ses erreurs, ses notes succinctes.

• Le cahier d'expériences ne se confond ni avec le cahier de sciences ou de travaux pratiques, ni avec le cahier de brouillon.

Dans un premier temps, la conception de ce cahier a quelque peu troublé les maîtres, mais, comme l'écrit une enseignante, « il revêt une grande importance pour les élèves qui ne l'oublient jamais à la maison, l'enrichissent régulièrement et y font très souvent référence ». C'est un outil de communication avec les autres élèves et avec le maître. La comparaison des divers résultats obtenus, la reprise des différentes étapes du travail, leur mise en relation, permettent de mettre en forme la connaissance à un moment donné, de l'élaborer pour la communiquer. C'est aussi un outil d'évaluation pour le maître, car il fournit des renseignements précieux sur le cheminement de chaque élève. À terme, l'observation fine et l'analyse de ces cahiers devraient permettre d'identifier des indicateurs du niveau de développement de la pensée scientifique fort utiles à la pertinence du guidage. On perçoit là des pistes intéressantes de recherches pédagogiques.

LA LIAISON AVEC LES FAMILLES

Très développée aux États-Unis, plus inhabituelle en France, la question du lien avec les familles étant centrale dans le projet vaudais, elle trouvait tout naturellement sa place dans la mise en œuvre de « La Main à la pâte ». Une plaquette d'information à été diffusée aux parents des classes engagées, les écoles développant à leur initiative des rencontres et des visites spécifiques.

Qu'en disent les parents[5] ?

« Au début, il a fallu répondre à des questions... et j'ai pas tout compris... J'avais pas fait le lien entre ces questions et "La Main à la pâte" que j'ai découverte à la télévision. [...] Puis il a fallu faire des expériences à la maison pour savoir ce qui flotte et ce qui coule dans des liquides différents... ou quels sont les liquides qui se mélangent ou pas... »

« J'ai senti que ma fille était accrochée et... qu'elle voulait bien faire... elle ne s'arrêtait pas tant qu'elle n'avait pas fini. »

Une autre maman dira : « Toute la famille s'y est mise... on l'a aidée à chercher les réponses... et on n'a pas toujours trouvé... »

« ... Et puis aussi, on a mieux compris en décembre quand on nous a demandé de garder pour l'école des choses qu'on jette d'habitude... des boîtes de conserve vides, des canettes, des bocaux en verre, des boîtes à œufs... »

« Ce qu'il y a, maintenant, c'est que j'aimerais savoir mieux aider mon enfant... », conclura un papa.

Ainsi, du questionnaire d'évaluation initiale aux manipulations que les enfants veulent refaire à la maison, des fiches d'hypothèses et d'observations aux feuilles de résultats, la rénovation de l'enseignement scientifique est entrée pas à pas dans les foyers vaudais, et comme l'a dit un autre parent : « En famille, on a tous mis la main à la pâte ! »

---

5. Extraits d'entretiens avec quatre parents de l'école primaire Courcelles.

LA QUESTION DES PROGRAMMES

Un point, enfin, mérite d'être évoqué, c'est celui des sacro-saints programmes. Il se trouve que « le son » ne fait pas partie des programmes français, ce qui a suscité l'inquiétude de l'inspection générale. À l'occasion de la remise des prix du concours « La Main à la pâte », lorsque Georges Charpak a mentionné ce document sur les sons, des auditeurs ont cru à une provocation. En réalité, si Georges Charpak en a parlé, c'est parce qu'il voulait montrer aux enfants qu'un sujet scientifique pouvait avoir des liens avec l'art, en l'occurrence la musique.

Pour être précis, que le sujet soit ou non au programme, la démarche préconisée par « La Main à la pâte » demande du temps pour l'étude approfondie des sujets. Par exemple, un sujet comme l'eau qui serait traité en quelques séances dans une démarche habituelle va faire l'objet de quinze à vingt séquences avec la démarche d'investigation. Il est bien évident que les connaissances acquises et les compétences développées avec les deux démarches n'auront rien de comparable *in fine*. Il y a donc là un obstacle à l'impératif de « faire le programme ».

Mais la question des programmes dépasse sans doute les programmes eux-mêmes. Peut-être n'est-il plus temps de se poser la question de leur pertinence ; la vraie question n'est-elle pas, comme le dit Edgar Morin, « celle de notre aptitude à organiser la connaissance » ?

BILAN DE CETTE PREMIÈRE ANNÉE D'EXPÉRIENCE

Le bilan s'est révélé extrêmement positif. Qu'ils se soient engagés sur le protocole à la française ou qu'ils aient utilisé les documents américains, tous les maîtres ont exprimé leur enthousiasme, soulignant la forte mobilisation des élèves, l'évolution des comportements et des attitudes, la construction d'apprentissages évaluables.

Les enfants ont compris assez vite ce qu'est la démarche expérimentale, et notamment la vérification d'une hypothèse. Ainsi, des enfants mis en présence de petites boîtes contenant des grillons qui chantent quand on ouvre la boîte et qui se taisent lorsque la boîte est refermée ont formulé différentes hypothèses : pour les uns c'était magique, pour les autres il y avait un fil mystérieux, puis certains élèves ont pensé que le phénomène pouvait avoir un rapport avec la lumière. Une fillette a dit : « Oui, c'est peut-être ça, mais il faut le vérifier ! » Elle a ouvert la boîte avant de l'enfermer dans un placard pour savoir si le chant des grillons s'arrêterait. Ce qu'elle a pu effectivement vérifier, prouvant ainsi qu'elle avait compris, à son niveau, ce qu'était la démarche expérimentale.

La confrontation des différentes expériences réalisées par les maîtres a été très enrichissante, et les représentations initiales ont volé en éclats, chacun découvrant dans son travail et dans celui des autres des pistes nouvelles à explorer. Pour l'équipe de circonscription qui s'était largement mobilisée, l'engagement et la qualité du travail des maîtres étaient extrêmement stimulants. Ainsi, le désir a été partagé par tous de poursuivre l'aventure en créant les conditions pour associer le plus possible de collègues.

L'école Pablo-Neruda a travaillé sur « ombre et lumière, mouvement apparent du soleil ». Voici leur témoignage :

« Notre projet a été jumelé à un projet d'art plastique, pour la construction d'un cadran solaire à l'école. Il nous paraissait important d'associer cette finalité "sciences appliquées" pour donner un sens concret aux apprentissages. Les objets qui nous entourent ne sont pas là par hasard, ni par magie, ils sont l'aboutissement d'études, de recherches, d'erreurs et de succès.

« Un stage de circonscription nous a été particulièrement précieux, car il nous a permis de revenir sur des expériences déjà vécues. Commence maintenant le temps de la collaboration avec le parrain scientifique qui nous permettra d'évaluer la pertinence de ce que nous avons déjà mis en place, de répondre à des questions... et de faire peut-être la lumière sur des choses qui sont encore bien dans l'ombre ! »

La collaboration des appelés du contingent nous a fait entrevoir ce que pourrait apporter l'utilisation d'Internet dans notre travail et de mettre en place un protocole proposé par un collègue du Var sur le mouvement apparent du soleil.

Cette année, nous avons progressé sur l'idée du cahier d'expériences, cela reste un vaste chantier à explorer qui mérite une réflexion collective. Nous constatons que ce projet est très porteur et que l'enthousiasme des élèves est général.

De nombreuses pistes sont encore à explorer : partenariat, construction d'un projet global, implication des parents, appropriation du site Internet.

Le seul problème que nous ayons eu à gérer, et sur lequel nous n'avons eu aucune maîtrise, fut bien l'absence de soleil et les caprices du temps !

C'est en faisant part à Georges Charpak de notre expérience et de notre enthousiasme qu'il a souhaité que nous puissions aller voir sur place, aux États-Unis, la mise en œuvre de ce programme. Il a lui-même défini notre itinéraire de voyage et pris les contacts nécessaires pour que nous puissions visiter les endroits les plus représentatifs.

Notre équipe était composée de dix personnes : quatre instituteurs, un appelé du contingent affecté au projet, une inspectrice, deux scientifiques locaux et deux partenaires financeurs du projet, responsables l'une à la Direction interministérielle à la ville (DIV), l'autre au Fonds d'action sociale (FAS).

Premier voyage d'étude aux États-Unis

Ce voyage de dix jours nous a menés de la Californie au Massachusetts. À San Francisco, Goëry Delacote, scientifique français, nous a largement ouvert les portes de l'*Exploratorium* dont il est le directeur. À Pasadena, dans la banlieue de Los Angeles, Jennifer Yure nous a présenté le projet de rénovation de l'enseignement des sciences poursuivi de manière systématique dans toutes les écoles du district, sur la base d'un partenariat avec le California Institute of Technology (Caltech) et sous la responsabilité de deux scientifiques, Jim Bower et Jerry Pine. À Cambridge, Karen Worth nous a présenté la collection de documents pédagogiques *Insights* pilotée par l'Educational Development Center (EDC) rattaché au Massachusetts Institute of Technology (MIT).

Ce choix était dicté par le fait que ces États étaient parmi les plus avancés dans la voie de la rénovation de l'enseignement scientifique. Notre démarche ne consistait pas à étudier cette rénovation de façon exhaustive. Il s'agissait d'analyser ce qui pouvait être retenu pour faire l'objet d'une adaptation à la française et de repérer ce qui ne paraissait pas transposable compte tenu des différences politiques, sociales, économiques, éducatives et culturelles.

LES ENJEUX AMÉRICAINS

À l'aube du troisième millénaire, marqué par un fort développement des sciences et des techniques, les États-Unis, comme tous les autres pays développés, se trouvent confrontés, à cause des enjeux économiques contemporains, à la nécessité de mieux former l'ensemble de la population dans le domaine des mathématiques, des sciences. Or les résultats du système éducatif américain sont particulièrement faibles dans ces domaines.

Dès 1957, alors que les Soviétiques venaient de lancer le premier Spoutnik, les scientifiques américains ont manifesté leur inquiétude, considérant que le pays n'était pas en mesure de former des scientifiques de haut niveau qui puissent soutenir la compétition internationale. Dès lors, soutenue par la Fondation nationale des sciences, une vaste mobilisation s'est engagée avec des moyens financiers et humains considérables. Les scientifiques, les pédagogues, les psychologues, influencés par les travaux de Piaget, de Brunner, de Vygotski, de Chomsky, de Newel et de Simon, ont développé un programme d'enseignement dont tout le monde s'accorde encore aujourd'hui à reconnaître la qualité, mais dont la mise en œuvre s'est avérée inopérante. Les protocoles s'adressaient plus à l'élite professionnelle qu'à la globalité des enseignants, plusieurs districts avaient tenté de mettre en place des programmes : si quelques-uns existent encore, la majorité a disparu.

En 1983, une commission nationale, la National Commission on Excellence in Education créée par le gouvernement, dénonce l'échec massif en mathématiques, science et technologie des écoliers américains dans un rapport, qui fait référence, intitulé *A Nation At Risk* (« Une Nation en danger ») et en fait un enjeu national ; il ne s'agit plus seulement, comme en 1960, de former des scientifiques de haut niveau, mais bien d'éduquer tous les citoyens pour faire face aux défis économiques et sociaux du troisième millénaire.

La rénovation des enseignements scientifique, technique et économique est devenue un enjeu global de société touchant tous les domaines de la vie collective et individuelle, et a des conséquences en termes de qualification professionnelle des personnels.

Il s'agit de donner une formation scientifique de base à tous les Américains. Elle vise à une citoyenneté plus éclairée (décision sur l'énergie, l'environnement…), à une meilleure gestion de sa vie (santé, nutrition…), à une meilleure compréhension du monde environnant et à augmenter la productivité économique du pays.

Ce vaste chantier est impressionnant, en données brutes : cinquante États, seize mille districts, cent dix mille écoles, quarante-six millions d'élèves, deux millions d'enseignants.

L'ampleur du défi a suscité une véritable mobilisation nationale depuis le Président des États-Unis, les universitaires et jusqu'aux industriels en passant par les enseignants, les responsables du système éducatif, les parents. L'État fédéral, sous l'impulsion d'équipes innovantes constituées dans différents États, a donc pris la décision de doter le pays de références nationales — les « normes » (*standards*) —, sollicitant pour ce faire les plus hautes compétences du pays et leur associant les innovateurs et les enseignants de terrain.

En 1985, sous l'égide de l'Association des professeurs de mathématiques et du Conseil national de la recherche, commence l'élaboration de nouvelles normes nationales qui sont publiées en 1991 et en 1992.

En 1992 se constitue le Comité national américain pour les normes en sciences.

Ces normes ne concernent pas seulement l'évaluation des savoirs et des savoir-faire des élèves, elles portent aussi sur quatre points : la manière d'enseigner, la formation des maîtres, l'évaluation des élèves, le fonctionnement et l'organisation du système éducatif.

Cette élaboration de références nationales se poursuit actuellement dans l'ensemble des disciplines.

Dans le prolongement des normes qui constituaient une référence pour tous, des appels d'offres furent lancés en direction des États pour créer des collections pédagogiques propres à réaliser les objectifs attendus. Chaque équipe retenue disposait de quatre ans et de 2 millions de dollars pour produire une collection en s'associant avec un éditeur.

Les équipes étaient constituées de scientifiques, de didacticiens, d'enseignants et d'un évaluateur. Les documents étaient élaborés après avoir été testés et validés sur le terrain.

Karen Worth, qui fut une des responsables de la collection *Insights*, explique très bien comment il a fallu à la fois ne rien perdre des travaux qui avaient été réalisés dans les années 1970 tout en analysant les raisons de l'échec. C'est ce qui les a conduits à rechercher un meilleur équilibre entre démarche et connaissance, les moyens de respecter au plus près les capacités d'investigation raisonnée des enfants, de tisser les fils directeurs qui permettent d'accéder aux concepts de base tout en donnant des informations suffisantes pour soutenir et guider les enseignants.

C'est ainsi que se sont développées plusieurs collections, dont les plus connues actuellement sont *Insights, STC* (« *Science and Technology for Children* ») et *FOSS* (« *Full Option Science System* »).

Parallèlement à cet effort, l'État a engagé une vaste opération de câblages de toutes les écoles visant l'accès à Internet d'ici l'an 2000.

Il s'agit de suivre une véritable logique de management de la rénovation. La référence fédérale étant établie, les outils d'évaluation disponibles, la volonté politique affirmée, il appartient donc à chaque État de s'emparer de la problématique et de mettre en œuvre des projets de développement.

LE SYSTÈME ÉDUCATIF AMÉRICAIN

De cinq à seize ans, l'école est obligatoire et payante avec des aides sociales pour les familles en difficulté. La maternelle (*kindergarden*) reçoit les élèves de cinq à six ans, l'école-collège (*graduate school*) de sept à quinze ans et le lycée (*high school*) de quinze à dix-huit ans. Dans certains États, on trouve une organisation plus proche du système français, avec un dédoublement des *graduate schools* en écoles de six à douze ans et en collèges de douze à quinze ans et lycées de seize à dix-huit ans.

Ressources et effectifs dépendent des politiques locales et des districts scolaires. Les écoles sont placées sous l'autorité d'un principal, ou directeur, qui recrute tous les personnels y compris les personnels enseignants. Pour ces derniers, le salaire varie selon le niveau de qualification et le prestige de l'école qui l'emploie.

Le district est l'autorité éducative locale. Les écoles sont organisées en districts dont la taille peut être très variable (cela peut aller de quelques écoles à plusieurs centaines dans les grands centres urbains). Ces districts, qui existent à peu près partout, ont de réels pouvoirs de décision en matières administrative (horaires et ramassages scolaires), pédagogique et financière.

VISITE DES GRANDS CENTRES D'INNOVATION PÉDAGOGIQUE

L'*Exploratorium* de San Francisco est situé en bordure du quartier de la Marina et du Parc Presidio, dans le bâtiment du Palace of Fine Arts construit en 1915 par Bernard Maybeck ; c'est un musée des sciences, des arts et de la perception humaine. Fondé en 1969 par le physicien Frank Oppenheimer, l'*Exploratorium* est une organisation privée à but non lucratif employant plus de deux cents personnes auxquelles s'ajoutent cent soixante-quinze bénévoles pour les week-ends et les vacances. Environ la moitié de son budget de 12 millions de dollars provient de ses revenus propres (entrées, ventes d'expositions, de livres, de consultations muséologiques), l'autre moitié de contributions (des subventions publiques pour les deux tiers et des donations privées pour un tiers). Il s'étend sur 10 000 m^2 et reçoit six cent mille visiteurs par an. Il offre plus de six cents manipulations et reçoit soixante-dix mille enfants avec leurs classes.

Il forme chaque année six cents professeurs : formation continue des maîtres du primaire à l'expérimentation scientifique, des professeurs de physique des collèges et des professeurs de lycée en sciences physique et biologique. Des écoles d'été de trois semaines sont ouvertes aux maîtres, et, pendant l'année scolaire, des sessions de un ou deux jours en fin de semaine assurent le suivi des apprentissages et le soutien pédagogique ou logistique (prêt de matériel). L'établissement assure la formation des enseignants dans quatre directions : une pratique de la science par l'investigation ; une découverte des processus d'apprentissages spécifiques au domaine étudié ; une initiation à la conception des environnements d'apprentissage et à leurs mises en œuvre à l'école dont les réseaux type Internet ; une recherche en sciences cognitives.

Son but est d'encourager l'apprentissage individuel par l'expérimentation personnelle. Ses programmes et ses expositions sont conçus pour des personnes de tous âges et de tous niveaux d'éducation. Le plan architectural — un espace central bordé de mezzanines — a une fonction cognitive. Il permet en effet de réaliser cette idée que tout apprentissage se fait autant par des manipulations que par l'observation d'autres personnes en train de manipuler. Le maître mot est « interaction » : interaction du visiteur avec les choses, les objets ou les phénomènes des manipu-

INSIGHTS. Programme. Concepts majeurs

Année	Vie	Terre	Physique
1	**Moi et les autres** • Similitude, différence et variation des caractères physiques de l'être humain • Croissance et développement dans le temps **Les sens** • Voir, entendre, toucher, goûter, sentir • Percevoir l'environnement **Êtres vivants** • Similarités et différences • Croissance et développement dans le temps • Besoins des êtres vivants • Comment les êtres vivants satisfont leurs besoins		**Balles et rampes** • Propriétés et caractéristiques des balles • Gravité • Inertie, quantité de mouvement, friction, vitesse et accélération • Effet de la taille et du poids d'une balle, et de la pente d'une rampe sur le mouvement d'une balle sur un plan incliné
2-3	**Les choses qui poussent** • Relations structurales et fonctionnelles entre les semences et les parties des plantes • Étapes de la germination et de la croissance • Variables affectant la germination et la croissance **Habitats** • Besoins des êtres vivants • Habitat • Relations entre un organisme et son habitat • Différences et variations des habitats locaux • Adaptations		**Liquides** • Tous les liquides coulent et prennent la forme de leurs contenants • Variation des propriétés physiques (densité, cohésion, viscosité et couleur) de différents liquides • Objets qui flottent, objets qui coulent • Relations entre le poids, la densité et la forme de l'objet, la densité et la viscosité d'un liquide **Soulever des choses lourdes** • Machines simples comme le levier, le plan incliné et les poulies, qui rendent les tâches plus aisées • Rendre les tâches plus aisées à l'aide des machines simples implique un compromis entre la grandeur de la force, d'une part, la distance et le temps, d'autre part, pendant lesquels la force est appliquée **Son** • Les sons comme vibrations • Hauteur, volume et timbre • Relations entre la hauteur dans les cordes et les tambours, et la tension et la taille de l'objet vibrant • Relations entre le volume et la force de vibration, et la quantité de matière vibrante • Transmission du son

INSIGHTS. Programme. Concepts majeurs

Année	Vie	Terre	Physique
4-5	**Os et squelettes** • Os du corps • Relations structurales et fonctionnelles • Le système du squelette • Variations structurales du squelette • Adaptation	**Comprendre l'environnement** • Le changement comme processus continu • La formation et le changement des roches • Le climat et l'érosion comme agents de changement • Le temps • Les faits	**Changements d'état** • L'eau comme forme de matière qui peut exister comme liquide, solide ou gaz • Fonte, évaporation, condensation, gel et sublimation comme résultats des variations de chaleur • Réversibilité des changements d'état **La poudre mystérieuse** • Propriétés physiques et chimiques des substances • Connaissance des propriétés des substances comme outil pour résoudre des problèmes **Circuits et chemins** • Circuits complets • Circuits en série et parallèles • Conducteurs et isolants
6	**Systèmes du corps humain** • La cellule comme unité de base du corps humain • La circulation comme « système de livraison » du corps • Relations structurales et fonctionnelles entre différentes parties du corps • Le corps humain comme système d'interactions entre des systèmes indépendants et plus petits du corps	**Comment s'en débarrasser ?** • Décomposition • Matières organiques et inorganiques • Matériaux biodégradables et non biodégradables • Relations entre temps et quantité décomposée • Rôle de l'eau dans le traitement des déchets : solution, suspension, diffusion • Les systèmes de contrôle des déchets	**Structures** • Charge utile/poids mort • Compression et tension • Relations des matériaux et des formes à la structure et à la résistance

lations, avec des sources de savoir dans des stations Internet, avec des personnes qui l'aident au cours de sa visite, avec des produits qu'il peut se procurer dans la boutique. L'*Exploratorium* n'est donc pas un « lieu de mémoire » comme les musées de conservation, il a pour fonction l'appropriation des savoirs, l'incitation au débat, il vise à faire percevoir les dimensions individuelles et sociales des apprentissages. En ce sens, l'*Exploratorium* est original et constitue un cas unique aux États-Unis.

Pasadena et Cambridge ont ceci de commun que leurs activités sont fondées sur des liens étroits entre les universités (Caltech pour Pasadena et MIT pour Cambridge), l'équipe de district et les écoles. Ces équipes réunissent des conseillers pédagogiques et des gestionnaires autour d'un centre de ressources.

Chacun de ces centres est indépendant. Il peut soit éditer ses propres documents, soit réunir les matériels adéquats. Les protocoles pédagogiques proposés aux classes sont d'origines différentes : collections *Insights*, *STC* ou *FOSS*. On trouvera dans les tableaux ci-après l'inventaire des documents qui sont proposés.

De façon générale, une classe bénéficie de deux ou trois protocoles pédagogiques chaque année. À Pasadena ou à Cambridge, une cohérence verticale (c'est-à-dire d'une année à l'autre dans un même cycle et entre les cycles) est recherchée et proposée dans les collections isolées ou réunies ; la philosophie est de n'imposer aucun type de protocoles pédagogiques.

Une action formation, qui peut se réduire à une information régulière, est systématiquement entreprise avec les parents. Ceux-ci sont très présents à l'école, ils assistent quelquefois aux cours, participent à la vie de l'établissement, expriment leurs attentes auprès du directeur ou des équipes pédagogiques.

Au cours de toutes ces visites, nous avons pu voir fonctionner des modules que nous avions utilisés en France ou auxquels nous nous étions déjà intéressés.

Dans les écoles qui fonctionnent bien, le directeur pilote l'opération, il encourage, et contrôle les membres de son équipe.

À Pasadena, Jennifer Yure et Gail Stowers, son assistante, collaborent avec la Caltech où deux physiciens, Jerry Pine et Jim Bower sont partie prenante du projet. L'université draine également des moyens importants pour l'opération, et participe à la réflexion des équipes d'enseignants, à leur accompagnement et à leur formation.

À Pasadena l'équipe de district dispose d'un lieu de ressources, véritable caverne d'Ali Baba, mais dont la gestion rigoureuse permet de composer les « paniers scientifiques » du programme et d'en organiser le prêt aux quelque six cents classes (trois mille échanges environ par année). Trois personnes sont employées à plein temps pour faire vivre ce lieu.

Ce projet s'appuie donc sur trois piliers : l'université et les scientifiques, le centre de ressources et l'équipe de district, les écoles.

Une matinée à l'école Jackson nous a permis d'observer plusieurs modules et de rencontrer des enfants faisant des expériences, élaborant des questionnements et émettant des hypothèses. Nous avons pu observer le comportement actif de tous les élèves, et nous avons remarqué la participation des parents.

Programme FOSS

Niveau	Sciences de la vie	Sciences physiques	Sciences de la Terre	Raisonnement scientifique et technologique	Processus cognitifs
5 et 6	Aliments et nutrition	Leviers et poulies	Énergie solaire	Modèles et dessins	Mettre en relation Organiser Comparer Communiquer Observer
	Environnements	Mélanges et solutions	Formes terrestres	Variables	
3 et 4	Corps humain	Magnétisme et électricité	Eau	Idées et inventions	Organisation Avancée Comparer Communiquer Observer
	Structures de la vie	Physique du son	Matériaux terrestres	Mesures	

	Sciences de la vie	Sciences physiques	Sciences de la Terre	Processus cognitifs
1 et 2	Nouvelles plantes	Solides et liquides	Air et temps	Début d'organisation Comparer Communiquer Observer
	Insectes	Balance et mouvement	Cailloux, sable et boue	

	Sciences de la vie		Sciences physiques			Processus cognitifs
Maternelle	Arbres	Animaux deux par deux	Bois	Papier	Tissu	Comparer Communiquer Observer

De nombreuses entreprises sont partenaires de cette opération cautionnée par l'université, bien que l'enseignement primaire soit sous la responsabilité de la ville.

L'articulation fine du travail avec l'université et la systématisation de ce travail sur toutes les écoles du district donnent à l'action de Pasadena une originalité rencontrée nulle part ailleurs.

À Cambridge, le projet est bâti sur le même triptyque : université, centre de ressources, et équipe de district et écoles (quinze écoles, soit trois cents classes environ, sont engagées avec le soutien de la Fondation nationale pour les sciences). Melanie Baron dirige l'équipe de district. Hormis l'implication scientifique des enseignants du MIT dans l'élaboration des modules, qui se trouve sous la responsabilité de Karen Worth, ce sont deux cents étudiants qui s'engagent chaque année dans l'accompagnement des classes. Mais les parents et les assistantes des enseignants peuvent également être présents, en plus, auprès des enfants.

Lors d'une visite, nous avons pu apprécier un travail de biologie animale dans une classe d'enfants de sept à huit ans. Au cours d'un goûter, les enfants allaient relâcher une colonie de papillons que la classe avait vus naître et se développer à l'abri d'une grande moustiquaire installée dans la classe depuis plusieurs semaines.

L'originalité de Cambridge se situe dans l'organisation de la formation et de l'accompagnement des maîtres. Des sessions de travail sont mises en place l'été pour réfléchir sur les protocoles pédagogiques utilisés, les améliorer et, même, les réécrire. Le développement de nouveaux outils et la formation sont menés avec les scientifiques.

BILAN

Deux choses ressortent de ce voyage : un sujet d'étonnement et la confirmation d'une analyse issue de notre expérience.

Le sujet d'étonnement, c'est qu'il semblait y avoir eu au fil des années une évolution de *Hand's on*, plutôt centrée sur l'expérimentation, vers *Inquiry*, plutôt centrée sur « l'investigation raisonnée ». Nous avons compris le parti pris initial des Américains qui contrebalançait les premières tentatives de rénovation de l'enseignement des sciences des années 1960. Trop élitistes, elles avaient conduit à une impasse. Il ne s'agissait plus de former coûte que coûte des scientifiques de haut niveau pour relever le défi international, mais de se donner comme objectif une éducation scientifique de masse. L'entrée par l'expérimentation paraissait être la meilleure, la plus accessible au grand nombre. L'accent fut donc mis sur l'apprentissage par l'action, sur la découverte par l'expérimentation.

Les idées ont progressivement évolué vers « l'investigation raisonnée », articulant expérimentation et cognition. C'est là le fruit des expérimentations probantes et des recherches en psychologie cognitive qui ont été intégrées à la réflexion et à l'action.

La confirmation porte sur la valeur d'une approche globale qui met en système des problèmes à résoudre dans une rénovation : clarté des enjeux et des objectifs, guides méthodologiques, documents pédagogiques et matériels adaptés, formation, accompagnement, partenariat, mise en réseau, évaluation...

Nous sommes revenus convaincus que la rénovation américaine de l'enseignement des sciences mérite toute notre attention, parce qu'elle apporte des réponses à des questions difficiles que nous cherchons tous à résoudre, même s'il en reste encore de nombreuses !

Comment sont évalués les effets éducatifs pour les élèves et la production de compétences utiles à la vie en société ?

Comment sont formés les enseignants et quel matériel pédagogique leur est fourni ? Ce matériel est-il facilement utilisable ou non ?

Comment les enseignants sont-ils accompagnés et quelles sont les ressources disponibles pour créer un environnement stimulant d'apprentissage ?

Les enseignants sont-ils soutenus par des partenaires actifs et efficaces ?

Comment leurs initiatives et leurs réussites sont-elles valorisées ?

Comment l'ensemble du dispositif et des programmes est-il évalué ?

Il faut souligner le fait que, dans cette approche globale, il n'y a pas un modèle unique de rénovation qui s'imposerait à tous mais une multiplicité d'initiatives. Cette diversité recouvre cependant un ensemble de partis pris communs qui lui donnent sa cohérence et son efficacité. Il existe d'abord un consensus national sur la nécessité de développer un enseignement scientifique de qualité tout au long de la scolarité qui s'est traduit par un accord autour de

« standards » communs à tous les États pour l'enseignement (normes fédérales). Concrètement, l'objectif est de faire faire de la science à tous, aux maîtres comme aux élèves, mais de manière active. Le public enseignant est contractuellement ciblé, les maîtres ne sont pas livrés à eux-mêmes, ils sont au contraire soutenus en termes de formation, d'équipement et d'accompagnement. On rencontre partout le même parti pris de faire des sciences avec un matériel simple, fourni aux enseignants après avoir été testé avec des classes. Le partenariat avec les entreprises, les universités, les pouvoirs publics et les familles constitue une véritable aide logistique permanente. Les entreprises ainsi que les pouvoirs publics aident surtout les universités pour le financement des programmes de développement éducatif, et aussi en partie pour financer la production des documents pédagogiques et la dotation en matériel. Les familles au travers des organisations des districts participent au financement des écoles. Les universités sont surtout mobilisées pour des prestations de formation et de recherche en éducation.

À cet égard, il est intéressant d'observer que, dans ce pays largement décentralisé où la responsabilité de l'éducation relève de la compétence des États, la nécessité d'une cohérence nationale s'est imposée, créant une interaction entre le national et le local. Les normes fédérales ne s'imposent pas, mais elles conditionnent les aides et le financement du gouvernement fédéral.

Enfin, l'utilisation croissante des nouvelles technologies de l'information comme Internet induit à elle seule une rénovation complémentaire importante de l'enseignement.

Ce premier voyage aux États-Unis s'est avéré très instructif. Il nous a « donné des ailes » dans la mesure où nous avons vu que ce que nous avions l'ambition de faire était réalisable, même si les différences de contexte, d'échelle, d'importance des moyens investis ne pouvaient conduire à concevoir une transposition directe à notre niche pédagogique vaudaise. Il nous semblait que les enjeux du projet français étaient proches du projet américain, même si nous devions inventer des formes de mise en œuvre adaptées à la réalité française et être capables, comme le suggère Goëry Delacote, de savoir « allier la clarté et la souplesse des idées avec l'ampleur du débat et [de] considérer que les résultats sous quelque forme que ce soit doivent guider les actions ».

Nous avons surtout retenu qu'une des conditions essentielles de la réussite était d'assurer le guidage et l'accompagnement des maîtres. Encore fallait-il savoir combien d'entre eux seraient partants l'année suivante. Les maîtres engagés dès la première année ont joué un rôle décisif ; c'est à l'occasion d'une animation pédagogique où ils présentaient leurs travaux qu'ils ont suscité l'intérêt de leurs collègues. On ne soulignera jamais assez le pouvoir de conviction entre pairs !

Nous avions espéré 30 % de candidats, et nous en avons eu plus du double. Cette forte mobilisation constituait en même temps une source de joie et d'inquiétude : comment faire face à cette demande massive ? Il nous paraissait difficile, avec les ressources dont nous disposions, en personnel et en budget, d'apporter l'aide nécessaire à autant de classes. Nous n'étions certes pas démunis et nous avons fait feu de tout bois, mobilisant les ressources disponibles, en sollicitant de nouvelles, notamment l'aide des scientifiques, celle de deux appelés du contingent mis à disposition par l'État ainsi qu'une élève polytechnicienne, aides auxquelles est venu s'ajouter le coup de pouce imprévu des aides-éducateurs. Nous les avons recrutés en lien avec ce projet en septembre 1997.

La réussite de l'extension fut le défi à relever l'année suivante.

Deuxième année d'expérience

Au plan national, le ministre de l'Éducation nationale a réaffirmé son engagement dans le projet « La Main à la pâte ». Il a soutenu le site Lamap, en fournissant un équipement Internet aux cent écoles pilotes de la première année d'expérience en partenariat avec IBM et France Telecom. Il a élargi son appel d'offres à d'autres départements, retenant pour l'année seize départements et deux mille classes ! Cependant, l'appel d'offres avait fait apparaître un nombre beaucoup plus grand de candidatures : au total une cinquantaine de départements qui n'ont pu être tous retenus faute de moyens suffisants. Un certain nombre qui n'avaient pas été retenus se sont malgré tout lancés dans « La Main à la pâte ». Comment faire alors pour que cet engouement massif ne se perde pas dans les sables mais se transforme en innovation durable ? Nous dirons d'emblée, anticipant sur nos conclusions, qu'il y a ici la double nécessité d'un pilotage national et d'une mise en réseau des initiatives locales.

À Vaulx-en-Velin, la deuxième année a été placée sous le signe de l'extension massive (avec l'engagement de 66 % des classes), du développement de l'expérimentation des documents pédagogiques américains, et surtout du renforcement du dispositif d'accompagnement et d'encadrement.

L'évaluation réalisée en juin 1998 a donné d'excellents résultats puisque 98 % des maîtres engagés manifestent leur désir de poursuivre l'« aventure ».

L'ORGANISATION LOCALE 1997-1998

Les vingt-cinq écoles de la circonscription ont été volontaires, engageant leur équipe en partie ou en totalité. C'est donc cent classes sur cent cinquante qui se sont inscrites dans le programme de rénovation de l'enseignement scientifique : vingt en premier cycle (deux à cinq ans), quarante en deuxième cycle (cinq à huit ans) et quarante en troisième cycle (huit à onze ans).

L'arrivée des petites classes de maternelle n'avait pas été prévue *a priori,* mais, confrontée à la demande insistante des enseignants, l'équipe de circonscription a eu à cœur de ne refuser aucune demande.

Il appartenait à chaque maître de choisir son option de travail : définir de manière personnelle son projet ou utiliser un document américain. L'association ADEMIR ayant accéléré le travail de traduction des textes et de fabrication des mallettes, neuf modules étaient disponibles dès la rentrée de septembre 1997 ; ils ont été utilisés par 50 % des maîtres des cycles 2 et 3.

Il n'y a pas actuellement de modules disponibles correspondant aux élèves de petite et moyenne sections de maternelle. C'est ce qui a conduit les maîtres à s'orienter vers deux directions de travail : création des salles de découvertes ou création de mallettes scientifiques.

LE CAS PARTICULIER DES CLASSES MATERNELLES

Les pratiques scientifiques en maternelle sont particulières, dans la mesure où l'élève se trouve dans une étape où « il découvre ». Il construit ses premières expériences. La manipulation permet d'enrichir un vécu souvent pauvre et prépare à la réflexion dont va naître un début de raisonnement scientifique. Dès la grande section, le maître va solliciter ou proposer de réelles expérimentations.

Dans quatre écoles maternelles, les expériences et expérimentations sont regroupées dans une seule salle : c'est « la salle de découvertes ». Dans une autre école, le matériel est regroupé dans « des mallettes scientifiques » qui sont mises à disposition des classes pendant les activités « La Main à la pâte ».

Les salles de découvertes utilisent des protocoles écrits par les équipes d'instituteurs. Différents ateliers (l'eau, les graines, les aimants, les balances...) sont répartis dans la salle.

Pour les petites sections, le travail est effectué en groupe-classe afin de garder le référent « maître ». Les décloisonnements ont été réservés aux moyennes et grandes sections.

Chaque classe fréquente la salle pendant un trimestre, plusieurs fois par semaine, durant trois quarts d'heure ou une heure.

L'accompagnement et le guidage sont effectués par l'enseignant aidé d'un ou deux aides-éducateurs, de l'aide maternelle et quelquefois de la maîtresse ZEP. L'objectif étant que le maximum de petits groupes d'enfants bénéficient de la présence d'un adulte.

De retour en classe ou parfois le lendemain, l'enseignant demande aux enfants de dessiner ce qu'ils ont fait dans la salle de découvertes et rapporte leurs paroles dans un « cahier d'expériences » collectif.

La mise en place des salles de découvertes a nécessité un apport de matériel important, souvent du matériel de récupération ou peu onéreux.

L'élaboration et l'organisation ont été effectuées par les enseignants en collaboration avec les aides-éducateurs engagés dans ce projet. Ce sont eux qui participent aussi à l'entretien de la salle et du matériel avec les aides maternelles.

Comme la plupart des écoles n'ont pas la place nécessaire pour consacrer une salle entière aux sciences, la solution trouvée a été de confectionner des mallettes contenant du matériel pour les expériences, mises à disposition des classes pour les activités « La Main à la pâte ».

Les protocoles de ces mallettes ont été élaborés par les institutrices en collaboration avec les aides-éducateurs. Ils ont bénéficié pour cela d'une semaine de travail dans le cadre d'une formation continue organisée par la circonscription.

L'enseignant choisit une mallette parmi les cinq déjà fabriquées : les balances, l'eau, les cinq sens, l'électricité, les aimants. Il l'utilise dans sa classe à différents moments de la journée, notamment au moment de l'accueil.

Une période de bilan suit toujours les expériences, et l'institutrice relate dans un cahier, qui est souvent le cahier de vie de la classe, les observations des enfants. On y retrouve aussi les dessins spontanés des enfants.

Ces ateliers scientifiques ont aussi aidé à la liaison Grande Section/CP. Chaque semaine, des groupes d'enfants venant de CP et de Grande Section vivaient ensemble les activités scientifiques.

Les modules *Insights* ont été travaillés par des instituteurs de Grande Section uniquement sur les thèmes : « Choses qui poussent », « Balles et rampes » et « Sable et eau ». L'étude du module dure deux mois à raison d'au moins deux séances d'une heure par semaine.

Les classes sont décloisonnées, et les enfants travaillent en petits groupes accompagnés par un adulte.

Les thèmes travaillés ont été les suivants :

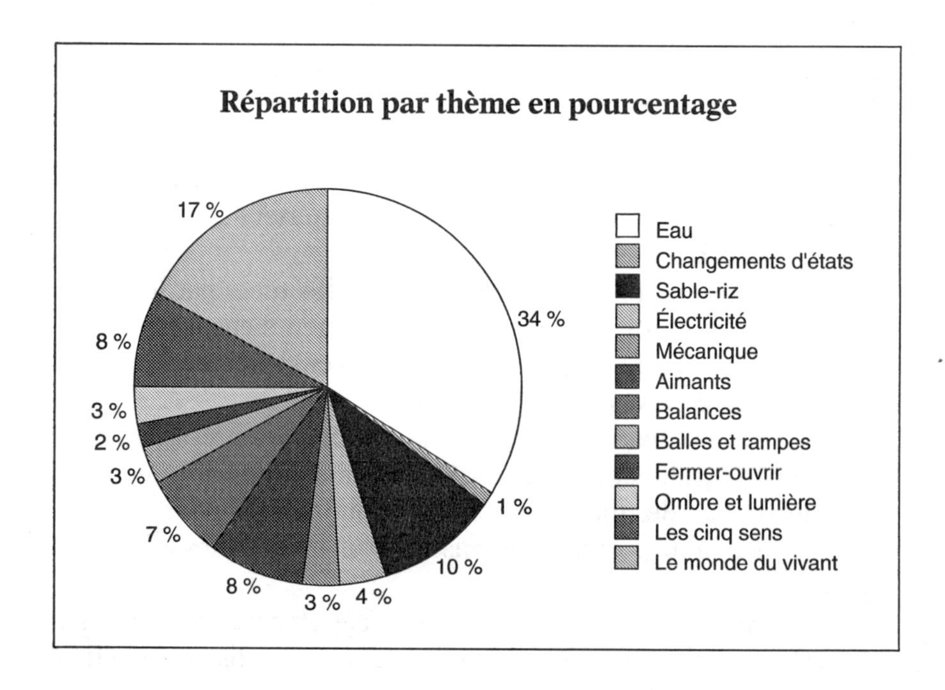

DOMAINE : Le monde des objets et de la matière / Situations guidées autour de l'eau

Matériel	Notions	Situations	Guidage Rôle du maître	Liens aux familles	Références documents
Caisse : Pompes Seringues Poires Jouets « cracheurs » Pompes	Pression	Faire fonctionner Observer les effets de : • la taille de la seringue ; • la dimension des trous ; • la quantité d'eau ; • la force du geste sur l'écoulement d'eau	Constitution de la caisse Faire verbaliser les actions et nommer le matériel (verbaliser soi-même le cas échéant) Faire une expérience soi-même devant l'enfant Proposer des problèmes à résoudre : « Transvaser de l'eau d'un récipient à un autre le plus efficacement possible » (cuillère, pompe, seringue)	Constitution d'un cahier de correspondance relatant ce qu'on a fait et que l'on peut faire chez soi : « à la maison, je peux faire autour de l'eau... » « à l'école, on a fait plein d'expériences... » Constitution d'un dossier photo consultable par les enfants et les familles Visites des installations de l'école ou découverte du matériel par les parents avec possibilités de faire des manipulations	*Pour les maîtres* Agir avec les rouleaux. Agir avec l'eau (Belin p. 57) *Pour les enfants*

DOMAINE : Le monde des objets et de la matière/Situations guidées autour de l'électricité

Matériel	Notions	Situations	Guidage Rôle du maître	Liens aux familles	Références documents
• Piles plates/rondes • Fils électriques • Ampoules, douilles • Fil de fer • Planche de bois • Lampes de poche • Électro, jeux électriques • Papier aluminium, papier chewing-gum • Ruban adhésif • Crayons • Bâton – bois/ plastique • Coton • Petites cuillères • Tissu • Ciseaux • Caoutchouc • Élastique • Bouchons en liège • Vis – clous • Billes – ressorts • Pièces de monnaie	Circuits ouverts et fermés Conducteurs isolants	**1. Manipulation libre** différents circuits différents jeux lampes etc. **2. Manipulation guidée** → observer → confronter ses idées → trier → comparer → anticiper → argumenter **3. Prolongement** • les conducteurs, les isolants	• Observation • Faire verbaliser les actions • Nommer le matériel • Proposer un problème à résoudre par la démarche expérimentale : *Comment faire pour que la lampe s'éclaire ?*	Apport de matériel Aide dans les ateliers Album collectif : premiers schémas Exposition de jeux fabriqués (à faire circuler dans les autres classes pour faire jouer les autres enfants)	Le petit chercheur « Électricité » (Bordas jeunesse) « Piles, ampoules, boussoles » Collection Tavernier (Bordas) « Objets à fabriquer avec les 5/6 ans » (Nathan) Pédagogie

Protocoles de travail / LES CINQ SENS

Titres	But	Consigne	Matériel	Déroulement
Mémoire du toucher	Retrouver au toucher deux objets identiques	Choisis un objet dans un sac et retrouve le même objet dans l'autre sac sans regarder	Deux sacs en tissu contenant les mêmes objets, morceaux de fourrure, papier de verre, carton ondulé, boutons, boulons, trombones, pâtes à modeler, coton	Jouer selon la consigne
Mémoire des sons	Retrouver deux sons identiques	Cherche les paires de maracas qui ont le même son	Pots de yaourt contenant différentes graines (fèves, haricots, pois chiches, riz, lentilles, sucre)	Jouer selon la consigne
Jeu des poudres blanches	Utiliser les cinq sens pour déterminer la composition des poudres blanches	Nomme les différentes poudres en expliquant comment tu as trouvé	Soucoupes identiques contenant différentes poudres blanches (sucre glace, sucre en poudre, farine, sel, noix de coco, levure, lait en poudre)	Émission d'hypothèses puis utilisation des cinq sens pour les vérifier
Par quel sens appréhende-t-on l'objet ?	Retrouver les sens utilisés pour reconnaître un objet	Recherche les sens que tu utilises lorsque tu rencontres l'objet de la photo	Jeu des cinq sens (Nathan) composé de photos d'objets ou de situations diverses rencontrés par les enfants et de « cartes symboles » représentant chaque sens	Manipulation des cartes et verbalisation
Jouons avec notre vision	Découvrir son champ visuel. Utiliser loupes, jumelles, filtres pour modifier la vision que l'on a d'un objet	Regarde devant toi et cherche à droite et à gauche quel est l'objet le plus éloigné que tu puisses voir sans bouger les yeux. Cache un œil, puis l'autre. Regarde le document à travers les objets proposés et dis ce que tu vois	Document illustré de type affiche (avec couleurs franches). Loupes, jumelles, filtres colorés, lunettes	Prise de conscience de son champ visuel puis manipulation libre du matériel proposé

Que tirer de cette expérience en maternelle ? Pour reprendre les propos d'Alain Bentolila (professeur à Paris V), « l'école est devenue le dernier recours pour des enfants en grave déficit de médiation familiale. Leurs apprentissages linguistiques, leurs premiers rapports au monde, ils les ont vécus, au mieux dans le silence et l'indifférence, au pire dans l'invective et la brutalité [...] il faut leur apprendre à parler juste [...] il faut leur apprendre à lire juste [...] il faut enfin leur apprendre à regarder juste, c'est-à-dire en s'émerveillant des phénomènes du monde tout en cherchant avec obstination à en découvrir les règles de fonctionnement ».

Il apparaît à l'issue de cette expérience que « La Main à la pâte » nous met sur la bonne voie !

Les activités ont suscité l'engouement d'enfants que l'on ne croyait plus susceptibles d'en manifester pour quelque activité scolaire que ce soit. Non seulement ils étaient intéressés, mais ils trouvaient des mots pour exprimer ce que leur inspiraient les expériences. Non seulement on captait leur attention, mais ils montraient des capacités à argumenter sur leurs convictions avec d'autres élèves, ou avec les adultes qui les entouraient. Pour l'anecdote, citons le cas de cette institutrice qui a cru durant des années qu'un enfant de deux ans n'était capable que de faire des « gribouillis » quand il dessinait. Lorsqu'elle a vu que ses élèves pouvaient non seulement comprendre mais reproduire sur la feuille des phénomènes physiques, sa pratique du cours s'est trouvée transformée. L'exemple de cet enfant pour qui un ver de terre se limitait à un vague ovale, avant observation, est significatif. À la suite du travail, il esquissait les contours d'un vrai ver de terre et reproduisait mêmes les anneaux qu'il avait pu observer. Son approche du réel venait de s'enrichir considérablement. Parmi les progrès notables, soulignons donc un apprentissage qui a permis de gommer « le déficit au réel » dont souffrent certains enfants. Lorsque l'on passe d'une incapacité à remplir d'eau un entonnoir à la compréhension de phénomènes quotidiens, il y a une incontestable avancée. Ces réussites ne sont rendues possibles que par le temps que les enseignants y consacrent. Ils peuvent alors se donner les moyens de parler de l'expérience avec les enfants, de susciter en eux des questions — et donc un intérêt — et d'y répondre avec eux. Pour l'heure, les progrès réalisés par les jeunes enfants engagés dans « La Main à la pâte » sont encourageants et gratifiants pour les enfants et les maîtres. Ces progrès permettent de renouer avec des espérances auxquelles les enseignants ne croyaient plus.

Dessin du ver de terre *avant* observation

Dessin du ver de terre *après* observation

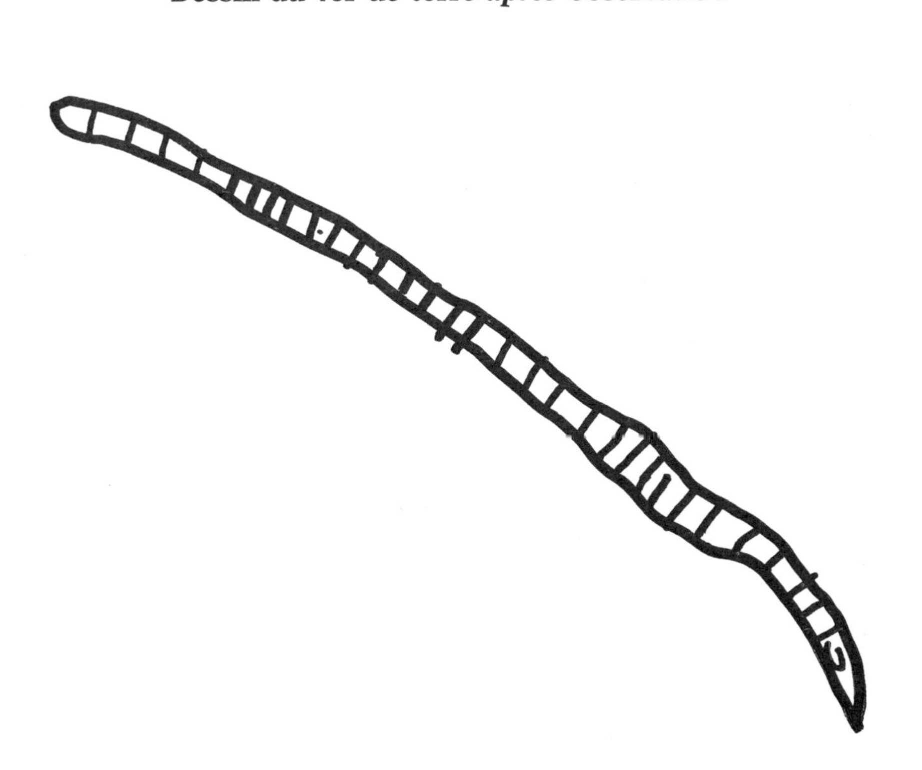

FLOTTE OU COULE ?
CE QUE JE PENSE

FLOTTE	COULE
un morceau de bois	une bougie
une cuillère	
un bouchon	
une pince à linge	
un clou	
un flacon	

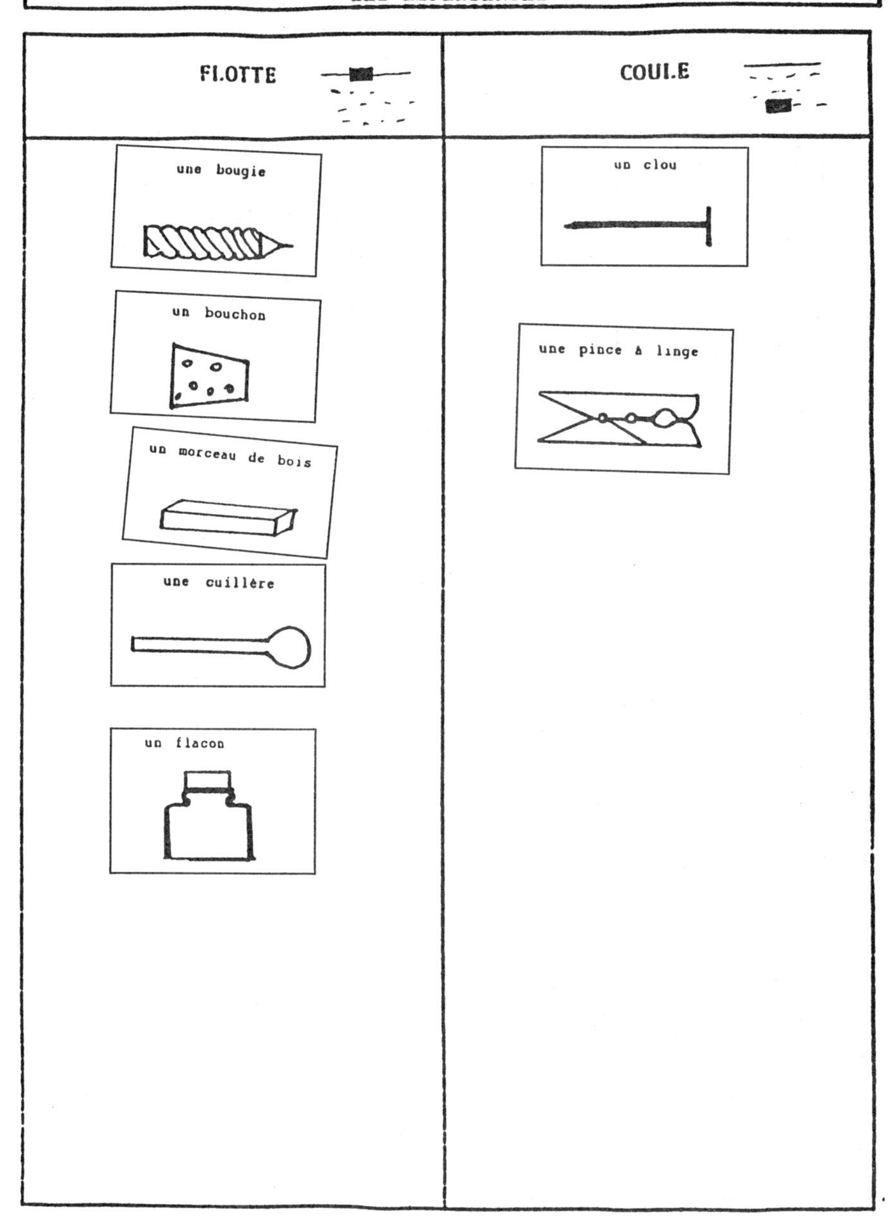
FLOTTE OU COULE ?
MES EXPERIENCES
FLOTTE
COULE
une bougie
un bouchon
un morceau de bois
une cuillère
un flacon
un clou
une pince à linge

LE RÔLE ESSENTIEL DE L'ACCOMPAGNEMENT : « AIDER À FAIRE »

Notre volonté était d'assurer un soutien aux maîtres qui le souhaitaient, tout en développant un sentiment d'appartenance à un groupe d'innovation pédagogique. Le dispositif d'accompagnement a fait l'objet d'un effort particulier, articulant : l'aide dans les classes, l'animation, la formation, la documentation et la communication.

La mise en œuvre de ces actions a mobilisé une diversité d'intervenants : équipe de circonscription, centre de ressources ADEMIR, parrains scientifiques, appelés du contingent et polytechnicienne, aides-éducateurs.

L'équipe de circonscription est composée d'une inspectrice, d'une secrétaire, de deux conseillers pédagogiques, d'un maître formateur pour les débutants, d'un mi-temps de maître formateur pour l'informatique, d'une responsable du centre de documentation.

Elle a joué un rôle stratégique dans ce dispositif d'accompagnement, assurant à la fois le pilotage global de l'opération et un certain nombre d'actions : encadrement des groupes de travail, animation pédagogique, mise en réseau des expériences et des acteurs, formation en stages délocalisés. Ainsi, la plupart des maîtres ont pu bénéficier d'un volant de dix à vingt-quatre heures de formation, l'objectif étant de les rendre rapidement opérationnels.

L'équipe a aussi réalisé un travail important qui a permis d'identifier et d'acquérir la documentation existante utile au projet (vidéo, documents et CD-ROM) et de favoriser leur assimilation par les maîtres.

Dès le lancement de l'opération, l'association ADEMIR a joué avec l'équipe de circonscription un rôle important de partenaire auprès des classes engagées sur les modules américains. Encouragée par Georges Charpak, l'association a rempli une fonction décisive d'appui à la mise en œuvre des modules en assurant la traduction et la mise à disposition des documents pédagogiques et des mallettes nécessaires. Les appelés du contingent de l'association ont participé à l'accompagnement dans les classes. Cette association a assuré, de plus, la maintenance des mallettes (renouvellement des consommables et remplacement du matériel endommagé).

La deuxième année, l'association a poursuivi la traduction des modules, fabriqué de nouveaux « paniers scientifiques » et participé à l'accompagnement.

Les six appelés du contingent affectés à l'association ADEMIR ou à la circonscription ont participé au projet. « Petites mains » de la fabrication des mallettes, ils ont aussi accompagné la mise en œuvre du projet dans les classes, tâches auxquelles ont également contribué les aides-éducateurs en fonction de leurs compétences après une courte formation pédagogique. Les uns et les autres ont joué un rôle apprécié d'assistants auprès des maîtres. Cette expérience leur a été bénéfique dans la mesure où beaucoup d'entre eux veulent devenir enseignants.

Les parrains scientifiques, mobilisés dès le départ de l'opération, convaincus du rôle social qu'ils sont appelés à jouer dans la rénovation des enseignements scientifiques, ont vu leur effectif évoluer de cinq à seize la deuxième année. Sollicités par leur institution (tel est le cas des parrains issus de l'INSA de Lyon), engagés à titre personnel (grandes écoles lyonnaises) ou chercheurs à la retraite, leurs modalités d'intervention ont varié : aides directes auprès d'un maître et de sa classe, participation à un groupe de réflexion.

Voici le témoignage d'un parrain scientifique.

« Avec quelques parrains, nous avons accompagné la mise en place du module *Insights* dans plusieurs classes. L'ensemble du travail a été mené conjointement avec les maîtres, depuis l'appropriation du document jusqu'à l'évaluation finale. N'étant pas du tout familiarisés avec les enfants, nous sommes allés dans les classes pour observer. L'observation des élèves et de la mise en place des expérimentations a donné lieu à des échanges très féconds. Nous avons pu éclairer les maîtres sur certaines notions, les préciser si nécessaire et éviter des écueils dus aux problèmes d'adaptation du matériel utilisé (dont le choix avait une importance non explicitée dans le document *Insights* et hors du champ de compétence des maîtres). Nous avons été impressionnés par l'organisation pédagogique et l'aisance des maîtres avec leurs élèves, mais aussi par les capacités qu'ont montrées des élèves dans les apprentissages.

« Après cette expérience commune, il a été décidé, avec les maîtres et l'appelé du contingent impliqué, de procéder à une réécriture du document pour en réaliser une adaptation française.

En même temps, cela nous a donné l'envie de concevoir de nouveaux protocoles. Quelques sujets sont actuellement à l'étude. »

Dans tous les cas, le rôle des parrains s'est avéré précieux même s'il n'a pas toujours été évident, *a priori*, d'établir le contact entre deux communautés qui ne se connaissent pas, et, d'une certaine manière se font mutuellement peur ! Il a fallu du temps et de la médiation pour que chacun se rassure et appréhende mieux son rôle. Contrairement à notre attente, la démarche d'investigation n'a pas été spontanément reconnue comme intéressante par les scientifiques, il a fallu le contact réel avec les classes pour qu'ils en mesurent l'intérêt. Au-delà de cette période d'adaptation réciproque, les échanges ont été des moments privilégiés pour les maîtres et des sources de valorisation professionnelle. C'est pourquoi nous sommes en train de créer, avec les parrains volontaires, un conseil scientifique qui s'engagera aux côtés des maîtres dans un travail d'observation, d'évaluation et, à plus ou moins court terme, de recherche. De leur côté, les parrains scientifiques se plaisent à souligner que cette expérience, outre qu'elle leur permet de découvrir comment les enfants abordent et comprennent la science, leur donne des idées nouvelles pour leur propre enseignement. L'un d'entre eux a d'ailleurs sollicité une enseignante pour aller parler de son travail devant des étudiants de l'École centrale de Lyon !

LES LIENS AVEC L'ENVIRONNEMENT SCIENTIFIQUE LOCAL

La richesse de l'environnement scientifique vaudais a permis le développement de liens favorisant des échanges réciproques et des actions innovantes à l'appui de « La Main à la pâte ». Il s'agit aussi bien de l'École nationale des travaux publics de l'État, de l'École d'architecture de Lyon que de la salle de découvertes *Ébulliscience*, du Planétarium ou de la Péniche de l'environnement. L'évaluation de fin d'année a montré que 15 % des maîtres ont pu bénéficier de ces apports et enrichir leur expérience.

En expérimentation depuis plus d'une année, la salle *Ébulliscience* a été créée par l'association ADEMIR et elle est activement soutenue par la ville de Vaulx-en-Velin. La science est un langage universel, elle doit être accessible à tous. C'est ce que veut démontrer et développer *Ébulliscience*.

À partir d'un matériel ludique et parfois rustique, en touchant et manipulant à loisir, on apprend à observer, on se pose des questions, on émet des hypothèses immédiatement vérifiées, on cherche à maîtriser. Une consigne importante régit cette salle : « S'il vous plaît, touchez ! »

L'appropriation de la science est plus facile, la peur disparaît, lorsqu'on expérimente Galilée en manipulant une boule lyonnaise, ou quand on découvre le rayonnement du corps noir grâce à une poubelle percée, etc.

Quelques exemples de manipulations scientifiques

Nom du module		*Phénomène scientifique*
L'aspivenin	3	pression/dépression
Bernouilli et sèche-cheveux	4	écoulement des fluides
Quatre bocaux sur une pente	5	physique du tas de sable
Boules lyonnaises et boules de pétanque	6	expérience de Galilée
Les cigales	7	photoélectricité
La poubelle percée	9	rayonnement du corps noir
Le ludion	15	principe d'Archimède
Le radiomètre de Crookes	17	théorie cinétique des gaz
Roue de vélo et tabouret tournant	20	gyroscopie, centrale inertielle
Tuyaux d'orgue	22	analyse de Fourier, bruit blanc
Tube paresseux	23	courants de Foucault, loi de Lenz
Le téléphone à ficelle	25	transmission mécanique du son
Le bouteillophone	26	sons, vibrations, fréquences
La grue à quatre grutiers	28	dynamique de groupe
Les pendules de Newton	29	conservation de la quantité de mouvement

Chaque visiteur, à son gré, va se consacrer à telle ou telle expérience et tenter, dans le calme, d'en comprendre le mécanisme. Pour l'aider dans sa démarche, sous les tables, du matériel est à sa disposition. Ainsi, le « chercheur » peut s'amuser à faire varier les paramètres.

Plusieurs animateurs sont là pour faire vivre cet espace, guider les visiteurs et les amener à réfléchir ; ils sont les complices qui vont encourager l'interrogation, développer l'observation, exciter la curiosité et permettre une amorce de compréhension du phénomène. Il s'agit bien d'aider chaque individu à se construire, à grandir, à s'approprier le monde qui l'entoure, à se rapprocher de ces scientifiques dont les recherches souvent s'éloignent de lui.

Je me souviens de cette petite fille qui avait soigneusement préparé sa boîte en carton pour bien voir l'éclipse du soleil. Elle avait même fait participer sa grand-mère au spectacle. Je ne sais pas si elle deviendra astronome, mais, à travers sa démarche, elle a déjà construit un morceau de son avenir.

Un conseil rassemblant des grands scientifiques de la région et quelques académiciens est maintenant le garant de la qualité scientifique de cet espace de référence.

L'art est présent aussi dans ce bouillon de culture scientifique ; quelques artistes reconnus mêleront leur imagination à celle des chercheurs pour réaliser de nouveaux modules expérimentaux.

Le Planétarium a l'ambition de recréer le ciel étoilé le plus exactement possible, de reproduire le mouvement des astres, d'expliquer les mécanismes célestes que l'homme observe et sur lesquels il s'interroge depuis qu'il regarde en l'air.

Le planétarium de Vaulx-en-Velin, d'une architecture futuriste, situé au cœur de la ville, doté des moyens audiovisuels les plus performants, est au service de tous pour donner à chacun les outils qui lui permettront de déchiffrer un bout du monde, sans jamais oublier que l'envie de la découverte, la soif d'apprendre passent aussi par l'émerveillement et l'émotion : le ciel, au planétarium de Vaulx-en-Velin, n'en est pas avare.

La Péniche de l'environnement créée par l'ADEMIR sillonne le Rhône et la Saône depuis bientôt cinq ans.

Une ancienne péniche rénovée et aménagée permet d'héberger deux classes chaque semaine et fait faire aux élèves l'école buissonnière entre Chalon-sur-Saône, Lyon et la Camargue. Chaque année, environ deux mille enfants originaires de Vaulx-en-Velin et d'ailleurs y font leurs classes de nature.

Ainsi, au fil de l'eau, le bateau mouille dans des sites repérés avec l'Association des professeurs de biologie et de géologie (APBG). Les élèves découvrent la faune, la flore, la qualité de l'eau, la qualité de l'air, la biologie (chasse aux invertébrés dans les launes du Rhône), la géologie, la géographie, l'histoire...

POINT DE VUE SUR L'UTILISATION DES MODULES AMÉRICAINS

Au cours de cette deuxième année d'expérience, cinquante classes ont choisi d'utiliser les modules américains.

Neuf modules ont été mis à disposition en 1997-1998.

Cycle 2 : Balles et rampes ; Liquides ; Choses qui poussent ; Son ; Sable et eau ; Lire l'environnement.

Cycle 3 : Changements d'états ; Circuits électriques ; Structures.

Certains modules ont été plus faciles à mettre en œuvre que d'autres. Ainsi, le module sur les circuits électriques, plus familier à notre culture, s'est très bien déroulé. À l'inverse, pour une affaire de pailles... le module « structures » a posé un problème matériel trivial : les pailles américaines n'étant pas du même format que les pailles françaises, les enfants n'arrivaient pas à les fixer aux trombones !

Et des problèmes de choix de matériel... Le module sur les liquides requérait du papier paraffinique. Nous avons d'abord pensé qu'il suffisait d'avoir un support pour ne pas se tacher. Du papier d'aluminium a été utilisé. Or les phénomènes de surface étaient complètement différents, si bien que l'expérience n'était plus probante. Les parrains scientifiques se sont avérés très utiles pour aider à comprendre les problèmes rencontrés et pour trouver des solutions adéquates. Autre exemple : les Américains ont l'habitude de prendre du sirop d'érable qui présente des propriétés physico-chimiques particulières. Il a donc fallu comprendre ses caractéristiques pour se procurer des produits similaires. Ce fut le même problème avec le choix des nettoyants liquides pour la vaisselle, nécessaires à la fabrication des bulles !

Le savoir au goutte-à-goutte ! L'option sous-tendant les expériences n'était pas non plus toujours évidente. Ainsi, le module sur les liquides commence par les gouttes, ce qui paraissait assez complexe aux maîtres comme aux parrains scientifiques. Cela fait intervenir des forces de surface, des forces d'adhésion et quantité d'autres phénomènes. En revanche, lorsqu'on examine une grande quantité d'eau, on peut parler des caractéristiques de l'eau en général. Avec notre vieux fonds cartésien, nous avons donc décidé d'aller du simple au complexe et donc de débuter par des expériences jugées plus accessibles aux enfants. Or, en consultant les concepteurs américains du module, nous avons appris qu'ils avaient choisi de commencer ainsi, non pas pour le contenu scientifique, mais au contraire pour l'aspect ludique et intriguant des gouttes. Il s'agissait donc, dans leur esprit, d'exciter d'abord la curiosité des enfants.

Le savoir, simple ou complexe ? Les pommes n'ont pas le même comportement quand on les plonge dans l'eau selon qu'elles sont flétries ou fraîches. Une feuille de papier d'aluminium coule si on la pose sur l'eau par la tranche, alors que le même papier, roulé ou posé bien à plat, flottera à la surface de l'eau.

Ces anecdotes soulignent le parti pris des modules américains. En proposant des situations complexes, le recours à la comparaison comme méthode d'investigation permet aux enfants de construire petit à petit leurs notions scientifiques.

Par exemple, une classe avait travaillé sur les objets qui coulent ou flottent. Une fillette de cinq ans était chargée, lors d'une exposition de fin d'année devant les parents, de réaliser une expérience qu'elle avait faite en classe. Elle avait installé devant elle une bassine d'eau et deux oranges, l'une avec sa peau et l'autre sans sa peau. Pour attirer les gens sur son stand, elle les interpellait : « Regardez ces deux oranges, que se passera-t-il si je les plonge dans l'eau ? » Comme les réponses des visiteurs différaient les unes des autres, la fillette proposait spontanément de les vérifier, faisant ainsi voir que l'orange qui avait conservé sa peau flottait et que l'autre coulait. Et elle ne s'arrêtait pas là, elle demandait à son auditoire s'il connaissait la raison de ce phénomène. Comme personne ne donnait de réponse satisfaisante, elle suggéra que, si l'orange flottait lorsqu'elle avait sa peau, c'est peut-être parce qu'il y a de l'air dans la peau ou entre l'orange et sa peau, comparant judicieusement ce phénomène au port d'une bouée autour du corps pour ne pas couler dans la piscine. Elle avait développé une capacité d'exposer et d'argumenter qu'il est rare d'observer chez de jeunes enfants.

Nous avions déjà été sensibles, la première année, à l'originalité de la démarche mise en œuvre dans ces documents fondée sur l'investigation raisonnée, c'est-à-dire une exploration systématique et guidée de la diversité et des interactions entre les phénomènes. Avec le recul, nous avons compris que ces documents sont caractérisés par leur force structurante implicite qui ne se réduit pas à une rationalisation forcée d'étapes d'apprentissage. Les acquisitions ne se font pas dans un ordre rationnel et préétabli. L'objectif n'est pas l'assimilation directe d'une notion, mais la découverte des liaisons conditionnelles entre les phénomènes qui vont petit à petit élucider la notion. Le terme *insight* n'est pas innocent. Sans équivalent en français, mais pas en allemand qui a *Ansicht*, l'*insight* est non pas une vue sur la chose, mais une vue dans la chose même. La meilleure traduction est évidemment « intuition », encore que le mot existe en anglais.

L'autre point fort de la démarche d'*Insights* est l'organisation collective proposée pour le groupe « classe ».

Lorsqu'on entre dans une classe qui travaille selon ces méthodes, on est surpris de constater que tous les élèves sont actifs. Et pas seulement en activité de manipulation, en éveil intellectuel aussi bien. Il y a toujours des leaders dans une classe, des élèves qui réagissent plus spontanément. Dans ces classes de science, on retrouve le même phénomène, car les rôles sont déjà distribués, et chacun s'y conforme au début. Mais, au fur et à mesure du déroulement de la séance, les étiquettes changent. Les élèves très effacés qui jusqu'alors ne s'étaient jamais avancés à proposer une idée ou à donner une information osent prendre une part active aux informations, dès lors qu'ils ont eu une seule fois la bonne intuition. On voit alors les comportements changer au fil de l'année, à la plus grande satisfaction du maître et des élèves.

Voici un témoignage, extrait d'un mémoire professionnel de maître formateur.

Mohammed était un petit garçon au bord de l'exclusion. Lisant peu et avec difficulté, refusant d'écrire, il était, ou s'était mis dans la situation d'être classé par ses pairs comme « le mauvais élève ». Mais, au cours des différents travaux de groupe, il a pu faire preuve de toute l'ingéniosité qu'il portait en lui. Plein de questions et d'imagination, il s'est peu à peu imposé comme un référent, obtenant ainsi la reconnaissance, voire le respect des autres élèves.

Moteur au sein de son groupe, tout s'est passé comme s'il ne voulait pas se laisser déposséder de l'impulsion qu'il donnait. Alors il s'est mis à participer activement aux comptes rendus écrits qu'il fallait établir en vue de communication et d'échanges avec l'ensemble du groupe-classe.

En quelques mois, il est entré dans le monde de l'écrit, lecture et écriture, et ce, même en dehors de la pratique des sciences. Si des lacunes subsistaient évidemment, ses progrès ont été remarquables, et, surtout, ses relations à l'écrit, à l'école, à la construction des savoirs ont été profondément modifiées.

La loi d'orientation de l'éducation du 14 juillet 1989 a posé pour principe qu'il fallait partir de l'élève et non pas des connaissances à transmettre.

En ce sens, la démarche d'*Insights* est utile et efficace. En respectant la diversité des cheminements d'apprentissage, elle apporte des réponses pratiques de pédagogie différenciée.

Pour les maîtres qui n'avaient pas choisi de prendre appui sur les outils américains, le travail s'est organisé sur la base de l'expérience de l'année précédente et d'un renforcement du travail en équipe. Par exemple, à l'école Jean-Vilar, les maîtres ont travaillé par équipes de cycles, élaborant des protocoles de travail en commun et privilégiant une organisation en doublette ou triplette pour favoriser les échanges et l'entraide.

Inspirés par l'expérimentation des modules, des enseignants ont repris, à leur initiative, les fiches pédagogiques de l'année précédente pour les approfondir : élaboration de modules français concernant les écoles maternelles et les écoles primaires, utilisation plus poussée du cahier d'expériences, communication de ces travaux à toute la circonscription.

Cette production locale a concerné divers sujets du programme : la filtration de l'eau, les changements d'états, les constructions de structures résistant aux contraintes, les plantations et les élevages, les outillages de mesure, la lumière.

Dans cet ensemble, les maternelles ont particulièrement abordé les changements solides/liquides, les comportements analogiques des matériaux comme le sable ou le riz, les objets électriques (allumer, éteindre, monter, démonter, faire bouger, circuits simples des jouets...), les processus mécaniques, notamment les engrenages, le guidage d'objets par aimantation, l'approche des masses et des volumes, et l'usage de la balance (qui a permis une ouverture sur les mathématiques et un effet très positif sur l'enseignement des mesures), l'amélioration des habiletés à manipuler (tirer, visser, pousser, calibrer, objets cachés, boîtes à surprises), la lumière (sources, orientations, réflexions), les plantations et les élevages.

Ce choix que nous avions fait de préserver une diversité d'entrée dans « La Main à la pâte » s'est révélé tout à fait fructueux et judicieux pour tous, quel que soit le choix de chacun. Judicieux dans la mesure où étaient respectées les différentes sensibilités : les uns n'auraient jamais accepté de commencer avec les documents américains, les autres n'auraient pas démarré sans cet appui. Fructueux parce que la diversité des expériences conduites a nourri des échanges nombreux et réalisé une « fertilisation croisée » des deux expérimentations tout en élargissant le champ des notions scientifiques abordées.

BILAN DU POINT DE VUE DES ÉLÈVES ET DES MAÎTRES

« Protocoles » ou « modules », les élèves sont séduits par cette approche de l'enseignement scientifique, « ils en redemandent », comme on dit. Les évaluations finales révèlent des acquis réels dans différents domaines : connaissances scientifiques, maîtrise de la langue écrite et parlée, et développement du raisonnement logique. Pour certains enfants en grande difficulté scolaire, on a observé quelques redressements spectaculaires.

L'enthousiasme des maîtres n'est pas étranger à ce succès, aucun enseignant n'étant insensible aux progrès de ses élèves ! Les maîtres engagés souhaitent poursuivre et développer l'expérience en élaborant des projets dans la durée (projet de cycle, projet d'école, liaison école-collège). Ils constatent que leur expérience professionnelle s'est enrichie : « Je me suis vu en train de faire ce que je savais qu'il fallait que je fasse depuis vingt-cinq ans sans y parvenir », confie ce collègue pourtant chevronné.

Ils voient leurs élèves sous un autre jour, estiment avoir progressé dans le travail d'équipe, la formalisation des situations d'apprentissage et la communication. Beaucoup ont acquis de nouvelles connaissances scientifiques, parfois de haut niveau grâce au contact des parrains scientifiques : « Dans ce projet, j'ai plus appris sur les sciences et mon métier que dans toute ma formation », dit l'un d'eux.

L'amélioration des liens avec les familles les a rassurés et encouragé à poursuivre les efforts dans ce sens. C'est ainsi que se sont multipliées les opérations « portes ouvertes », « journées sciences en famille », les expositions, etc. Le travail avec des partenaires inhabituels, présents dans les classes, a été un facteur d'enrichissement personnel et professionnel.

BILAN GLOBAL ET PERSPECTIVES

Pour une première étape, le bilan d'ensemble est plutôt positif, même s'il faut apprécier sans triomphalisme le chemin parcouru.

Les élèves ont fait des sciences alors qu'ils n'en faisaient presque plus, ils ont développé un autre rapport au savoir et aux autres.

Les maîtres se sont mobilisés massivement et souhaitent poursuivre des pistes de développement personnalisées.

Ainsi, cinq maîtres, reçus au concours de « maître formateur », avaient choisi leur sujet de mémoire en lien avec « La Main à la pâte ». Cela souligne le fait que les enseignants voient, dans ce projet, des perspectives d'amélioration de leur pratique professionnelle. On peut penser que, si, après une première expérience nécessitant un accompagnement important, ils sont à même de prendre de l'autonomie et des initiatives, alors la rénovation sera sur la bonne voie.

Pour l'équipe de circonscription, sa volonté de poursuivre est acquise. La question se pose d'installer dans la durée un projet dont la forme actuelle fait beaucoup appel à un volontarisme qui, à terme, pourrait s'épuiser ! Nous avons conscience que la réponse à cette question dépend en partie de l'évolution du projet au plan national.

Il reste beaucoup de travail à faire, et le temps manque souvent pour approfondir les problématiques d'apprentissage. Dans ce sens, une collaboration avec l'IUFM est à rechercher.

La formation continue mériterait d'être repensée, rapprochée du terrain et des équipes, diversifiée, contractualisée. Elle devrait être interactive, susciter la curiosité tout en renforçant la confiance, donner un sens nouveau au métier.

Elle devrait être aussi un lieu privilégié d'échange des pratiques et des expériences. Les maîtres sont porteurs d'une richesse professionnelle inexploitée. Il faudrait offrir en formation le temps nécessaire à la rencontre, aux échanges et au débat.

De plus, le terrain offre l'opportunité de nombreuses observations, évaluations et recherches qui mériteraient d'être entreprises. Pourquoi ne pas attribuer au pilotage national une mission d'évaluation pour les sciences comparable à celle des CE2 et 6e pour les mathématiques et le français ? Cela offrirait la possibilité d'apprécier l'impact du projet « La Main à la pâte ».

En ce qui concerne les quartiers difficiles, « La Main à la pâte » peut être un atout majeur pour la réussite scolaire et l'insertion sociale. Cela mérite toute notre considération dans la perspective de la relance des zones d'éducation prioritaires, mais c'est également pertinent pour tous les élèves comme démarche essentielle d'enseignement.

Retour en Amérique

À l'issue de la seconde année d'expérience, Georges Charpak a souhaité qu'une équipe vaudaise aille étudier à Chicago le fonctionnement de l'institution de formation des maîtres créée par son ami Leon Lederman, la Teacher Academy for Mathematics and Science (TAMS). Après avoir observé au cours du premier voyage comment la rénovation de l'enseignement scientifique avait été mise en œuvre dans les écoles, il était intéressant de se tourner vers la formation des maîtres.

Cette équipe fut composée d'une inspectrice, d'un directeur d'école, d'un parrain scientifique et d'un formateur.

D'emblée, cette étude s'est révélée stimulante ; la formation mise en œuvre par la TAMS est nettement différente des pratiques françaises caractérisées par une formation le plus souvent individuelle, ponctuelle et surtout théorique. En France, l'enseignant part en stage, il bénéficie d'un temps privilégié pour réfléchir sur son métier et acquérir de nouvelles connaissances, puis il se retrouve seul dans sa classe, et la confrontation au réel est souvent décevante !

La formation dispensée à la TAMS met en œuvre tout ce qu'on pourrait souhaiter réaliser lorsqu'on veut former autrement.

Cette formation repose sur deux principes de base : la mobilisation collective des enseignants et leur accompagnement en vue d'une transformation réelle de leur pratique professionnelle.

Ainsi, pour qu'une école soit admise dans le programme Lederman et bénéficie d'une formation, il faut que 70 % de ses enseignants soient volontaires. Il s'agit de recruter un groupe d'enseignants pour en faire une équipe pédagogique. Le bénéfice visé de cette formation d'équipes pédagogiques est clair : gain de stabilité, gage de durée.

Pour les aider dans la transformation de leurs pratiques, les enseignants reçoivent soixante heures de formation au centre TAMS, trois heures une fois par semaine après les classes ou six heures le samedi une fois tous les quinze jours. Outre la remise à niveau théorique, le travail en atelier permet l'appropriation active des mallettes qui seront remises aux enseignants à l'issue de leur période de formation.

Pendant le second semestre, de janvier à juin, les enseignants engagent l'activité dans leur classe et sont épaulés par des formateurs qui les accompagnent jusque dans leur école.

Chaque semaine, le formateur et l'enseignant se réunissent pour faire un bilan des séances, préparer celles de la semaine suivante et évaluer le travail des élèves. Ce travail individualisé est associé à une réunion hebdomadaire de l'équipe d'enseignants.

À la fin de l'année scolaire, une réunion plénière avec tous les enseignants du même cycle de formation permet de faire le point et de planifier le travail de l'année suivante.

Il s'agit bien de développer une autre façon d'enseigner, de créer une dynamique entre les formateurs de la TAMS et les enseignants en formation. L'action de la TAMS est conduite par une équipe d'enseignants souvent issus du terrain : ainsi, la directrice de la TAMS est une ancienne directrice d'école. Ce travail est suivi par un groupe de pilotage qui associe des scientifiques. Il faut souligner que le projet de la TAMS est considéré comme un projet expérimental, de recherche et de développement.

La production pédagogique est déjà impressionnante : cent quatre-vingt-quatre modules sont disponibles à ce jour, cela n'empêche pas le centre de formation d'utiliser de nombreux outils existant ailleurs sur le territoire américain.

La formation offerte par la TAMS s'effectue dans le cadre des normes fédérales de rénovation. Une évaluation globale est actuellement menée par la TAMS sur son propre travail pour le valoriser auprès des financeurs publics et privés.

La TAMS a mis en place une formation pour les parents. Cette formation consiste à les mettre en situation d'apprentissage par des activités concrètes. La TAMS prétend en faire des « *smart parents* », non seulement acquis aux nouvelles méthodes mais propagandistes de leurs vertus. Un site Internet « *smart parents* » a été créé pour eux.

Elle travaille aussi en liaison étroite avec la communauté scientifique. Le partenariat avec les scientifiques fonctionne bien. L'installation du centre dans les murs de l'Institut de technologie de l'Illinois facilite les collaborations entre les formateurs et les scientifiques.

Par ailleurs, la TAMS a tissé des liens avec les industriels, sensibles aux enjeux sociaux et économiques de la rénovation des enseignements scientifiques.

La TAMS existe depuis douze ans ; c'est un organisme de formation autonome reconnu et financé au départ par le gouvernement fédéral à hauteur de 3 millions de dollars par an pendant trois ans (18 millions de francs !). Ce financement a ensuite été relayé par l'État de l'Illinois à partir de la quatrième année.

L'action de la TAMS reste toutefois de portée limitée : elle concerne cinquante mille élèves de Chicago sur un effectif de quatre cent mille (12,5 %).

La TAMS se trouve aujourd'hui dans une situation délicate. Si elle a obtenu une réussite qualitative évidente pour les publics touchés, elle est en difficulté pour réussir un changement quantitatif.

La situation actuelle apparaît comme prisonnière d'une logique de moyens trop exclusivement centrée sur la formation des enseignants.

Pour nous qui pensons souvent que plus de moyens suffiraient pour mieux réussir, l'exemple de Chicago est troublant et tend à prouver que, quels que soient les moyens qu'on leur donne et les productions de qualité qu'ils réalisent, les dispositifs de formation ne peuvent pas, à eux seuls, être le point d'appui central d'un changement massif. C'est essentiellement une question d'échelle et de dispositif d'action.

Pour l'ensemble des États-Unis, malgré des moyens financiers considérables engagés par de nombreux États, une concertation et un engagement très forts des partenaires, la rénovation porte sur 1 à 2 % de la population scolaire du pays. Ce pourcentage atteint 10 à 15 % dans les sites qui se sont fortement mobilisés.

Il apparaît, à l'issue de ce deuxième voyage, que le projet de rénovation de l'enseignement scientifique aux États-Unis se trouve, en quelque sorte, au milieu du gué. Si l'on observe des avancées qualitatives réelles, la question de la rénovation massive reste posée, c'est bien cette même question que nous avons aussi à résoudre en France.

Conclusion

Commençons par quelques injonctions.

- Mobiliser pour innover.
- Former et accompagner pour consolider.
- Stimuler pour créer.
- Mettre en réseau pour étendre.
- Piloter pour réussir.

Si l'on admet que l'innovation de masse ne peut être que le fait de l'action des enseignants, la réussite de cette innovation est fondée sur la confiance qu'on leur accorde, sur leur capacité à comprendre par l'expérience, à s'enrichir au contact des pairs et des partenaires, et à inventer de nouvelles solutions. Comme l'a dit Karen Worth lors de sa visite à l'INRP : « Il faut que la parole des enseignants soit aussi forte que celle des formateurs, des chercheurs, des didacticiens et des politiciens. »

Cela conduit à ne plus faire systématiquement dépendre l'innovation de la formation, mais bien aussi de mettre en œuvre la formation comme un accompagnement au long cours. L'accompagnement ne s'organise pas comme une formation compacte (une semaine de sciences tous les dix ans), mais comme une formation distribuée où les apports se font en situation, et au fur et à mesure des projets et des besoins.

Il faudrait aussi ne pas réduire la formation aux seuls enseignants. L'exemple des emplois-jeunes est d'actualité. De même, la formation des parents aux États-Unis est une originalité à analyser.

Dans cette perspective d'accompagnement, il est intéressant d'offrir aux maîtres des points de départ pratiques pour les aider dans leur expérimentation. En cela, l'adaptation des modules déjà existants et la production de mallettes apparaissent comme une piste à retenir. Elles constituent un point de départ possible, parmi d'autres, car on ne peut pas vouloir toujours tout réinventer. Mais la production d'outils de formation adaptés à ce projet est aussi une nécessité.

L'innovation passe par des étapes, il est utopique de vouloir tout faire d'un coup. Il s'agit d'abord de consolider l'entrée dans l'innovation. L'accompagnement des enseignants par des formateurs divers doit les aider à analyser les transformations réussies, à acquérir de l'autonomie, à devenir acteurs de leur évolution professionnelle et à porter de nouveaux projets.

La mise en réseau tant locale que nationale de ces évolutions et créations pédagogiques constitue une autre des conditions de réussite de cette rénovation. En ce sens, la création du site Internet Lamap apporte une réponse à ce besoin. Mais il conviendrait aussi de faire connaître plus largement les innovations réussies en valorisant la diversité des solutions mises en œuvre pour atteindre les objectifs nationaux.

Il faut souligner enfin que cette rénovation doit s'enraciner dans des projets locaux de développement éducatif dont les unités pertinentes géographiques peuvent être différentes : groupe scolaire important, quartier, circonscription, ville ou village...

Ces projets locaux doivent être orientés par un pilotage national clair. Pour citer Goëry Delacote : « L'initiative efficace ne va pas sans la norme nationale. Les États-Unis souffrent d'une approche trop locale de l'éducation, la France doit faire un bout de chemin en sens inverse et définir plus souplement le rôle de l'échelon national afin qu'il continue à assurer l'unité du pays, soutienne la construction de l'Europe et encourage l'initiative locale. »

Il reste enfin à acquérir des savoirs et des compétences nouvelles pour comprendre comment se développe la pensée scientifique chez les enfants, comment les enfants apprennent et quelles sont les conditions d'environnement des apprentissages qui garantissent leur efficacité. En ce sens, la recherche doit être associée au projet pour nous éclairer sur l'ensemble des problèmes qu'il fait surgir.

Le chapitre écrit par les enseignants de Vaulx-en-Velin nous a donné une idée plus claire de l'ampleur et des ambitions de l'entreprise d'alphabétisation scientifique lancée par Lederman dans les écoles publiques élémentaires de Chicago. Dans les pages qui suivent, nous pouvons vivre en détail l'expérience d'un lycée créé pour les enfants de l'Illinois exceptionnellement doués en science. C'est peut-être le meilleur lycée des États-Unis, ce qui justifie amplement une analyse approfondie.

Il est évident que l'expérience acquise dans ce lycée n'est pas étrangère à la réforme proposée aussi bien pour les établissements destinés à accueillir les élèves les plus ordinaires, telle qu'elle nous fut présentée au début de ce livre, que pour les classes élémentaires, exposée dans le chapitre précédent.

Une analyse de ce lycée d'élites nous est offerte par nos quatre collaborateurs qui l'ont visité : Marc Burgess et Daniel Mangili, professeurs de physique dans des lycées parisiens, Alain Maruani et Damien Polis, professeur et élève d'une école d'ingénieurs. Les auteurs ont confronté les traits particuliers de ce lycée avec les réformes entreprises en France pour moderniser l'enseignement des sciences dans les classes préparatoires aux grandes écoles. Bien que s'agissant d'élèves plus âgés, la comparaison est intéressante. Il y a des analogies entre les deux démarches.

Mais nous devrons méditer sur le niveau scientifique des élèves également doués qui atteignent l'âge de vingt ans dans les deux systèmes. Dans l'un, ils sont armés pour entrer de plain-pied dans la recherche ; dans l'autre, ils se préparent à passer des concours et leur rang d'entrée dans les écoles jouera un rôle décisif et parfois exagéré.

Georges CHARPAK

Histoire d'une rencontre

MARC BURGESS, DANIEL MANGILI,
ALAIN MARUANI, DAMIEN POLIS

L'histoire commence à la télévision, lors de l'émission « Public » du 9 novembre 1997, à laquelle participent le ministre de l'Éducation nationale Claude Allègre et le prix Nobel de physique Georges Charpak. Ce dernier s'y lance dans une critique très sévère de notre système des classes préparatoires aux grandes écoles d'ingénieurs. Ce qui le fait sortir de ses gonds, c'est un reportage diffusé quelque temps auparavant, montrant quelques malheureux élèves, peut-être de « taupe », du lycée Henri-IV, bachoter à rendre l'âme dans une institution privée des environs, pauvres victimes d'une concurrence exacerbée et d'une compétition sauvage. La publicité d'une entreprise à but lucratif est une chose, la réalité d'un service public en pleine mutation en est une autre. Le reste de ses critiques portait sur des souvenirs du lycée Saint-Louis à Paris qui, comme chacun le sait, est un établissement public.

Georges Charpak a été élève au lycée Saint-Louis [1] au début des sombres années 1940 ; à l'époque, la fin des récréations était marquée d'un roulement de tambour...

Le temps, beaucoup de temps, a passé, notre système solaire s'est un peu déplacé au sein de la galaxie et même les classes préparatoires aux grandes écoles scientifiques ont évolué. Et cette fois il ne s'agit pas seulement d'un petit toilettage des sacro-saints

1. *La Vie à fil tendu*, Paris, Odile Jacob, 1993, p. 45 à 61 *sq*.

programmes ni de leur remise au goût du jour. Il s'est agi d'une véritable révolution culturelle : quand on rend l'initiative aux étudiants qui deviennent acteurs de leur formation, quand une épreuve de communication, orale, scientifique, prend un poids significatif pour entrer dans les écoles d'ingénieurs, quand on diversifie fondamentalement les profils et quand on se préoccupe de toutes les formes de talents, on a tout de même changé quelque chose dans notre microcosme français, à l'ambition galactique.

La lettre que nous avons envoyée à Georges Charpak, après l'émission incriminée, ne sera pas une lettre de reproches ni de réclamations, ce sera un cri : « Aidez-nous ! »

« Si vous croyez que c'est facile de mettre au point, en 1995, une réforme dont on ne verra les premiers effets qu'en 1997 et qui est en gestation depuis les années 1980, c'est que vous n'imaginez pas les réticences et les inerties qu'il a fallu (et qu'il faut toujours) vaincre pour maintenir l'esprit d'innovation à travers plusieurs alternances (ce qui demande de la diplomatie), et la tendance naturelle à reprendre le cours de ce que l'on croit savoir bien faire.

« Ne condamnez pas, sans les connaître, les efforts faits par les militants de la valorisation de l'imagination, de la démarche créative ! Qui aurait imaginé que l'étude de l'insonorisation d'une salle polyvalente de collège en Alsace ou l'étude de capteurs de contrainte d'un barrage flottant antipollution en Méditerranée permettraient à des étudiants de ces horribles classes préparatoires de gagner leur intégration dans les grandes écoles ?

« On ne peut ignorer l'enthousiasme créatif de nos étudiants, réveillé par une réforme fondée sur la diversification des profils de formation, qui ne sont plus désormais liés aux seules mathématiques.

« "Dextérité manuelle", "goût du travail bien fait", "compréhension du monde naturel et technique", "honnêteté intellectuelle", "sens critique permanent", sont des expressions qui figurent en tête des nouveaux programmes de physique. Ils sont empruntés à Pierre-Gilles de Gennes.

« Le temps de la pédagogie *quasi* exclusive du savoir préconstruit est révolu, et nous avons besoin de vous pour poursuivre cette évolution, ne vous limitez pas à une vision de la part résiduelle des "prépas" qui n'est plus de notre époque : venez voir par vous-même, venez voir les étudiants, venez discuter avec eux, venez assister à leur travail de production personnelle.

« La sensibilisation au monde réel, la curiosité face à lui, le sens de l'observation, la valorisation de l'expérience, une attitude active et créatrice, sont effectivement les éléments fondateurs de la réforme des classes préparatoires scientifiques qui est en place maintenant depuis trois ans. La démarche expérimentale revitalisée et intégrée en tant que telle dans les enseignements, les TP-Cours[2], les aller et retour permanents entre l'expérience et le modèle, l'approche modeste mais résolue des problématiques de la recherche, bref, la formulation de problèmes plutôt que l'apprentissage de recettes... voilà les nouveaux axes pédagogiques ; ils tournent le dos au dogmatisme qui stérilisait l'aptitude à innover.

« L'imagination suppose des intelligences variées, cultivées pour appréhender les problèmes du futur, recourir à l'analogie et ne pas ignorer l'histoire. La diversification des profils de formation et l'évolution maintenant constatée, par les écoles d'ingénieurs elles-mêmes, permet de donner aux étudiants une formation adaptée au monde du XXIe siècle, tel qu'on le pressent : "Ce siècle sera celui où les sciences dominantes seront la biologie, la chimie, les sciences de l'environnement, la technologie et où l'esprit critique, la capacité d'adaptation, l'anticipation imaginative seront des qualités capitales" sont les mots mêmes de Claude Allègre.

« Les "réformateurs" n'ont pas la prétention d'avoir tout révolutionné, la vérité scientifique est révisable... Fort bien, mettons la main à la pâte ! Votre ancien lycée, le lycée Saint-Louis, vous invite pour une expérience en grandeur réelle, une boucle sera bouclée et l'on verra bien ce qu'est devenu le tambour. »

CE QUI FUT DIT FUT FAIT

C'est par un jour grisâtre, vaguement pluvieux et un tantinet frisquet de fin novembre que Georges Charpak revient dans son ancien lycée. Cette fois-ci, il n'aura même pas à sonner, on l'attend. On l'attend, sans trompette ni tapis rouge, la porte s'ouvre à nouveau, en toute simplicité. Tout de suite, il s'inquiète du tambour, on lui dit qu'on l'a gardé pour le dessert, on ne sait jamais.

À vrai dire, nous ne savons guère plus que lui ce qui va se passer. Dès que les étudiants ont été prévenus qu'ils avaient l'entière

2. Forme d'enseignement faisant alterner, au cours de la même session, des phases de cours de démonstrations expérimentales et de travaux pratiques.

liberté et donc la responsabilité de la présentation, ils ont pris les choses en main, et la situation nous a échappé. La veille, les physiciens d'entre eux nous avaient bien demandé du matériel, un interféromètre, un laser, une caméra vidéo et... la clé du laboratoire, mais, ensuite, ils nous ont mis gentiment à la porte : « Monsieur, vous voulez nous présenter tels que nous sommes, alors laissez-nous faire. »

La liberté ne se reprend pas. Les étudiants biologistes, les chimistes, les matheux et les « sciences de l'ingénieur[3] » ont préparé de même, en équipe ou seuls, des exposés, choisi la durée sans chercher à se conformer à celle des concours, simplement pour montrer leur maîtrise scientifique. Il nous restait quand même à brancher la sono, à mettre le champagne au frais et à préparer les petits fours pour cette bande d'affamés ; chacun son travail.

Comme le cortège officiel est un peu en avance, il en profite pour faire un détour par les laboratoires où se font les travaux pratiques du jour. Au rez-de-chaussée, c'est la chimie qui distille ses vapeurs : le professeur tout à une discussion avec ses élèves serre distraitement la main de notre hôte qui, loin de s'en offusquer, se mêle aussitôt au débat. Eh bien oui ! on expérimente, on théorise, on simule sur l'ordinateur, on mesure, on rentre ses données, on compare et on discute ! Un petit tour rapide au quatrième étage, sous les toits, domaine des « sciences de l'ingénieur » ou « sciences industrielles », permet à Georges Charpak de découvrir un matériel qu'il ne soupçonnait pas : un bras de robot, une direction assistée d'automobile, un régulateur de niveau d'eau et des ordinateurs pour simuler des mécanismes. N'était-ce pas dans ces salles que l'on pratiquait autrefois « le dessin industriel » ? Ah ! les parties de base-ball avec les tés et les gommes, désormais on y fait de la mécanique et de l'automatique, les temps changent.

Mais voici le temps venu de redescendre au premier où piaffent les étudiants-conférenciers. Une petite affiche au-dessus de la porte de l'amphi prévient : « Artistes en sciences sur le fil tendu du TIPE ». Ce sigle désigne les travaux d'initiative personnelle encadrés, sorte de travail de recherche personnelle suivi d'un exposé. Le travail d'équipe, il est là : trois étudiants présentent tour à tour l'holographie à partir d'expériences d'interférences simples ; c'est

3. Les sciences de l'ingénieur en classes préparatoires comprennent de la mécanique et de l'automatique, enseignées dans une optique systémique et industrielle.

encore plus vivant, bien sûr, avec les étudiantes biologistes qui présentent un travail sur le cycle veille-sommeil chez le Rat, proche parent de l'Homme, on le sait. La mise au point du détecteur d'activité du rongeur et celle du programme d'exploitation des données n'enlèveront rien à l'humour d'un exposé comparatif, présenté à la manière d'une saynète et sérieusement argumenté par de solides références scientifiques. Puis suivront des exposés très brefs sur des projets, des travaux en cours, des idées, en mathématiques, en chimie, en sciences industrielles ; le tout entrecoupé chaque fois de questions fusant de la salle. Notre hôte s'est fort bien prêté au jeu du questionnement, tous les étudiants auraient bien voulu lui présenter leur travail de recherche ou leur projet d'initiative personnelle, ils le laisseront, tout de même, bien volontiers faire son exposé, et Georges Charpak sera soumis à son tour au feu des questions-réponses. Les idées de cet exposé ont été publiées dans *La Recherche* de décembre 1997.

Mais où donc était passé le tambour ? Celui qui marquait les fins de récréation en 1942 comme si de rien n'était. Si l'on retrouva, tard dans la nuit, les registres des notes à la calligraphie impeccable de notre ancien élève, il faut bien reconnaître que le tambour fut exhumé en piteux état, membrane crevée et peinture bleue écaillée, comme un vieux jouet que l'on ressort d'un grenier d'enfance. Cet objet dérisoire avait rythmé des heures terribles, il ne pouvait même plus servir à des expériences d'acoustique.

> « Que des amis nous écoutent, voilà qui est bon, car que serait la Musique, si elle n'allait très loin, au-delà de toute chose ? »
>
> Rainer Maria RILKE[4].

Quelques semaines plus tard, nous recevions une lettre fort aimable de Georges Charpak exprimant sa satisfaction d'avoir constaté que les classes préparatoires aux grandes écoles avaient évolué dans le bon sens, mais ajoutant qu'il fallait aller plus loin. Quelques mois plus tard, un appel téléphonique de Georges Charpak parvient à l'un d'entre nous : « Parlez-vous l'anglais ? — Pas très bien, plutôt l'allemand et l'italien, langue de mes ancêtres. » Léger agacement à l'autre bout du fil ; la fin de la conversation fut brève : « Vous

---

4. *Musique. Chant éloigné.*

prenez l'avion pour Chicago, vous louez une voiture et vous allez vers l'ouest. »

À notre époque, les découvertes de terres nouvelles sont rares, on ne laisse pas passer une telle occasion. Mais avec le travail dans les commissions de programme de physique, avec l'organisation de stages de formation, on prend l'habitude de travailler en équipe, et l'on connaît ses limites. C'est donc une petite équipe qui est proposée à Georges Charpak, avec un professeur en école d'ingénieurs, un professeur de classe préparatoire, un professeur du secondaire et un étudiant. Quatre points de vue, quatre sensibilités, quatre approches différentes et donc une plus grande richesse d'observation.

> « Ils étaient quatre qui n'avaient plus de tête,
> on les appelait les quat'sans coups. »
>
> Robert DESNOS[5].

AU FAIT, QU'ALLONS-NOUS OBSERVER ?

Il y a une quinzaine d'années, Leon Lederman a mis en place à Chicago et dans sa région deux opérations, l'une concernant l'enseignement élémentaire et les quartiers défavorisés, l'autre concernant l'enseignement secondaire, implantée à Aurora à une cinquantaine de kilomètres de Chicago, non loin de Batavia et de Fermilab. C'est cette deuxième fondation que nous allons visiter. Le mot « fondation » n'est peut-être pas très approprié car il s'agit d'une école publique d'État. Par « État », il faut entendre l'État de l'Illinois (plus du quart de la surface de la France). Cette école est aussi un véritable laboratoire pédagogique qui teste des méthodes d'enseignement en grandeur nature, forme des professeurs et parraine les activités d'une cinquantaine d'autres écoles dans tout l'Illinois et aux alentours.

Aux États-Unis, ce sont les États, voire les districts[6] qui gèrent l'enseignement public et fixent les programmes. Les disparités et les inégalités sont importantes et les enseignants, en général peu ou mal formés, les classes souvent bondées[7] ; il est extrêmement diffi-

5. *Domaine public.*
6. Il y a cinquante États et quinze mille districts.
7. Voir l'enquête publiée dans *Les Échos* du 23 mars 1998.

cile de concurrencer un enseignement privé puissant qui dispose de très gros moyens.

La première idée d'une « Académie de mathématiques et de sciences de l'Illinois » (IMSA) date de 1983. Leon Lederman s'était d'abord adressé à une chambre de commerce et au gouverneur de l'État James R. Thompson. Une équipe s'est mise au travail et c'est en septembre 1986 que l'IMSA (Illinois Mathematics and Sciences Academy) ouvrait ses portes avec douze professeurs, deux cent dix élèves, aucun ordinateur ni livre, beaucoup de questions sans réponses et un avenir incertain : seul le premier semestre était budgétisé...

Avant de décrire les buts, les principes et les méthodes de cette académie, il convient de préciser la structure du système d'enseignement secondaire aux États-Unis. L'équivalent de notre lycée s'appelle *high school* et comprend quatre années : 9e, 10e, 11e et 12e, ce qui correspond à peu près à nos troisième, seconde, première et terminale. En fin de cycle, on passe un examen spécifique du lycée ou du district, qui constitue un diplôme de fin d'études secondaires (*graduation*) de l'établissement en question.

Si l'on souhaite poursuivre des études supérieures scientifiques soit à l'université, plutôt tournée vers la recherche, soit dans un *college* universitaire orienté exclusivement vers l'enseignement, y compris l'enseignement des spécialités d'ingénieurs, on doit passer des tests. Ces tests sont en général constitués de questions à choix multiples, selon la tradition anglo-saxonne. Le plus fréquent d'entre eux s'appelle Scholastic Aptitude Test, en abrégé SAT ; il comporte deux parties : le SAT I d'une durée de trois heures mesure la maîtrise des connaissances et l'habileté au raisonnement, dans la langue, en l'occurrence l'anglais, et en mathématiques ; le SAT II consiste en une série de tests disciplinaires de connaissances et d'aptitudes à les appliquer, d'une durée de une heure par discipline. Ces tests sont passés avant la fin du cursus secondaire.

L'American College Test (ACT) et l'Advanced Placement Test (APT) utilisent des principes similaires avec des pondérations différentes. La simplicité n'est pas un point fort de ce système... Évidemment, plus le score est élevé, plus grand est le choix de son futur *college*. Cela fait évidemment penser au système français des concours aux grandes écoles, mais avec une organisation et pour des classes d'âge différentes. Aux États-Unis, l'admission à l'université est sélective, mais tout le monde finit par trouver place quelque part. Il existe aussi des *preparatory high school*, en général privées, spécialisées dans la préparation de ces tests. Outre le dossier scolaire, des entretiens formels parfaitement codifiés, ces tests ne sont pas les seuls modes de concours pour l'entrée dans un *college*, d'autres épreuves sont laissées à l'initiative de chacun [8].

Dans cette course au meilleur *college*, les institutions privées se taillent la part du lion, avec toutes les conséquences sociales que l'on imagine et que l'on connaît.

L'un des buts de l'IMSA est d'utiliser les ressources de la pédagogie et la compétence scientifique de professeurs très bien préparés pour donner une formation scientifique solide, sans étouffer l'aptitude à l'innovation et à la création. Bien entendu, les humanités [9] ne sont pas oubliées, tant s'en faut. Sur les tests précédemment cités, les élèves de l'IMSA se comparent favorablement à leurs homologues des meilleures institutions privées américaines ; en revanche, ils ont parfois plus de mal à s'adapter aux grands « amphis » universitaires.

Les moyens mis en œuvre à l'IMSA, école publique expérimentale, sont supérieurs à ceux d'une école publique ordinaire, mais ils restent très inférieurs à ceux d'une institution privée [10].

L'IMSA diffuse son savoir-faire vers des lycées ordinaires de l'Illinois, une cinquantaine environ, et à l'étranger, au Canada, en Angleterre, à Singapour par exemple. Des réflexions semblables se sont développées, depuis une vingtaine d'années, et, depuis bien plus longtemps, en Grande-Bretagne, en Allemagne et en France où l'Institut national de recherches pédagogiques publie régulièrement des informations relatives à la didactique des sciences. En Australie, des pratiques semblables à celles que nous allons décrire se sont déjà mises en place. En France, nous ne méconnaissons pas non plus le travail et le dévouement des associations de jeunesse,

---

8. Elles se font par qualifications successives, comme pour un tournoi sportif, elles peuvent être publiques ou privées, en voici une liste très abrégée : « Knowledge Master Open », « ThinkQuest Competition », « United States Mathematical Olympiad » « US Physics Team » « Illinois History Expo », « Westinghouse Science Talent Search », « American Computer Science League », etc. Il faut souligner, pour être complet, que les épreuves dont il vient d'être question ne sont pas forcément des examens scolaires, cela peut être des travaux personnels, des articles, un poème, une invention… le principal est d'y montrer son talent.

9. Ce terme d'*humanités* désigne les lettres, les langues étrangères, la philosophie et l'histoire. Les langues anciennes ne sont pas pratiquées dans cette école, au grand dam de Leon Lederman.

10. Cet aspect financier sera développé plus loin.

des mouvements d'animation scientifique et des associations de spécialistes qui contribuent largement à la formation des élèves et à la formation des maîtres.

Maintenant, qu'on ne se méprenne point sur le sens de notre démarche. Nous n'avons pas l'intention de revenir sur le bilan des lycées, sauf de façon allusive ; nous souhaitons seulement apporter une contribution au débat d'idées. Leon Lederman est plus connu pour ses travaux sur le quark que pour ses recherches pédagogiques, mais il s'implique dans le renouveau de l'enseignement des sciences depuis plus de quinze ans avec sérieux et rigueur. Peut-être est-ce aussi le devoir des scientifiques de s'impliquer ainsi, voire d'être les moteurs de la recherche de solutions.

Mais il faut du temps. La même idée peut éclore en plusieurs lieux, les mêmes méthodes peuvent être redécouvertes ici ou là. Peut-être rapportons-nous ce que certains savaient et pratiquaient déjà ; que leurs critiques ne manquent pas de nous le faire savoir.

Rapports sur l'école : les paradis perdus

Les rapports sur l'école, discours, pamphlets, traités, manifestes, contributions, analyses, éloges, dénégations, dans leurs hardiesses, leurs générosités, leurs frilosités, leurs conformismes ou leurs aplombs constituent un genre littéraire florissant[11]. Mais qui s'en soucie ? Il en va de même des pratiques, qui vont du dévouement sans bornes aux élèves et au savoir, à une sorte d'exercice somnambulique du métier d'enseignant. Des praticiens se disent frustrés par la prose de théoriciens ignorant les contraintes du quotidien ; des novateurs, à mots plus ou moins couverts, affirment que l'inertie dans l'enseignement n'est pas une fatalité. Et le système continue de vivre, charriant ses trésors et ses pesanteurs, avec ses progrès silencieux, et aussi ses pugilats rhétoriques, face publique du souci partagé : que faire ?

Une fois admis que la pédagogie n'est pas un système formel et que l'on n'y connaît point de critère objectif et général d'excel-

11. Déjà, Plaute montrait sur scène les désarrois d'un père devant son godelureau de fils, plus préoccupé d'orgies romaines que de l'étude de la philosophie grecque, comme au bon vieux temps ; bien avant lui, l'*Ecclésiaste* faisait observer que, si tous les fleuves allaient à la mer, la mer n'était jamais remplie.

lence, ce livre peut venir prendre sa place dans la fresque générale du système éducatif et de l'idéologie qu'elle distille ou dont elle s'inspire. C'est une narration accompagnée d'une tentative d'extraction de sens ; on en tirera la morale que l'on voudra, à l'échelle que l'on voudra, et avec le succès que l'on pourra. Pour leur part, les auteurs ont eu le souci de mettre leurs observations en pratique immédiate. Voici le résultat de leur expérience.

Ce que nous avons vu

> « J'ai vu des archipels sidéraux ! et des îles
> Dont les cieux délirants sont ouvert au vogueur. »
>
> Arthur RIMBAUD [12].

LES LIEUX ET LES CLASSES

Le bâtiment pédagogique est une immense halle de près d'un hectare, pratiquement de plain-pied, avec de la moquette partout, qui regroupe une zone administrative, dont les bureaux sont toujours ouverts, les bureaux des professeurs, les zones de classes ou les salles de classe selon les cas, des laboratoires. Au sous-sol se trouvent des installations sportives (salles de sport, de musculation, piscine) et quelques laboratoires de physique. À la mezzanine, on trouve les laboratoires de biologie, la bibliothèque, le centre de gestion du réseau informatique. L'architecture intérieure est assez déstructurée, et, mis à part les salles de sport qui sont sous clé lorsqu'elles ne sont pas utilisées, tout est ouvert. Il y a des coins pour diverses revues scientifiques en libre-service, tout est impeccable, assez animé mais sans bruit ni agitation. Les élèves peuvent manipuler seuls lorsque les laboratoires sont inutilisés, mais il y a toujours, dans le voisinage immédiat, la présence discrète d'une personne de l'équipe technique ou d'un professeur qui travaille dans un bureau contigu.

Sur notre chemin vers la classe de Tom Jordan, nous parcourons des zones de cours qui ne ressemblent guère à des salles de classe à la Jules Ferry ; ce sont des pièces dont un mur est incomplet, toujours ouvertes donc, mais notre passage ne provoque aucune réaction particulière, personne ne dérange personne. C'est plutôt

12. *Le Bateau ivre.*

nous qui sommes gênés, partagés entre une impression de très grande convivialité et l'omniprésence de l'œil de « Big Brother ».

Enfin, nous atteignons la classe de Tom. Cette fois, il y a une vraie porte qui restera ouverte pendant toute la séance. Ici, on ne s'embarrasse pas d'horaires uniformes, encore moins d'un tambour intempestif. S'il paraît nécessaire à l'équipe pédagogique que telle activité se fasse en une heure trente-cinq avec des *sophomores*[13] (élèves de seconde) on prend le temps qu'il faut. Telle autre activité d'approfondissement peut exceptionnellement durer jusqu'à trois heures chez les *seniors* (terminale). Inversement, un cours de synthèse peut ne nécessiter que quarante-cinq minutes. Bien entendu, la grille horaire est décidée à l'avance pour un semestre, et l'on s'y tient (les durées couramment pratiquées sont une heure dix, une heure trente-cinq et quarante-cinq minutes). La souplesse de fonctionnement est la règle. Non seulement la durée d'une activité dépend d'un choix pédagogique, mais on s'adapte au niveau d'un élève, à un moment donné ; par exemple un *junior* (première) peut très bien être amené à suivre un module de cours prévu pour les *seniors*, de même un *senior* suivre une activité de *junior*.

La classe de Tom est une salle de travaux pratiques de physique ou plutôt de TP-Cours de physique. Le fond de la salle est garni de paillasses avec un matériel assez simple puisque nous sommes chez les *sophomores*. Une visite à la réserve révèle un matériel très complet. Toute la partie avant de la salle est meublée de tables rondes pour cinq ou six, il y a des tableaux partout, il y a des ordinateurs partout. Dix-sept élèves sont présents ; dans toutes nos observations (une cinquantaine environ), les effectifs resteront toujours de cet ordre de grandeur, entre sept et vingt-six, ces deux extrêmes étant rarement atteints. Les effectifs couramment observés oscillent entre treize et quinze, ce qui est parfaitement adapté à ce genre d'enseignement.

Le thème du jour, ce sont les liens entre électricité, magnétisme et lumière. On le met en liaison avec un thème d'actualité scientifique, l'exploration lunaire[14]. Des manipulations simples sont

13. Étymologiquement : les sages.

14. Le lancement du satellite lunaire *Lunar Prospector*, par la NASA, a eu lieu à l'automne 1997. Ce satellite est chargé de mesurer les champs magnétique et gravitationnel lunaires, de détecter l'éventuelle présence d'eau sur la Lune, de cartographier précisément la surface de l'astre et de déterminer sa composition. Les appareils utilisés sont des spectromètres à neutrons, à rayons gamma, à particules alpha, des magnétomètres, un réflectomètre électronique et un dispositif de mesure gravitationnelle par effet Doppler.

prévues, par exemple un émetteur constitué d'une bobine d'induction alimentée en continu avec une râpe à bois pour interrupteur et un poste de radio comme détecteur, ou encore des dispositifs pour visualiser des lignes de champ magnétique. Ce sont les élèves qui manipulent eux-mêmes lorsque la discussion porte sur tel ou tel point.

En effet, il s'agit bien d'une discussion qui s'articule sur le questionnement des élèves, et ce questionnement a été préparé. Le thème a été lancé lors de la séance précédente, les élèves ont effectué une recherche personnelle sur le « Net ». Ils inscrivent au tableau les questions qu'ils rapportent de cette recherche. Tom fait un premier bilan et renvoie ses étudiants sur le « Web » pendant une quinzaine de minutes ; tous sont des virtuoses du clavier, ce qui ne les empêche pas de s'égarer de temps en temps sur « Lunar Prospector » (www. moonlink. com). La recherche s'effectue soit en connexion directe, soit en consultant des pages préalablement téléchargées, soit en interrogeant des bases de données. Certains sont allés chercher des renseignements dans des livres à la bibliothèque ou dans la salle même qui dispose d'un jeu d'ouvrages de base, mais la plupart travaillent sur le Web, visiblement très attractif. Il semble que l'intuition soit le premier moteur de recherche sur la « toile [15] ». Dans un premier temps, les élèves grappillent, harponnent, mais ne lisent pas. Ils liront après. Si c'est convenable, on en fera un tirage papier.

Cette fois, la liste des questions est prête, ces dernières sont évidemment très variées ; lisons quelques-unes d'entre elles sur le tableau : Pourquoi le champ magnétique de la Lune est-il si petit ? Qu'est-ce que ce site a à voir avec la Lune ? Pourquoi sommes-nous si *cool* (*sic*) ? Que puis-je faire pour interagir personnellement avec ce projet ? Quel lien y a-t-il entre la Lune et la lumière ? Qu'est-ce qu'une particule alpha, un neutron, un rayonnement gamma, un magnétomètre ? Comment les données relatives à la Lune sont-elles véhiculées jusqu'à la Terre ? Quel est le lien entre tout cela et nos investigations sur l'électricité, le magnétisme et la lumière ? Toutes les questions sont traitées et prises au sérieux, Tom rebondit sur le questionnement et le relance, par exemple en demandant aux élèves quelles sont les données qui leur semblent les plus intéressantes

15. Traduction littérale de Web.

(des traces de glace sur la Lune ?), si les données disponibles permettent de se faire une idée sur une origine possible de la Lune, etc.

À aucun moment il ne perd de vue son but, qui est d'éveiller la curiosité et de faire acquérir des connaissances de base. Son regard balaie l'assistance, sans laisser de zone d'ombre. Entre la confusion qui résulte de questions qui partent dans tous les sens (mais suscitent l'intérêt) et la nécessaire rigueur dans la transmission et pour l'appropriation du savoir, la voie est étroite. Elle nécessite une bonne maîtrise professionnelle, tant du point de vue pédagogique que du point de vue scientifique. On ne perd pas de vue la chose écrite : à la fin de cette séance d'une heure et demie, Tom ramasse les cahiers. On ne s'en était pas aperçu, mais les élèves tiennent un journal de bord, dans lequel sont consignés des éléments de leur préparation, les observations du jour, des mesures s'il y a lieu et de nouvelles interrogations. Commentaire d'un élève : « On ne se rend pas compte qu'on apprend » ; sans doute, mais nous sommes loin d'une improvisation d'amateur.

Les élèves consacrent, en moyenne, quatre heures par jour à leur travail personnel, évidemment très varié : recherches sur le Web, recherches livresques, lectures, travail écrit. À 16 heures, la classe est finie, on peut aller faire du sport ou ce qu'on veut, à moins que l'on soit de service « civique », en ville ou à l'école (*service civique* ? vous avez bien lu, et vous le relirez plus loin, ami lecteur). Les professeurs disposent d'une adresse Internet à l'école, accessible aux élèves : le jeu des questions-réponses ou plutôt des questions-questions peut continuer. Mais, fort heureusement, à notre avis, si dans cette école les élèves sont résidents, les professeurs habitent tous en dehors du campus (il y a en effet un compromis à trouver entre l'exigence des élèves, placés au centre du système éducatif, et le respect de la vie privée des professeurs).

La majeure partie de l'équipe de direction et d'administration loge également à l'extérieur, cela signifie qu'il faut du personnel de coordination et de service sur place le soir, et une équipe assurant la sécurité la nuit et le week-end. Pour les six cent cinquante élèves actuellement présents, cette équipe de sécurité est composée de sept officiers de sécurité, trois surveillants et un coordinateur. Ces personnes, qui disposent de moyens modernes de communication et d'intervention, mais pas d'armes, interviennent à tour de rôle avec une rigueur inflexible et courtoise ; nous l'avons personnellement constaté.

Tom est un grand gaillard dégingandé aux yeux bleus, toujours à son aise et souriant, calme et solide, sirotant sa tasse de café (américain) en s'interrogeant sur la pertinence de telle ou telle question posée par ses élèves. C'est également un ancien chercheur, docteur ès sciences en physique (PhD), il aurait pu continuer sa carrière et ses recherches à Fermilab, mais il a préféré les interrompre pour un temps ; pour quelle raison ? « Pour apprendre », nous dit-il.

Il nous conduit chez les *seniors* de terminale. Chemin faisant, on discute de sa présentation de l'électromagnétisme en seconde : les grandes idées, production, détection, propagation, onde, fréquence, optique géométrique, aspect particulaire ; la polarisation ? non, on ne s'occupe pas des aspects vectoriels ; on a parlé l'an dernier de diffraction ; pour cette année, on en rediscutera avec les collègues.

Naturellement, nous avons pris du retard, et les seniors ne nous ont pas attendus. Ils sont déjà devant leurs machines, travaillant sur des sujets de physique « moderne » : mécanique quantique, mécanique statistique, gravitation, transitions de phase, supraconduction... La liste est longue.

Dans le même groupe de trois, chacun peut traiter un sujet différent, mais par nature le travail est fait en équipe. L'utilisation intensive de l'ordinateur et du Net n'empêche nullement l'existence de « marginaux » préférant une première approche par les livres. Dans un cours de géophysique, nous avions ainsi été intrigués par un étudiant solitaire qui faisait sa recherche documentaire avec deux ou trois livres ; nous pensions avoir trouvé le marginal inadapté, mais pas du tout ! Sa lecture terminée, il va vers les autres et complète son information *via* Internet, il est même demandeur, auprès de ses camarades, d'éléments plus précis, il complète à son tour leur information par ses découvertes livresques. Le clavier n'est pas son fort, mais il sait s'en servir, comme toute cette petite équipe de treize élèves, il participe à un lancement de fusée simulé à l'aide d'un logiciel de la NASA (*Moonlink*) : un jeu de rôles d'un grand réalisme, incluant toutes les vérifications techniques, les réponses vocales de la machine et même le *crash* (virtuel) pour une vanne qui s'ouvre trop tard.

Certains sujets, comme la relativité, avec un minimum de calculs, sont obligatoires, d'autres sont au choix. Une partie de cette classe de treize élèves a choisi l'astrophysique ; la constante de Hubble connaît un grand succès, tout comme chez nous ; une autre partie s'intéresse à la radioactivité. Tout le travail s'effectue *via* des sites Internet, le résultat des recherches devant être présenté sous forme de pages Web. On passe beaucoup de temps à charger des données, pas question de scanner la célèbre courbe d'Aston [16], il faut aller chercher les données brutes sur les défauts de masse des noyaux atomiques, utiliser un tableur, utiliser les commandes graphiques. Ensuite, on peut discuter des possibilités de fission et de fusion nucléaire.

Précisément, c'est le moment de demander aux élèves quelles sont les bonnes conditions pour une fusion nucléaire, avec des mots simples, « comme si vous deviez expliquer cela à votre boulanger, que vous voyez tous les jours et à qui il ne faut pas raconter d'histoires ». Les réponses des petits groupes qui travaillent à trois par ordinateur sont aussi longues à venir que chez nous. On nous envoie dans les étoiles, on nous parle d'effet « tunnel », et l'on finit par dégager l'idée : « Les noyaux doivent être très près les uns des autres, et il doit y avoir beaucoup de chaleur. » On n'est pas bien loin des haute pression et haute température attendues ; et puis surtout, nous constatons que les élèves s'adressent à nous comme des adultes, on discute entre scientifiques. L'astrophysique, quant à elle, peut nous entraîner vers l'expansion de l'Univers ou nous ramener sur Terre avec l'observation par satellite de la déforestation, ses conséquences économiques, sociales, politiques, écologiques.

Nous voici à présent dans la classe de Dave Workman. Dave est un vieux routier, un professionnel de grande classe, très sérieux derrière ses petites lunettes cerclées d'acier, plein d'humour avec un perroquet électronique de sa fabrication, plus vrai que nature. Dave nous montre une synthèse de l'électrostatique et de la magnétostatique, purement descriptive au niveau *sophomore*, jusqu'aux théorèmes de Gauss et d'Ampère sous forme intégrale pour les *seniors*. Tout y est, y compris l'absence d'équivalent magnétique des charges électriques, on se croirait dans une classe de Sup moderne. Moderne, cela veut dire que l'on utilise au mieux le questionnement

16. Représentation graphique de l'énergie de liaison par nucléon des noyaux atomiques (défaut de masse) en fonction de leur nombre de masse.

de l'auditoire, on le suscite et l'exploite, on procède par analogie, on utilise des cartes de lignes de champ déjà décrites.

Dave emploie quand il le faut les ressources de l'exposé magistral, sans en abuser, et redonne la main à la salle dès que c'est possible. Développant l'esprit d'investigation plus que de reproduction, sans dogmatisme didactique, il adapte constamment son exposé en fonction des réactions de son auditoire, sans perdre de vue son but : la transmission de connaissances que les élèves doivent faire leurs.

Pour développer cet esprit d'enquête, des enseignants de l'IMSA ont mis au point la méthode du « Problem Based Learning Approach », fruit d'un travail en équipe pédagogique pluridisciplinaire. Il s'agit de s'appuyer sur un problème concret et d'en extraire des applications touchant les différentes disciplines. On peut envisager un problème très général, comme l'exploration lunaire, l'envoi d'une sonde sur Mars. Dans ce cas, le problème concret sert, dans un premier temps, de prétexte pour fédérer les disciplines et motiver les esprits. Mais on peut aussi bien considérer des problèmes plus spécifiques, par exemple des sous-problèmes des grands thèmes précédents, ou des problèmes locaux. Par exemple, à la demande d'une entreprise chimique locale, le rejet d'effluents dans la rivière, ou encore, à la demande de la mairie de Chicago, la meilleure manière de limiter les dégâts dus aux inondations. Dans ce dernier cas, les ingénieurs des travaux publics de la ville ont trouvé les suggestions des élèves particulièrement pertinentes.

On peut poser des questions, obtenir des renseignements, prendre des idées, sur l'utilisation des problèmes concrets aux adresses suivantes : [pbl ~info@imsa. edu] et [http ://www. imsa. edu /team/cpbl].

Les incursions chez les voisins restent modestes, on se rend plutôt service entre collègues ; typiquement : « Qu'est-ce que je dois traiter demain pour ton cours d'après-demain ? »

Avec les sciences intégrées (*Integrated Sciences*), la déstructuration disciplinaire est plus complète, nous en reparlerons plus loin.

UN EXEMPLE DÉVELOPPÉ : QUAND LA TERRE TREMBLE

Le transfert d'autorité (la délocalisation d'autorité, semblerait-il), associé au traitement coopératif d'un problème simultanément par les élèves et par leur professeur, conduit à quatre affirmations :

- Les étudiants utilisent ce qu'ils savent déjà.

• Les étudiants identifient ce qu'ils ont besoin de savoir (ce qui n'est pas la partie la plus aisée du travail).

• Ceux qui apprennent créent leur propre savoir.

• Les professeurs ne savent pas tout.

Le problème suivant, composé à l'usage des étudiants par un groupe d'enseignants s'inspirant des idées mises à l'épreuve à l'IMSA, considère l'influence d'un tremblement de terre de magnitude significative sur une usine nucléaire. Ce problème a été considéré dans les classes respectivement de biologie, de géologie et de chimie. À l'issue de cet enseignement, les élèves avaient une vue globale de quatre aspects importants de la question : tremblement de terre, structure de la cellule, structure atomique et temps de vie radioactif. S'y greffait une appréhension plus précise des implications psychologique, sociale et économique de la situation. En voici une représentation adaptée et traduite d'un document IMSA :

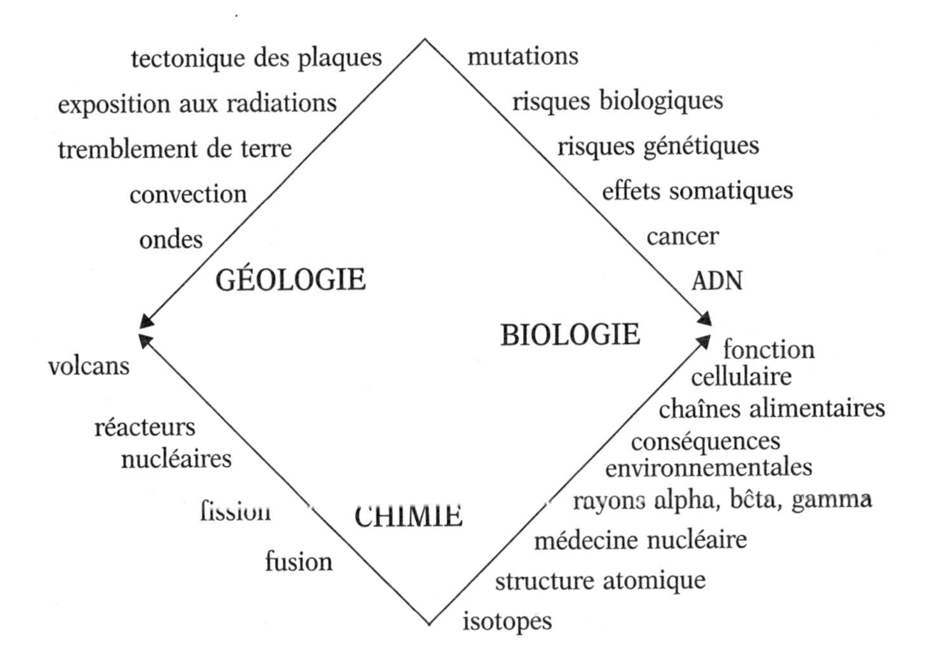

L'appréciation du travail est simultanée de son exécution ; tous les aspects de l'activité et de l'initiative des élèves sont appréciés : participation à des conférences, recherche individuelle, utilisation du vocabulaire approprié, utilisation des références, formulation et test d'hypothèses, transfert de connaissance vers d'autres champs.

Durant toute l'expérience, il était attendu des élèves qu'ils développent les « outils de la pensée », en un mot, l'esprit d'investigation et l'esprit critique et qu'ils « pensent à la pensée », c'est-à-dire à identifier les questions sous-jacentes (culturelles, historiques...) et leur incidence sur le traitement des questions.

LA PERTINENCE [17]

En une période où l'écran tend à supplanter le livre, il est nécessaire de s'interroger sur le fruit de cette substitution. On peut aussi s'interroger sur la nature de l'interaction entre la classe et le professeur, lorsque le réseau d'ordinateur vient s'infiltrer dans la relation.

L'écran déroulant a, le temps de quelques générations de puces, donné jouvence à l'antique *volumen*, le parchemin enroulé contenant jadis le Savoir, ou la Loi. L'hypertexte est né dans les années 1980 (qui se souvient de Hypercard ?), époque où la « toile » était essentiellement imprévisible, quoique tous les outils nécessaires à son fonctionnement fussent présents. Le rhéteur se méfiait du livre « qui ne se défend pas » ; mais qu'en est-il de l'écran ? et, avant même de se défendre, l'écran nous dit-il des choses pertinentes ? et dit-il vraiment des choses ?

Pragmatique de la pertinence. Le langage est un acte social, une activité orientée, une manière d'évoquer des connaissances chez l'interlocuteur. La *pertinence* se préoccupe de la conformité du contenu des énoncés dans leurs contextes respectifs. On peut y voir, aussi et surtout, une activité de coopération : en ne fournissant pas toute l'information nécessaire à la compréhension de mes propos, je contrains mon interlocuteur à coopérer, ce qu'il fait d'ailleurs bien volontiers, si ce n'est automatiquement ; par exemple, en lui disant que j'ai pris le métro pour aller de chez lui à chez moi, et que j'ai vu en chemin une scène étonnante boulevard Saint-Jacques, je n'éprouve nul besoin de lui rappeler que le métro est, le long de ce boulevard, aérien. La théorie de la pertinence de Sperber et Wilson affirme que mon interlocuteur suppose toujours que ce que

---

17. L'essentiel des idées exprimées ici sont de Jean-Louis Dessalles, professeur à l'École nationale supérieure des télécommunications ; les auteurs les reprennent ici à leur compte. Voir, par exemple, « Altruism, status and the origin of relevance », dans *Approaches to the Evolution of Language : Social and Cognitive Bases*, Hurford, J. R., Studdert-Kennedy M. et Knight C. éditeurs, Cambridge University Press, 1998, et « Des machines capables d'argumenter », *in* J. Vivier, *Psychologie du dialogue homme-machine en langage naturel*, Paris, Europia production, 1996, p. 117-126.

je dis est nécessaire et suffisant pour qu'il puisse reconstituer l'information que je veux lui communiquer. De ce point de vue, la pertinence ne résulte pas de ma bonne volonté à l'égard de l'auditeur, elle est inhérente à la situation de communication. Dès lors, des critères de pertinence peuvent être avancés : une information est pertinente si elle permet à l'auditeur d'établir de nouvelles connaissances à un coût cognitif acceptable[18]. Le contexte est le grand absent de ces considérations. C'est la connaissance partagée par les interlocuteurs et qui détermine la pertinence de ce qui est dit. L'enseignement par questionnement est de nature essentiellement contextuelle, la pertinence d'une question renvoyant au réseau des propositions qui l'ont précédée. Cela est le propre de la complexité, mot bien en cour à l'IMSA. La question de la pertinence est dès lors centrale pour les pédagogues de l'IMSA.

Le rejet, sanction de l'impertinence. On aborde ici un thème cher aux linguistes. Le rejet est la sanction immédiate du défaut de communication. Il faut quelquefois trouver ce rejet bien au-delà du signifiant, il montre que la conversation n'est pas réductible à une transmission, voire un échange. En voici un exemple, aussi anodin que significatif :

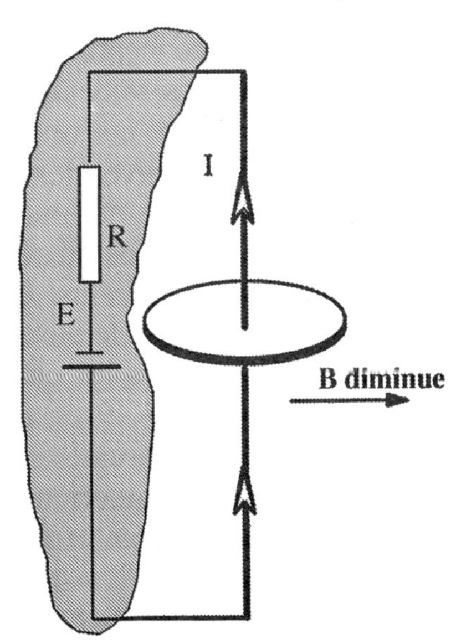

18. C'est dans l'évaluation de ce coût que réside une grande difficulté de cette question. Les énoncés deviennent rapidement vagues à ce niveau-là, ce qui n'empêche nullement de se comprendre entre experts.

Dans le cours d'électromagnétisme, le professeur explique que, lorsqu'un courant électrique circule quelque part, un champ magnétique est produit dans tout l'espace ; un schéma illustre cette affirmation : un courant électrique d'intensité *I* parcourt une portion de fil rectiligne ; en chaque point du cercle centré sur le brin, le champ magnétique lui est tangent, la flèche indique la direction de décroissance du champ. Il est implicite dans le discours du professeur que le courant est du style de celui qui est produit par un générateur de tension continue, une batterie par exemple. La partie grisée de la figure représente l'élément implicite du discours ; et voici qu'un étudiant se lève, silencieux, et, sous le regard intrigué de ses camarades et le regard perplexe du professeur, va au tableau, se saisit d'un plot aimanté : « Il y a un champ magnétique, professeur, qui maintient l'aimant sur le tableau ; où est le courant ? » La discussion s'installe, et rapidement la source de champ est identifiée (le matériau est le siège d'un phénomène microscopique dont l'effet à notre échelle ressemble fort à celui d'un courant électrique) ; mais quel est le mécanisme produisant ce qui ressemble tellement à un courant interne au matériau ? Goguenard, l'étudiant retourne, littéralement, à sa place : « Ça, professeur, j'en n'ai aucune idée » ; et la classe de s'esclaffer ! En réalité, le groupe vient d'accomplir un progrès conceptuel notable, en généralisant la notion de courant ; ce n'est pas seulement le phénomène qui fait dévier l'aiguille de l'ampèremètre inséré dans le circuit.

Extirper le pertinent des interventions des élèves fait partie du grand art de l'enseignant. Il est naturel dès lors de considérer comme pertinentes les mentions d'événements improbables, problématiques ou *a priori* incohérents. C'est ainsi que toutes les questions d'élèves sont posées avec le plus grand sérieux. L'étonnement n'est-il pas l'un des moteurs les plus efficaces de la pensée scientifique ?

Ces considérations sont cohérentes avec la théorie de l'information, qui donne un sens numérique précis à l'affirmation suivante : un événement improbable procure une grande information lorsqu'il se produit. L'IMSA a théorisé et pratiqué avec constance le contenu et les implications de cette conclusion.

Pertinence et machine. Admettant l'idée qu'une information n'est pertinente que si elle s'inscrit dans une problématique, on conclut à l'impossibilité générale de pertinence lors d'un travail sur machine ; on aura beau parler de convivialité ou d'intelligence, ces métaphores n'y changeront rien. Les premiers instants d'une rencontre entre individus peuvent être d'une importance durable pour la suite de leur relation ; avec un ordinateur, au contraire, le non-pertinent encombre les premiers instants de la session ; j'allume mon ordinateur ; aussitôt une grande quantité d'informations s'écrivent[19] à l'écran, je n'ai pas le temps de les lire tant elles défilent vite ; aurais-je le temps de les lire que je n'y comprendrais rien. Mais la pertinence n'est-elle pas dans le fait que ces données puissent seulement s'écrire ? elles me rassurent sur l'état de santé des circuits, des systèmes et des programmes, c'est en toute confiance que j'utiliserai ce qui s'affichera sur l'écran ! Mettons cette hypothèse à l'épreuve, en adaptant légèrement l'exemple fourni par J.-L. Dessalles. Imaginez-vous, cher lecteur, que, à chacune de vos rencontres, votre ami vous salue ainsi : « Bonjour, Jean, je t'ai identifié, ma température interne est 36,9 degrés Celsius, mon rythme cardiaque est de 66 pulsations à la minute, et j'ai perdu ce matin cent mille neurones ; tu peux donc, en toute confiance, engager la conversation avec moi » ? C'est pourtant ce que fait l'ordinateur, lorsque, avant toute chose, il vous informe de l'occupation de ses mémoires, de sa santé par rapport aux virus et de l'état physique de ses secteurs. Après, mais après seulement que le bilan de santé a été publié, le système d'exploitation est lancé, pour notre plus grand soulagement.

Les méthodes IMSA appellent donc une information qui ne serait plus préconçue et préenregistrée, comme dans la bibliothèque ou comme dans la toile ; la création de pertinence informatique constitue un programme de recherche autrement plus stimulant que l'engrangement de tout le savoir du monde, appelé à somnoler dans des mémoires mortes et prêt à se donner à voir à tous les princes du clavier, dans leur solitude, innombrable et collective[20].

---

19. On s'attendrait à lire, plus sobrement : s'inscrivent à l'écran ; mais revendiquons, avec Jeanneret et avec Souchier, qu'il s'agit d'une écriture. Voir, par exemple, *Communication et langages*, n° 107, 1er trimestre 1996, p. 4 et 105.

20. Sur ce thème de la solitude et ses ramifications (dissolution du lien social et risque d'une société profondément inégalitaire, contrôlée par une poignée d'infocrates), on consultera utilement *La Démocratie de la solitude (de l'économie politique de l'information)*, de A. Bron et L. Maruani, Paris, Desclée de Brouwer, 1996, et en particulier le chapitre III.

LA NATURE

Cette fois, nous sommes à l'heure dans la salle de biologie avec les treize élèves et le professeur, John Thompson ; la salle est remarquablement équipée et décorée — appareils, animaux naturalisés, réfrigérateurs, autoclaves, aquariums, livres, tableaux, douche, boîte à pharmacie —, rien ne manque. Dans une petite annexe, il y a tout ce qu'il faut pour faire des prélèvements ou des observations dans la nature. Le professeur distribue à chacun deux textes imprimés. Voici une traduction du premier :

IMSA : cours « Plantes et Peuples ».
Troisième activité fondée sur un problème concret.

Vous venez d'être nommé membre du comité exécutif de recherche et développement de la Eli Lily Corporation d'Indianapolis, Indiana. Le prochain rapport de votre comité au conseil d'administration dégageant les nouvelles initiatives de recherche doit être présenté à la mi-mai[21].

La seconde feuille est une lettre télécopiée datée du jour même du cours et adressée aux élèves :

Chers membres du comité exécutif de recherche et développement,

Dès mon arrivée à Lima, j'envoie à votre bureau d'étude d'Aurora un échantillon d'une nouvelle espèce de Canthanthus. *Un chaman du peuple des Shuara dans l'est du Pérou affirme que ces fleurs sont utilisées pour traiter certaines maladies du sang. L'information fournie par cet homme, fiable dans le passé, est à prendre avec circonspection. Sincèrement vôtre,*

Rose Alvandono, Ph. D.
Ethnobotanique de terrain [« Field Ethnobotany »],
Section de recherche Équateur/Pérou.

Les élèves ayant pris connaissance de ces deux textes sont mis dans une situation professionnelle dont la vraisemblance est, on va le voir, très poussée. Le professeur engage avec la classe une discussion qui va durer une demi-heure. Le but est de dégager un plan d'action permettant de remettre sous quinzaine un rapport circons-

21. On est fin avril.

tancié sur l'échantillon de plante en passe d'être reçu. Le professeur va attirer l'attention des élèves sur différents points qui posent problème. La structure de ce travail est organisée par une grille familière aux élèves, et qui commence par deux intitulés : ce que nous savons et ce que nous avons besoin de savoir.

Ces rubriques pourront être prolongées après un premier tour d'horizon par « ce que nous croyons savoir à présent » et un nouveau « ce que nous avons besoin de savoir ».

Mais, pour l'instant, le professeur amorce son travail d'enquête, il note les questions au tableau. Qu'est-ce que la Eli Lily Corporation ? que savons-nous de l'échantillon ? que savons-nous des maladies du sang ? que voudrions-nous savoir de plus ? Il faudra demander à Rose de nous préciser certains points.

Il poursuit : « Qu'est-ce qu'un chaman ? une sorte de médecin ? Ils ne vont pas à l'école de médecine, pas vrai ? Qu'en pensez-vous ? » Les réactions de l'auditoire sont pour l'instant assez molles.

Le professeur réveille Franck qui somnolait et relance le débat ; on essaie autre chose : « Ce week-end en préparant le cours, je me suis rendu compte qu'il y a un film dont certains éléments peuvent nous informer et nous aider à cadrer le problème. » On projette un extrait de quelques minutes de ce film, où Sean Connery tient le rôle d'un biochimiste. Sous une tente dans la forêt amazonienne inondée de pluie, il s'escrime sur deux appareils d'analyse récalcitrants tout en se chamaillant avec sa jeune collègue, arrivée tout récemment dans cet univers.

Après la projection, le professeur essaie de faire trouver la nature du problème auquel est confronté le chercheur. « Comment s'appellent ces appareils ? Spectromètre d'absorption infrarouge et chromatographe[22]. » Le professeur demande quels sont les produits chimiques mentionnés dans le film (« solution de glucose »), les procédures techniques nommées (« faire un spectre de référence »), dessine très sommairement l'allure des pics délivrés par le spectromètre utilisé par Connery dans le film. « Vous avez vu qu'il y a un pic particulier qui intéresse ce biochimiste. Peut-être que chacun de ces pics identifie un produit chimique distinct ? Une molécule ?

22. Chromatographie en phase gazeuse : diffusion sélective des composants d'un mélange gazeux dans un matériau poreux ; la chromatographie en phase liquide utilise le même phénomène dans des solutions : essayez avec un mélange de colorants et un buvard.

Quelque chose dans la molécule ? Sachant qu'il y a plusieurs composés chimiques dans le spécimen analysé, comment feriez-vous pour identifier l'un d'entre eux, dans un tel spectre ? [...] Ah, il faudrait l'isoler ? [etc.] Et l'autre appareil [le chromatographe], il a l'air plus fruste ? »

Le professeur revient alors à sa liste de mots clés, qu'il complète. La mise en scène est achevée ; une vingtaine de minutes se sont écoulées, on a identifié tout ce qu'il faut savoir sur le problème et ce qu'il va falloir aller chercher par soi-même. La phase initiale a été lente, mais la progression impressionnante. Au début de la leçon, on ne savait pas qu'il s'agirait principalement de chimie. Au bout de ces vingt minutes, on sait qu'il faudra identifier une molécule, opérer à l'aide d'un chromatographe — il y en a justement un au laboratoire — on ira le faire fonctionner ; quant à l'absorption infrarouge, il y a justement une élève, Anisha, qui fait un stage là-dessus dans un laboratoire extérieur. Mais tous les aspects du problème sont envisagés : chamanisme, sociologie de cette communauté indienne, aspects juridiques et économiques, botanique tropicale. « Divisons-nous pour séparer les tâches » : en deux minutes, le professeur assigne un travail aux treize élèves, par groupes de deux ou trois, et ceux-ci quittent la salle pour chercher l'information nécessaire.

Nos élèves du *comité de recherche et développement* reviennent, pour les premiers au bout de dix minutes, pour les derniers vingt-cinq minutes plus tard. Les uns sont simplement allés voir d'autres professeurs au laboratoire pour se renseigner sur le chromatographe, ils savent maintenant qu'il faudra travailler en phase vapeur. D'autres sont allés à la bibliothèque ou sur le Net, d'autres encore ont téléphoné, qui à une société pharmaceutique, qui à un cabinet de juristes, un investisseur, un botaniste à l'université, la moisson est abondante.

Un groupe s'est intéressé à la compagnie Eli Lily, a trouvé qu'il s'agissait d'un important groupe pharmaceutique, et a collecté dix pages d'informations sur ce dernier. Un autre groupe a des renseignements précis sur les spectromètres à infrarouges, il y en a d'ailleurs un à l'école. Un troisième groupe a rapporté plusieurs pages d'informations sur les Shuara et sur le chamanisme. La recherche sur la famille de plantes *Canthanthus* a été infructueuse. Enfin, une lettre demandant de plus amples informations à Rose est tapée, datée du jour, signée et prête à être expédiée.

Quelle quantité de produit allez-vous nous envoyer ? sous quelle forme ? quel type d'analyse attendez-vous de nous ? dans quel délai ? quelle suite comptez-vous donner à ce projet ? vous êtes-vous adressée à d'autres instituts pour d'autres analyses ? le chaman est-il au courant de votre initiative ? si non, comment comptez-vous l'en informer ? quelle est votre expérience antérieure du chamanisme ?...

Et ainsi de suite, une avalanche de questions révélant, par leur pertinence, la maîtrise de la situation par les élèves.

Nous sommes ébahis devant la rapidité des élèves et la richesse des informations trouvées. On met en commun l'information trouvée, et John, maintenant entouré de ses élèves, relance la recherche : « Comment allons-nous réagir ? Supposons que l'échantillon arrive demain ; nous avons un jour pour nous organiser. » Un échantillon arrivera bien à l'école, en fait un échantillon de pervenche, dont les propriétés dans le traitement des maladies de cœur sont bien connues.

Par la suite, Franck (qui est tout à fait réveillé, maintenant) posera un nouveau problème : les chamans ont-ils le droit (ou devraient-ils avoir le droit) de percevoir des royalties dans le cas où leurs indications conduisent à la commercialisation de nouveaux médicaments ? La question sera soutenue par la projection d'un film de l'AAAS[23] consacré à cette question... On proposera aux élèves de consulter un juriste.

Après le cours, nous assaillons John Thompson de questions. Sur son rôle dans le déroulement des recherches : « Ils croient que je vais leur fournir beaucoup de réponses, mais en fait je vais leur poser beaucoup de questions, surtout le premier jour. Ce sont les étudiants qui définissent leur objectif et leur travail personnel. Parfois, leur recherche les conduit dans un cul-de-sac. C'est à moi de juger combien de temps je les y laisse. Mais ils ont aussi des idées intéressantes : ce qui est étonnant avec cette méthode, c'est la rapidité avec laquelle ils peuvent arriver à des choses vraiment profondes. » Sur l'évaluation du travail des élèves : « Par exemple, s'ils font un article de journal, nous essayons de le faire évaluer au moins en partie par un journaliste professionnel. »

23. American Association for the Advancement of Science.

Nous demandons aussi à John s'il a déjà été en rapport avec une compagnie telle que Eli Lily. Il n'est pas botaniste de formation, nous rappelle-t-il. De manière générale, notre hôte reconnaît que le professeur a intérêt à choisir la situation qu'il va mettre en scène avec ses élèves en fonction de ses connaissances et de ses goûts : « Les élèves nous apprennent beaucoup, vous savez... » On dira encore deux mots un peu plus loin sur la façon dont ce professeur a exploité sa passion des castors, pour lancer un travail de recherche avec ses élèves. Certains d'entre eux ont obtenu, au microscope électronique, des résultats remarquables sur les poils des castors, établissant notamment la fausseté d'une idée reçue depuis longtemps sur la question.

LES MATHÉMATIQUES

Sue Eddins est l'une des pionnières du renouveau de l'enseignement des mathématiques à l'école, c'est une femme très alerte, blonde, cheveux courts, vive et enjouée, elle participe à de nombreux congrès aux États-Unis pour y défendre sa conception de l'enseignement des mathématiques : *mathematical investigations*.

L'enseignement des mathématiques à l'IMSA est en effet fondé sur l'investigation, avec toujours le même souci d'intégrer les différentes branches de la connaissance ; en l'occurrence, cette intégration s'effectue ici à l'intérieur des mathématiques elles-mêmes. Plutôt que de proposer des cours distincts d'algèbre, de trigonométrie et de géométrie analytique, par exemple, on commence par appréhender les liens entre les différentes branches des mathématiques. Il s'agit d'une approche constructiviste, parfaitement décrite par un texte du GRIAM[24] : « une initiation réfléchie qui donne son sens aux objets manipulés, motive ses concepts et justifie ses affirmations ». Les étudiants sont invités à construire les concepts mathématiques, à les découvrir par eux-mêmes. Ce faisant, ils s'impliquent davantage parce que les mathématiques deviennent leurs. La classe de mathématiques ne se limite pas au travail sur manuel ou au cours magistral : on y considère des exemples, on pose des conjectures, on discute les idées, on argumente, on raisonne. La technologie fournit une aide substantielle, mais

24. Groupe de réflexion interassociations en mathématiques, rassemblant quatre associations professionnelles de mathématiciens français.

non exhaustive : on se sert beaucoup de la calculette pour faire des essais, pour des représentations graphiques ou de l'analyse numérique ; on se trompe et on en discute.

Tout cela prend du temps, le professeur joue le rôle d'expert ou de guide, suggère des pistes, propose des exemples et des contre-exemples adaptés à chaque étape et à chaque question des élèves. Ce n'est pas un travail facile, il ne souffre aucune improvisation, aucune incompétence. Les élèves sont répartis autour de tables rondes, par petits groupes, pas plus de quinze en tout. Ils travaillent d'abord sur une série de questions à réponses multiples, qui servira aussi de test, mais très vite, et le plus naturellement du monde, ils vont au-delà du thème initial de la leçon.

Sue est très mobile, elle circule de groupe en groupe, mais c'est elle qui mène le jeu. Quand un élève, trop enthousiaste, l'interpelle à l'autre bout de la salle, elle ne cille même pas, elle ira le voir à son heure, tranquillement, non sans s'être assurée que chacun des élèves suit normalement la progression du travail. Le professeur recherche la compréhension profonde de quelques notions, peu à la fois, mais bien ciblées et liées entre elles ; en feuilletant les cahiers des élèves, on constate la manière dont se fait le passage d'exercices d'imitation à la limite de la paraphrase (par exemple, placer des points dont on donne les coordonnées cartésiennes) à des considérations beaucoup plus difficiles, voire subtiles (singularités dans des courbes données en coordonnées polaires ou par une propriété géométrique...). Les débuts sont longs, lents et très répétitifs, la gradation est à peine perceptible, mais, passé un certain niveau d'habituation, les choses progressent avec une vitesse foudroyante.

La culture générale n'est pas oubliée, les liens des mathématiques avec l'histoire et les autres disciplines sont soulignés. Un élève fait-il remarquer que, en physique ou en histoire de l'art, on a évoqué telle ou telle courbe, tel ou tel résultat ? Voilà un prétexte pour aller plus loin dans la connaissance du paysage mathématique.

Une manière de faire est de construire un bloc de sujets autour d'un concept mathématique. Par exemple, l'idée de linéarité va conduire à l'exploration d'égalités et d'inégalités, de graphiques, de figures géométriques, d'analyse de données, de modélisations, dans lesquels le concept de linéarité est pertinent. Jour après jour, les étudiants explorent de nouvelles idées. Chaque semaine, un problème les met en situation d'utiliser les outils mathématiques qu'ils ont construits. Le professeur suit le travail de chacun, fait des remarques, mais ne donne pas les réponses, elle laisse la réflexion suivre son cours en toute liberté. Des exposés magistraux de synthèse viennent scander les cours ; nécessaires à la compréhension d'ensemble, ces exposés, plutôt brefs (quarante-cinq minutes, était-il signalé plus haut), ne sont nullement spécifiques aux mathématiques, ils sont parfaitement généraux.

Sue propose une très large gamme de petits problèmes pour encourager les étudiants à mobiliser leurs connaissances en mathématiques et leur donner confiance en eux-mêmes sur des questions déconcertantes, des problèmes non familiers. « On cherche à développer leur autonomie devant un problème et leurs qualités d'imagination et de créativité... Il faut pour cela que l'élève ait l'occasion de se débrouiller seul, d'exercer des choix, de tâtonner. » Cette seconde citation, issue de la réflexion du GRIAM, cadre parfaitement avec les pratiques de l'investigation mathématique mises au point, à l'IMSA, par nos collègues américains. Ceux-ci diffusent des exemples de leur matériel pédagogique sur le Web, à l'adresse suivante : [http ://www. imsa. edu/edu/math].

L'équipe des professeurs de mathématiques dispose d'une certaine liberté pour fixer les contenus d'un semestre dans une enveloppe plus globale. La notion de programme national n'existe pas ici, on développe des connaissances de base, estimées nécessaires à la progression en mathématiques, nécessaires aux autres disciplines et surtout nécessaires à la poursuite d'études, en majorité scientifiques dans l'enseignement supérieur. Le choix des différents sujets incombant aux professeurs, chaque année, ces choix sont rediscutés.

Leon Lederman déplore l'absence de formation de base sérieuse en mathématiques dans son propre pays et, encore une fois, pas seulement pour le vivier des spécialistes ou des utilisateurs de mathématiques appliquées, mais encore pour le citoyen. Les considérations éthiques ne sont en effet jamais très loin, il s'agit bien de former des citoyens et pas seulement de futurs mathématiciens ou de futurs scientifiques ; là aussi, les préoccupations de nos collègues d'Aurora rejoignent les nôtres. Comment donner les moyens de critiquer l'information chiffrée, de vérifier la qualité des informations statistiques, la rigueur d'un raisonnement ou d'une affirmation présentée comme un raisonnement ? Sue Eddins pense qu'une possibilité repose sur le décloisonnement. Lorsque, en plein milieu du test à réponses multiples en mathématiques, un élève lui pose une question sur le traitement numérique d'un problème de physique, elle ne dédaigne pas d'y répondre, prenant elle-même en main la calculatrice, puis arrêtant tout, proposant un calcul mental d'ordre de grandeur et ramenant son interlocuteur deux pages plus loin dans le test ! « Tout se passe comme si ...Maintenant essayez. »

Il existe à l'IMSA trois grandes formes d'enseignement des mathématiques.

La forme traditionnelle reprend à son compte un découpage par branches : algèbre, analyse, géométrie, probabilités, etc.

Une autre forme est fondée sur l'investigation et la sensibilisation aux connexions entre les différentes branches, elle s'efforce à une intégration à l'intérieur des mathématiques elles-mêmes, les incursions dans les autres disciplines restant marginales, quoique encouragées.

Dans le cursus dit intégré, les disciplines définissent des modules tels que « sciences, société et futur » ou « plantes et peuples ». L'utilisation des mathématiques dans ces modules, par un non-spécialiste, se fera en collaboration étroite avec le mathématicien. Mais les mathématiques restent enseignées pour elles-mêmes, constituant des modules autonomes.

Les aspects culturels des mathématiques sont pris en compte à l'IMSA, naturellement, comme une évidence, nous en avons vu de très beaux exemples dans un cours d'histoire de l'art où se sont mêlés les apports des cultures grecque, arabe et italienne à l'époque de la Renaissance. Pythagore[25], Euclide[26], Khwarizmi[27], Thabit ibn Qurra[28], Fibonacci[29], Cavalieri[30] et Piero della Francesca[31] sont

25. Pour Pythagore (569-500 avant JC), c'est l'aspect « sectaire » qui est évoqué.

26. Pour Euclide (330-275 avant JC), c'est au contraire l'aspect universel, les mathématiques pour elles-mêmes, mais diffusées au monde entier, et puis Euclide n'est-il pas représenté du côté d'Aristote sur le tableau *L'École d'Athènes* de Raphaël ? Tandis que Pythagore est du côté de Platon.

27. Mohamed Khwarizmi (788-850, Bagdad), « inventeur » des mots « algèbre », « algorithme » et de notions qui s'y rattachent, traducteur des Grecs et des Indiens. Inventeur de techniques de résolution d'équations.

28. Thabit ibn Qurra (826-900, Bagdad), médecin, philosophe, astronome, traducteur d'Euclide et d'Archimède. Nombreux travaux en géométrie et théorie des nombres.

29. Leonardo Fibonacci (1180-1250, Pise). Il fait le lien entre les mathématiques des Arabes et celles de l'Occident.

30. Francesco Cavalieri (1598-1647, Bologne), « vulgarisateur » d'Euclide, mais aussi de Galilée, Kepler, Torricelli. Il fait le lien entre les « anciens » et les modernes (de l'époque).

31. Piero della Francesca (1416-1492, Borgo San Sepolcro), peintre et mathématicien, étudie la perspective et démontre des propriétés géométriques qu'il utilisera dans son œuvre picturale.

évoqués à cette occasion où il n'a pas été question que de mathématiciens, bien entendu. Il s'agissait de montrer comment le brassage des idées et des cultures va conduire à la Réforme et d'en percevoir la représentation sur les tableaux de la Renaissance.

Commentaire : simulations informatiques

L'ordinateur est un outil d'investigation scientifique ; la généralisation des moyens informatiques augmente le besoin d'un cadre conceptuel bien maîtrisé devant la profusion des données disponibles ; de quelles innovations sur les contenus et sur les pratiques pédagogiques l'ordinateur est-il porteur ? C'est peut-être dans les sciences expérimentales que la question se pose de manière la plus vive, tant il est vrai que le passage est sournois entre la simulation et la dissimulation.

Une piste d'exploration serait d'examiner la manière dont certaines notions fondatrices de la physique (inertie, causalité, irréversibilité) se constituent à travers les représentations graphiques et numériques (avec régression de l'analytique) fournies par l'ordinateur — le programmeur, en réalité. Il ne semble pas que l'IMSA ait des données définitives sur ces questions. Voilà en tout cas qui remet au premier plan, et de façon peut-être inattendue, la question des compétences exigibles de l'élève, et par ricochet celle de la vigilance de l'enseignant.

L'emploi des méthodes numériques impose des contraintes sur la qualité des mesures, mais ne se substitue pas à cette qualité[32]. La grande facilité de montage d'une expérience informatique (par comparaison, bien sûr, à ce qu'il en est d'une expérience physique) fait reconsidérer l'articulation expérience-théorie ; est-ce pour autant que les néophytes se débarrasseront plus rapidement de présupposés, qui peuvent être légèrement handicapants dans la phase initiale d'une pratique scientifique ? La remarque célèbre, comme quoi l'incompréhension des élèves ne concerne pas la

32. Un film vidéo, produit par une instance scientifique notable, se propose de révéler au peuple l'avantage du numérique sur l'analogique ; l'argument qu'elle avance mérite d'être médité : « *Une montre à affichage numérique est plus précise qu'une montre à trotteuses, parce qu'on lit l'indication avec exactitude.* »

matière enseignée mais les leçons qu'on leur donne, inlassablement, renaît.

LES HUMANITÉS

L'organisation de la salle de français est déjà une invitation à la participation : les tables ne sont pas alignées les unes derrière les autres, en masse devant le tableau, mais disposées en un large U, fermé par le bureau. Le professeur ne trône pas derrière ce bureau. Elle est assise à un pupitre d'élève. Les murs sont décorés de travaux d'élèves, d'affiches touristiques telles qu'une vue aérienne de l'île de la Cité à Paris et une immense carte d'Afrique réalisée par des élèves : nous apprendrons qu'un précédent thème d'étude était la francophonie, et que chaque élève avait, à cette occasion, tenu le rôle d'un ambassadeur de pays francophone à un sommet réunissant ces pays. Pendant toute la durée du cours, les élèves doivent obéir à la consigne expresse de ne pas prononcer un seul mot d'anglais [33].

Le cours auquel nous assistons est divisé en deux parties. D'abord, ce sont deux jeunes filles qui dirigent les choses. Elles disposent d'une liste d'une vingtaine de mots français, qu'elles expliquent à la classe à l'aide de paraphrases en français. Cela fait, elles organisent un jeu faisant participer l'ensemble de la classe, divisée en deux équipes : chaque équipe dispose de cartons sur chacun desquels figure la définition d'un des mots ; le but du jeu consiste à être le plus rapide à réagir dès l'annonce de la définition par les organisatrices, et à se ruer pour présenter le bon carton. Pendant une dizaine de minutes règnent un vacarme et une agitation de première magnitude. Puis, et sans intervention du professeur décidément transparent, les deux élèves présentent à une classe miraculeusement apaisée leur interprétation d'un chapitre du *Petit Prince*. La seconde partie du cours est une discussion orientée par le professeur et portant sur les relations entre le héros et sa fleur. Une dizaine d'élèves (environ la moitié de la classe) prennent la parole, certains d'entre eux ayant été sollicités, d'autres non, chacun argumentant son point de vue à sa façon et avec ses rudiments de français. Par intermittences, un élève joue nonchalamment à produire des rythmes de tam-tam sur son bureau, on entendra

33. Il paraît que les classes de première année en japonais ne sont pas très bruyantes...

même quelques notes sifflées, mais le plus étonnant est la qualité de silence et d'écoute.

Bien sûr, tous les cours ne sont pas identiques à celui-là. Pour la grammaire, le cours magistral reste de rigueur. De même, le professeur confectionne des listes de vocabulaire de base que les élèves sont censés connaître par cœur. Mais ce cours permet de voir des élèves n'ayant que trois ans d'étude de français derrière eux étudier une œuvre complète et la discuter ensemble, en français. S'ils ne maîtrisent pas encore des structures grammaticales compliquées, s'il leur manque du vocabulaire pour restituer fidèlement leurs idées, les élèves ont déjà franchi le fossé séparant la langue qu'on parle, celle qui exprime une pensée, de la langue qu'on apprend, qui n'est souvent qu'une longue liste de mots et d'expressions retenus par cœur.

Le cursus en lettres est constitué de cours annuels obligatoires pendant les deux premières années, et pour la troisième année de deux cours semestriels à choisir dans une liste de onze. Le thème du cours auquel nous assistons est « le départ » ; il ne saurait laisser indifférent les élèves de terminale de la classe de Michael Casey, professeur de lettres.

Rouquin et très probablement d'origine irlandaise, la cinquantaine débonnaire, Michael commence (comme souvent ici) en précisant les travaux personnels attendus des élèves dans les semaines à venir. Ceux-ci comprennent, d'un côté, la lecture d'une cinquantaine de pages de *Portrait of the Artist as a Young Man* de James Joyce et, de l'autre, la composition d'une dissertation : « *Ave atque vale*[34]. *Travail de fin d'étude : vos adieux à l'IMSA.* » La forme est libre, la longueur minimale de trois à quatre pages dactylographiées ; pour le reste : « C'est un travail d'écriture important ; donnez le meilleur de vous-mêmes. Je ne donnerai pas de note. Mais je ferai un commentaire détaillé et je vous demanderai de commenter ce commentaire. »

Puis le cours commence. Michael va entretenir, durant une heure, avec ses élèves, un dialogue sur une pièce de théâtre contemporaine : *Philadelphia Here I come* de Brian Frie. Le thème de la pièce est le déchirement d'un jeune Irlandais à l'idée de son départ pour l'Amérique. Le titre est une paraphrase de *California,*

34. *Salut et adieu,* citation d'un poème de Catulle composé sur la tombe de son frère mort avant la naissance du poète.

here I come [*Californie, me voici*], chanson populaire dont l'esprit est ici renversé, car Philadelphie est, sur la côte Est des USA, la ville de la révolution américaine, la ville des origines : passé et futur sont ainsi placés comme en miroir l'un de l'autre. Les quatorze élèves ont tous à la main un exemplaire de l'ouvrage, il est manifeste qu'ils l'ont lu.

Les interventions des élèves sont tout à fait remarquables. Ainsi, quand le professeur attire l'attention sur le procédé par lequel l'auteur dissocie son héros en deux personnages — la personne publique et la personne privée —, une élève compare le mode d'expression théâtral à l'approche descriptive à laquelle est, selon elle, cantonné le cinéma réaliste.

En une heure, chacun des quatorze élèves présents se sera exprimé au moins une fois, sans jamais aucune interruption. Le cours se terminera par cinq minutes d'audition d'une chanson irlandaise contemporaine *I'm sick and tired of that same old town*. La musique laisse à chacun un moment pour laisser vagabonder ses pensées, entre l'appel du large et la nostalgie, peut-être. La séance est levée sans autre commentaire. Le professeur n'aura rien écrit au tableau pendant tout son cours.

L'histoire, la géographie, l'économie et la psychologie sont regroupées sous la dénomination *Science sociale* (au singulier). En première année, le cours semestriel *Étude du monde* est obligatoire ; il s'étend sur deux séances hebdomadaires de soixante-dix minutes chacune.

Le professeur de ce cours, Rob Kiely, assis sur un coin de bureau, rappelle à ses élèves qu'on est à six séances seulement de la fin du cours, et qu'il est prévu que cinq groupes d'élèves fassent un exposé sur l'art de cinq à dix minutes chacun. Certains ont manifestement commencé le travail de préparation : nous entrevoyons une reproduction d'un tableau de Magritte. Une élève demande néanmoins naïvement : « Qu'est-ce qu'il faut faire ? » Ce à quoi le professeur répond : « Parler de l'artiste, de son message, expliquer les liens entre son art et le contexte intellectuel de l'époque. Si vous avez besoin de me voir, ou que je prépare quelque chose pour vous (par exemple, des diapositives), il faut me le dire tout de suite. Par ailleurs, vous me déposerez vos devoirs dans ma boîte aux lettres. »

La salle de classe est parsemée de cinq ou six tables rondes pour six élèves chacune : ce schéma nous est maintenant familier. Le cours est bâti sur l'observation et le commentaire de six ou sept œuvres de Raphaël et illustré par une trentaine de diapositives. Une première séance sur l'art de la Renaissance a déjà eu lieu deux semaines auparavant.

La première œuvre présentée est *Le Mariage de la Vierge*[35]. Le professeur demande quels sont les éléments humanistes présents dans le tableau. Les élèves apportent rapidement des réponses pertinentes (usage réglé de la perspective, réalisme...). « Que pensez-vous que l'artiste ait peint en premier ? » La réponse que dégage le professeur est que le peintre crée l'espace *avant* de le meubler avec des créatures et des objets, que Raphaël affectionne les sols dallés parce qu'ils permettent de donner une vision abstraite de la structure spatiale. Le professeur indique alors que c'est à la même époque que la notion de longitude et de latitude apparaît sur les cartes géographiques, reconnaît à l'issue d'un échange avec un élève qu'il y a une belle technicité géométrique dans la maîtrise de la représentation perspective, signale que l'invention de la géométrie analytique par Descartes dans les années 1630 se prépare manifestement dès l'époque de ce tableau. On observe aussi que ce tableau est typique de l'humanisme par la représentation réaliste des personnages bibliques, auxquels on ne fait plus porter d'auréole. La cérémonie publique, se déroulant sur un parvis, fait aussi écho à la redécouverte de la vie publique à cette époque, sur le modèle de l'Antiquité grecque et romaine.

Des diapositives des trois fresques de la chambre des signatures au Vatican (1509) sont alors projetées, en commençant par *L'École d'Athènes*. Le professeur explique que jusqu'au XVe siècle, si la civilisation arabe a pu, *via* l'Espagne, diffuser dans le monde chrétien l'œuvre de Grecs tels qu'Aristote, Euclide, Ptolémée ou Pythagore, en revanche, la redécouverte d'un philosophe comme Platon est à mettre au crédit des traducteurs de l'humanisme renaissant. Cette fresque apparaît alors, dit le professeur, comme un bilan de l'effort de restitution de la pensée antique, autour du couple central Aristote-Platon, dont le dialogue va continuer d'animer le débat philosophique en France aux XVIIe et XVIIIe siècles.

Le cours se poursuit ainsi en restituant une œuvre à son temps, c'est-à-dire en l'intégrant non seulement dans l'histoire de l'art, mais encore dans l'histoire générale de la société et de la connaissance.

---

35. Pinacothèque de Brera, Milan.

Toutes les questions sont prises au sérieux et nul ne rougit d'une bévue.

Notons l'estime dans laquelle sont ici tenues toutes les disciplines — scolaires et périscolaires — sans hiérarchie, sans exclusion ; le fait que toutes peuvent devenir l'objet d'une recherche de niveau universitaire à l'IMSA leur donne certainement un surcroît de légitimité.

Aspect du rêve américain : la toile

> « Il devrait être interdit de rassembler des physiciens sans qu'obligatoirement soient mêlés à eux des artistes. »
>
> Georges CHARPAK[36].

Le plus souvent, l'enseignant s'est livré sur Internet à une recherche préliminaire, dont les résultats contribuent à l'ossature du dossier préparé. Le livre scientifique est consulté ensuite et, assez curieusement, il est manipulé comme l'information électronique : à partir d'un mot clé, sans vagabondage. Pour ceux qui manipulent l'information électronique comme ils manipulent un livre (lecture attentive ou discursive), il semble utile de relever quelques points relatifs aux rapports de pouvoir de l'écrit à l'écran et sur l'énonciation éditoriale, une notion développée notamment par Souchier et Jeanneret, et qui renvoie à « toute instance susceptible d'intervenir dans la conception, la réalisation ou la production du texte ». Texte doit ici être compris dans son acception la plus large : image, son, langage. L'écran est un médium, qui fait écran, au sens propre du terme, aux éléments de savoir qu'il est prêt à afficher, et de lumineuse manière, si et seulement si on les lui demande ; le livre, au contraire, est entièrement lisible dès qu'il est ouvert. La typographie de l'écran est bien plus rigoureuse que celle du papier : Fermat aurait-il pu inscrire ses notes en marge de son écran ? L'écriture informatique ne se conçoit pas hors cadre[37]. Ce cadre est lui-même structuré en trois espaces distincts, brillamment analysés par Souchier[38] : le *cadre matériel*, nécessaire à toute écriture, struc-

36. *La Vie à fil tendu, op. cit.*
37. Ne pas confondre avec l'utilisation de l'espace à bords perdus, limitée de toute manière par la surface du papier, ou, à Sumer, celle de la tablette.
38. Souchier E., *op. cit.*, p. 105.

ture l'espace de vision ; le *cadre système*, qui est le premier cadre lisible, délimite le jeu des possibles, il est permanent et à *bords perdus*, limité uniquement par le cadre matériel ; le *cadre logiciel*, enfin, est celui de l'effectuation d'une tâche, il est nettement délimité par des marges.

L'écran est aussi l'interface avec le sujet qui pianote sur son clavier et tout le savoir du monde : ne faut-il pas supposer, en effet, que c'est tout le savoir du monde qui palpite dans le grand temple interconnecté pour interroger le Net dès qu'une question se pose ? L'ordinateur est ainsi l'entremetteur d'une connaissance d'un type nouveau : le flux d'information est unidirectionnel (le reproche même que l'on adresse à l'enseignement magistral standard !), l'information est plutôt spécialisée, et le lien plutôt éphémère. L'intimité et la convivialité de la consultation relèvent de la solitude partagée. La question de savoir si Internet constitue, ou structure, ou contribue à déterminer le réseau social, ou encore s'il s'insère dans ce réseau semble loin d'être résolue.

Le courrier électronique, produit dérivé de la toile, remodèle aussi la relation à autrui et au temps. Tous mes correspondants ont la même écriture, leurs courriers ont la même apparence, et j'en prends connaissance quand bon me semble, et à l'endroit que j'ai choisi.

RHÉTORIQUE DE L'ÉCRAN

La rhétorique du moniteur (l'écran, bien sûr) est ainsi une rhétorique de la superposition et de l'hétérogène, qui se développe dans un espace feuilleté, et non pas une rhétorique linéaire de la continuité, celle que tu lis en ce moment, ami lecteur. Cette rhétorique impose la relation au temps du lecteur. Le livre en effet investit complètement un temps partagé : que je lise, que je feuillette ou que je rêve, je suis toujours avec le livre, c'est moi qui le tiens dans ma main. Avec la toile, la machine, de temps à autre, me cède du temps, le temps pendant lequel elle travaille seule, sans rien d'autre à me montrer que de maigres signes de vie, un sablier, une montre, un clignotement, un chatoiement : tels sont les signes du téléchargement ou du travail interne, pendant lequel je suis rivé à l'écran, et les interminables secondes nécessaires à l'affichage d'une image me procurent un avant-goût de la souffrance de l'éternité. Ce temps est vide, ou plutôt plein d'attente ; on n'y attend pas le sens, mais le signe. Telle est la vaste problématique du *sens formel*, c'est-à-dire de la relation intime entre le sens et la forme d'une inscription : « Nos outils d'écriture participent à l'élaboration de nos idées », notait Nietzsche. Le texte naît d'une rencontre entre une idée, un support, et une écriture.

Les étudiants sont très tôt initiés à cette rhétorique d'écran : chaque étape de leur recherche est scandée par l'écriture d'une page Web. Le fait que, dans les phases initiales de l'enseignement, le modèle de mise en page soit fourni montre l'intérêt que l'école accorde à l'écriture d'écran. Les « bonnes feuilles » sont d'ailleurs disponibles sur le site Internet de l'institution.

GO NET, YOUNG MAN !

Les logotypes des moteurs de recherche partagent une caractéristique commune, ils évoquent l'idée d'universalité ; dans un logo, le Monde n'est plus soutenu par Antée, mais par une gracieuse main féminine ; dans cet autre logo, les idées de navigation et de conquête sillonnent la planète ; une vision altière de toit du monde repère un troisième moteur ; *Magellan* condense et prolonge sous son nom le mythe de la conquête de l'Ouest, pour la souveraineté sur un nouveau monde virtuel, et la maîtrise de la route des Nouvelles Épices, *Wanadoo*, dont la gravure paradoxale est révélée par une oscillation périodique, évoque la demeure onirique d'un nabab, énonce, avec une prononciation désinvolte, une proposition volontaire[39], c'est tellement plus *in*... Les fonctions symbolique et idéologique sont ici transparentes ; pour celui qui sait naviguer dans la toile[40], les nœuds touffus des réseaux d'information ont perdu leur mystère ; il peut alors, sans effort excessif, s'identifier au maître du Monde ; il suffit pour cela d'un tout petit peu d'imagination.

Délier les nœuds, c'est savoir lire dans la toile ; c'est aussi savoir écrire : sous la joyeuse explosion libertaire déclenchée par la possibilité de tout un chacun de se donner un statut, sous la bannière d'un lieu de mémoire délocalisée et trans-formée, se forge une relation nouvelle au savoir. La rigidité des formes de ce savoir

39. *I wanna do,* « je veux faire » (renseignement fourni par l'opérateur) ; NB : en anglais classique : *I want to do.*

40. Comment ne pas penser à Jason, à la Toison d'or et aux Argonautes ?

semble tout droit héritée de la vigilance des maîtres imprimeurs, mais les canons en sont déterminés, consensuellement, par les normes des réseaux. Rien ne ressemble plus à une page Web qu'une autre page Web ; l'exubérance des couleurs et la fantaisie convenue des mises en page n'y changent rien. Pire : Apollinaire inscrirait-il ses calligrammes sur sa page Web qu'il ne susciterait, au mieux, qu'un intérêt distrait pour sa mise en page. On revient à une sorte d'unidimensionnalité, consentie et spontanée. Les lecteurs de Marcuse s'en étonneront-ils ?

L'apprentissage fondé sur l'étude d'un problème dont nous avons rapporté une séance inaugurale est à IMSA l'objet d'un considérable travail. Travail de formation des collaborateurs extérieurs à l'école, de recherche pédagogique et de diffusion de l'information auprès des professeurs et écoles de l'État de l'Illinois (cette séance n'est pas un modèle, mais un exemple tiré dans une foule d'autres possibles). Pour assurer le développement de ce mode d'enseignement, quatre personnes sont employées à plein temps par une structure satellite de l'IMSA, le *Center for Problem Based Learning*. On peut obtenir des informations sur le site Internet http ://www. imsa. edu/team/cpbl. Dans une des nombreuses brochures publiées par ce centre, la méthode est définie par les termes suivants :

L'apprentissage fondé sur l'étude d'un problème (PBL) est une approche éducative qui organise le cursus et l'enseignement autour de problèmes mal posés[41]*, en fait soigneusement conçus. Les étudiants assimilent et appliquent le savoir de multiples disciplines dans leur quête de solutions. Guidés par des professeurs qui se comportent en entraîneurs du cognitif, ils se construisent une pensée critique et des aptitudes au travail de groupe quand ils identifient les problèmes, formulent des hypothèses, organisent des recherches d'information, font des expériences, formulent des solutions et déterminent celles qui sont les mieux adaptées aux conditions du problème. Cet apprentissage permet aux étudiants de se plonger dans la complexité, de trouver pertinence et joie dans l'acte d'apprendre, de développer leur capacité à résoudre les problèmes du monde réel de manière créative et responsable.*

41. On désigne sous ce nom, en mathématiques, un problème dont l'énoncé est incomplet ou imprécis et qui peut n'avoir aucune solution, ou alors plusieurs solutions, ainsi qu'il est fréquent dans les problèmes réels. On trouve aussi dans d'autres brochures l'adjectif *messy*, qui traduit l'idée de désordre.

Ce type de cours pluridisciplinaire, employé comme seul moyen d'acquisition du savoir scientifique pour ceux qui choisissent, ou à qui on impose[42] cette voie, est l'objet de débats passionnés, semble-t-il, entre partisans et détracteurs, tant professeurs qu'élèves : certains élèves disent avoir l'impression d'apprendre moins par cette méthode que leurs camarades suivant l'enseignement structuré par disciplines (mais toujours en travail d'équipe !), et sont un peu décontenancés : « Ça part dans tous les sens ! » En fait, tout dépend du degré de pluridisciplinarité.

Autour de la pyramide de Leon

> « L'éducation est une chose admirable, mais il est bon de rappeler de temps à autre que rien de ce qu'il faut savoir ne peut être enseigné. »
>
> Oscar WILDE.

LA PYRAMIDE DE LEON

Le substrat de la pyramide du savoir proposée par Leon Lederman est constitué par les mathématiques ; au premier étage, la physique exprime ses propositions dans le langage des mathématiques. La chimie, à l'étage du dessus, s'alimente notamment de concepts et de notions physiques et mathématiques. La biologie, qui coiffe l'édifice, puise aux sources de la chimie, de la physique et des mathématiques. Cette représentation ne nie en aucune manière l'autonomie revendiquée des disciplines. Il n'est que trop clair en effet que les praticiens des sciences de la nature ne manquent pas de solliciter la sagacité des mathématiciens en leur demandant de forger de nouveaux concepts et de nouveaux outils.

INTÉGRER LA SCIENCE

L'école a maintenant douze ans, le lancement du programme « sciences intégrées » date de 1991, et l'école n'a atteint sa taille et son niveau d'équipement actuel qu'en 1993 ; comme la durée des

42. Des élèves nous ont rapporté avoir été affectés d'office dans cette voie, qui est actuellement constituée de trois fois deux cours semestriels, en lieu et place de deux cours semestriels de chimie plus deux cours de physique plus deux cours de biologie enseignés séparément (le choix est évoqué à la rubrique « L'Organisation générale du cursus »).

études est de trois ans, les premières mesures statistiques sont récentes. Un service de suivi des étudiants durant leurs cursus universitaires respectifs et même au-delà existe à l'école. Les résultats à long terme semblent plutôt positifs, mais, en matière de mesure de l'efficacité d'une méthode éducative, on sait qu'il vaut mieux être modeste. C'est avec cette méthode que la déstructuration disciplinaire est la plus complète, ce qui ne manque pas de susciter des commentaires, quelquefois critiques, des étudiants. La présidente de l'école, Stephanie Marshall, y répond de façon très nuancée, principalement en arguant de ce que les élèves ne sont peut-être pas encore les meilleurs juges à court terme de l'efficacité de ce qu'ils font, et qu'il faut juger à plus long terme, au cours des études universitaires et dans la vie réelle.

> « La chenille, au moment de la métamorphose, ignorant l'aile et l'air, médit du firmament. »
>
> Louis ARAGON[43].

En attendant, Stephanie Marshall signale l'intense travail dans le domaine de l'évaluation. Ce travail est simultané de la mise au point, aujourd'hui presque achevée, de programmes d'enseignement (ou plutôt, de guides composés de points de référence laissant encore une large marge de liberté). On comprend le problème technique que constitue la confrontation entre la volonté de laisser les élèves guider eux-mêmes leur travail dans des situations pluridisciplinaires complexes proches de la vie réelle et l'exigence de transmettre des contenus pertinents, fixés à l'avance...

L'institution inclut dans ses missions de concevoir et d'évaluer des programmes et des méthodes innovants et de les partager avec des écoles de l'Illinois et d'ailleurs.

Le programme de science intégrée est, par nature, constructiviste : construit autour des concepts des disciplines d'origine des initiateurs. L'apprentissage se fait par l'établissement de liens entre le savoir existant et les concepts nouveaux. On comprend mieux, avec cette acception, le succès des modèles connexionnistes à l'IMSA.

Et dans la classe, et dans l'esprit des enseignants en France, l'intégration n'est pas un phénomène majoritaire, elle est même

---

43. *Comment l'eau devient claire.*

décriée, quelquefois comme absolument mauvaise et le plus souvent comme localement inappropriée. Il n'est pas rare que les visions altières de plusieurs chantres du séparatisme disciplinaire soient brouillées par une méconnaissance impressionnante de ce qui ne relève pas de ce qu'ils nomment leur domaine de compétence. L'enseignement standard s'intéresse plus aux faits et aux définitions qu'à leurs applications. Il y a sans doute ici quelque chose de structurel qui s'oppose à une évolution significative. Au niveau des classes préparatoires scientifiques, par exemple, la modélisation est au fronton des programmes. Que l'on se hasarde de ce côté et voici, du murmure au tollé, la fronde. Rien ne vaut le bon vieux modèle prédigéré, le bon vieux « montrer que l'on a » !

L'instruction à l'IMSA n'est pas fondée sur des concepts disciplinaires importants, mais sur des problèmes vastes et « réels ». Il s'agit de développer des habitudes scientifiques et d'éradiquer la désunion pédagogique des matières, qui étouffe la vitalité des cursus. « Il n'y a qu'une seule matière et un seul sujet pour l'éducation, et c'est la Vie. »

L'évaluation n'est pas simple, car l'échantillon (taille moyenne, quinze élèves, avec un écart type très important) est, par sa qualité, biaisé. Un critère, cependant : les étudiants ayant choisi ce cursus choisissent plus de cours scientifiques facultatifs que les autres ; ils ont à la fois plus de frustration et plus d'enthousiasme.

Tout savoir ordonné peut être bien ordonné. Quel savoir et quel savoir-faire veut-on pour les élèves ? Comment savoir si nos attentes ont été satisfaites ? Y a-t-il un ensemble de concepts et de processus dont la maîtrise soit indispensable ? Ces éléments de savoir peuvent-ils être retenus et utilisés dans des situations nouvelles ?

L'éducation standard suppose, par sa pratique (et implicitement le plus souvent), que les réponses à ces questions peuvent être, en principe, connues. Caricaturons : le savoir est dans le programme, et le savoir-faire dans ses commentaires ; la note mesure la satisfaction de nos attentes ; les concepts et les processus sont les têtes de chapitre, et leur universalité garantit la possibilité d'utilisation dans une situation nouvelle.

Le livre est réputé contenir l'essentiel de ce qu'il faut savoir. Considérons la rigueur avec laquelle les censeurs des épreuves d'examens et de concours traquent le *hors programme*. Il n'y a pas que du narcissisme (Éros) et de l'agressivité (Thanatos) dans cette vindicte ; il y a, bien plus profond, une conception étanche du dedans et du dehors : ce que l'on doit savoir et ce que l'on doit ignorer ou, mieux, feindre d'ignorer.

L'éternité contingente. Mais, précisément, les programmes changent, et la loi, qui ne souffre pas de transgression, devient caduque. Voici de nouveaux livres, voici de nouvelles fondations, qu'il faudra enseigner et qu'il faudra apprendre. La sueur perle sur le front de Sisyphe.

Vers un connaître qui ne serait pas un savoir. Un cursus plus préoccupé de l'apprentissage et des individus qui apprennent aurait de meilleures chances d'engager les étudiants dans un processus d'apprentissage véritable. Les ingrédients de cet apprentissage ont été énoncés, pour la pratique scientifique, par Francis Bacon (par exemple, *Novum Organum*) : observation, inférence, hypothèse et expérimentation. Il s'y ajoute des facultés cognitives telles que logique, généralisation, construction de symboles et de sens. L'enseignement traditionnel ne cesse de chanter les louanges de ces qualités ; il se trouve souvent démuni lorsqu'il s'agit de les susciter ou de les reconnaître. Paix aux mânes de celui qui, il y a bien longtemps déjà, préférait les têtes bien faites aux têtes bien remplies.

Libre circulation des connaissances. On ne possède que ce que l'on peut donner ; il convient donc que la connaissance circule librement au-delà du contexte d'apprentissage. On retrouve, inlassablement, l'exigence du lien ; ici entre le savoir de la classe et la connaissance du Monde auquel il donne accès. La nature ne séparant pas les disciplines, il appartient aux étudiants d'établir les liens qui leur permettront de se représenter le Monde[44].

L'AUTORITÉ RECONSIDÉRÉE

L'autorité ne se décrète pas, elle se donne[45]. La hiérarchie du savoir se substitue ici à la hiérarchie de la compétence.

---

44. L'objection immédiate suivante ne manquera pas de se manifester : « Eh quoi, messieurs les bons apôtres, allez-vous demander à nos potaches incultes et insouciants d'unifier la géométrie et l'astronomie comme le fit Galilée, l'électricité et le magnétisme comme le fit Faraday, l'algèbre et la géométrie comme le fit Descartes, la Lune et la Pomme comme le fit Newton et pourquoi pas les Mots et les Choses comme Foucault, et je vous fais grâce de l'Être et du Néant ! »

45. Le genre d'aphorisme approuvé par la totalité et accepté par la minorité...

Le mentorat, c'est formidable !

DESCRIPTION

« Mes phrases pour faire écho aux phrases musicales de l'âme. »

Walt WHITMAN[46].

On connaît mal, lorsqu'on est élève, les contours d'un projet personnel (le métier auquel on se destine par exemple), peut-être même n'en a-t-on aucune idée. Un but du *mentorat*[47] est l'apprentissage du réel et de l'incertain par immersion dans le monde de la recherche ou dans le monde industriel. Cette activité touche à l'âme de cette école, elle en est un élément essentiel, elle se déroule et se conclut dans une sorte de ferveur. Il n'y a pas, *a priori*, de limite au choix du sujet, des plus modestes aux plus fous, il s'agit de susciter la créativité par l'action.

Les professeurs de l'école ne jouent qu'un petit rôle dans le mentorat. On désignera sous ce néologisme transparent un partenariat interactif entre un(e) étudiant(e) et un(e) scientifique, un(e) ingénieur(e), un(e) érudit(e), généralement un(e) chercheur (euse)[48], dans une institution d'éducation, un musée, un laboratoire, une université, une entreprise, ou tout organisme où l'on considère que la formation des jeunes, l'acquisition de la faculté d'observation, l'exercice du sens du réel par le regard comme par l'écoute, sont à la fois des exigences et des nécessités.

Cette activité de mentor ne fait l'objet d'aucune rémunération supplémentaire. L'entreprise, publique ou privée, et le mentor lui-même, considèrent qu'en agissant de la sorte ils travaillent aussi pour eux-mêmes, c'est-à-dire pour l'avenir, leur propre avenir.

À travers ce mentorat, les étudiants vont approfondir leurs dispositions pour la recherche, ils vont acquérir une compétence particulière dans un domaine qu'ils ont, en général, choisi eux-mêmes, avec la confiance en soi que cela peut générer ; peut-être

46. *Feuilles d'herbe.*
47. Mentor est le précepteur qui éclaira la route de Télémaque, fils d'Ulysse et de Pénélope, sur les traces de son père.
48. Depuis la disparition du caractère éponyme du masculin dans la langue française, les auteurs sont tenus à ce distinguo.

vont-ils aussi découvrir dans quel métier ils s'épanouiront le mieux. Attention ! cette expérience n'est pas neutre, il y a obligation de résultats. Il ne s'agit pas forcément de créations originales, mais on ne peut pas biaiser ; réussite ou échec, il faudra affronter le problème tel qu'il se présente et surtout en rendre compte en public.

Comme tout laboratoire de recherche, l'IMSA mène simultanément plusieurs expériences, illustratives de sa doctrine. Séminaires, symposiums, voyages académiques[49] sont des formes courantes de ce genre d'activité. Les mentors reflètent la diversité du cursus (musées, entreprises, laboratoires...). Il s'agit de participer à une activité, préférentiellement de recherche, et de le faire sans compromis — ni fantasme — sur le niveau d'exigence *(même si on ne place pas de rinceurs d'éprouvettes, s'il faut laver, on lavera)*. Pas d'exclusive non plus sur la nature des thèmes du travail. La doctrine d'interconnexion généralisée du savoir et du transfert généralisable de connaissances est appliquée ici sans détour ni atténuation. Le pragmatisme est ici souverain ou, plus exactement, si la science est reine, le marché est roi.

Avec une différence cependant, et notable. Le but est ici d'initier à la pratique de la recherche et non point de produire nécessairement de la nouveauté. La production scientifique, est-il pensé, n'épuise pas l'activité scientifique ; de ce point de vue, l'idéologie à l'IMSA se rapprocherait de celle de Feyerabend. « L'histoire des sciences ne consiste pas uniquement dans les faits et les conclusions qu'on en tire [...], les faits qui entrent dans notre connaissance sont déjà considérés sous un certain angle [...]. L'histoire des sciences sera aussi complexe, chaotique, pleine d'erreurs et divertissante que le seront les idées qu'elle contient [50]. » Certainement, et comme on le verra plus loin, l'IMSA intègre parfaitement ce discours d'évidence ; fidèle à sa manière, elle en donnera une description claire et rationalisée, visant à l'exhaustivité. La donnée de cette description s'inscrit en faux contre tout un courant d'éducation scientifique, omettant, et par la même niant, que la science elle aussi, et comme toute chose, a une histoire. Les élèves sont en situation d'observer que les intuitions d'un individu, ses idées, son activité

---

49. Peu de chose à voir avec le style de « *voyage d'étude* » cher à des générations d'étudiants, et dont il serait mensonger d'affirmer que toute étude en était absente.

50. Paul Feyerabend, *Contre la méthode,* Paris, Seuil, 1979, p. 15.

scientifique en un mot, s'intègrent dans un ensemble bien plus vaste de croyances, d'opinions ou de manières d'être.

Les domaines d'investigation sont d'un extrême variété : biochimie, supraconductivité, anthropologie, mathématiques, pédiatrie, informatique, génétique, restauration d'œuvres d'art, paléontologie, neuropsychiatrie, industrie de la bière, modèles moléculaires, écologie et bien d'autres encore. Une conjonction d'intérêts se forme, alliant le mentor et l'élève. L'un et l'autre vont cultiver, découvrir le sens du compromis nécessaire devant des situations complexes et prendre, ensemble, des décisions satisfaisantes. Le choix d'un sujet, dans un contexte non scolaire, est déjà une de ces situations.

Les étudiants sont engagés dans toutes les différentes phases de la recherche : observation et documentation, proposition et préparation d'expériences, tentatives théoriques, rédaction d'un rapport, publication et présentation de celui-ci. Cette présentation qui s'effectue tous les ans et à laquelle nous avons eu la chance d'assister se fait en public en présence du mentor (ou des mentors pour un travail d'équipe à plusieurs mentors et plusieurs étudiants), d'une partie des professeurs, des parents (comme il se doit !) et d'autres étudiants, en nombre très variable. La présentation, dont nul ne songerait à se soustraire, est à la fois conviviale et solennelle et d'une qualité professionnelle[51]. C'est sur cette préparation du rapport et donc du travail de communication ultérieur que vont se bâtir la crédibilité et la réputation du travail de *mentorat*.

Le professionnalisme de la présentation de ce travail de recherche implique l'utilisation maîtrisée du rétroprojecteur, de la tablette de rétroprojection d'un ordinateur, de techniques d'animation, de vidéoprojection ou de diaporamas. L'exposé requiert de toute part un très grand engagement personnel. Les mentors ont bien d'autres responsabilités et bien d'autres engagements. Les étudiants doivent donc respecter strictement les rendez-vous, ne pas faire perdre du temps, ni à leur mentor ni à eux-mêmes ; c'est une école de respect mutuel. De la considération pour les connaissances et le savoir-faire transmis par le mentor, de la considération pour l'engagement et la contribution du jeune qui souhaite devenir membre de la communauté des scientifiques et des érudits.

---

51. Terme convenu : beaucoup d'exposés de professionnels n'ont pas cette qualité-là.

PRATIQUE DU MENTORAT

> « Jeunes, à la minute, vous seuls savez dire la vérité, en dessiner l'initial, l'imprévoyant sourire. »
>
> René CHAR.

Engagements mutuels. « Le composant essentiel de la réussite d'un mentorat est le choix d'un projet viable, c'est-à-dire, capable d'exister, de se développer et de survivre »... On ne saurait insister trop sur cette phrase initiale d'un guide du mentorat. Avant cette réussite, il faut franchir plusieurs étapes, on en discute avec ses professeurs et on se retrouve chez Peggy Conolly.

Le Dr Peggy Conolly, qui travaille également au *laboratoire de recherche et développement* de l'école, gère la totalité du dispositif, avec l'aide d'un secrétariat à temps complet. Son vaste bureau est une véritable entreprise de placement : les élèves y ont accès libre, pour consulter les offres sur le grand tableau, ou y inscrire leurs souhaits ; le secrétariat s'y montre des plus obligeants. Certains mentors ont déjà une idée de projet de recherche, peut-être parce qu'ils ont su créer une opportunité spécifique, ou bien qu'ils sont prêts à partager quelque responsabilité dans une partie d'un projet existant. Reste à convaincre l'étudiant qu'il peut se tirer d'affaire avec un minimum d'aide tout en étant un participant actif au travail du laboratoire. Quand cela est possible, les apprentis chercheurs sont placés par deux ou au plus trois. Cet indispensable travail d'équipe, avec des équipiers de leur niveau, est des plus fructueux ; c'est aussi un élément de sécurité pour cette activité qui se déroule en dehors du campus et qui peut nécessiter des trajets assez longs. Et puis, cela rend moins dépendant du mentor ; discutant entre eux de leur projet, les élèves en seront plus à même d'en parler avec leurs professeurs et avec leurs parents.

Le mentorat correspond à l'une des exigences les plus affirmées de l'Institut ; par exemple, la manière dont sont traitées les absences est décrite avec une précision minutieuse et le traitement en est d'une rigueur extrême. On peut voir dans ce soin une préoccupation aussi légitime que forte, car c'est l'image même de l'école qui est ainsi diffusée. On revient ici à l'un des schémas sociologiques phares de l'IMSA : le réseau entièrement connecté ; l'IMSA est un nœud de ce réseau. Puisqu'il en est ainsi, les exigences signifiées aux acteurs du mentorat seront bilatérales ; elles seront fortes ; chacun aura ses droits et ses devoirs, s'inscrivant dans le cadre général du respect intransigeant de l'autre. Le rôle du mentor est hautement individualisé, avec cependant quelques traits généraux :

Qu'il le veuille ou pas, le mentor est un modèle, et l'on attend de lui qu'il transmette ou enseigne les rituels, le langage et les attentes de son domaine d'activité. C'est ici que l'aspect transférentiel de la relation pédagogique est le plus marqué. L'attention du mentor est attirée sur le fait que chacun de ses actes prendra, dans les représentations de l'élève, une signification. On ne manque pas d'exprimer la responsabilité de l'encadrant. Ce point est délicat, et il ne saurait être accepté sans réticence en France : personne ne niera le fonctionnement en miroir de toute relation, et chacun nourrit discrètement l'ambition d'être, parmi les modèles, dans la classe de ceux qui séduisent et convainquent plutôt que d'appartenir à celle des repoussoirs.

Le mentor doit s'investir dans et se sentir concerné par l'activité de l'élève. De ce point de vue, la responsabilité d'un échec sera partagée. Inscrite dans le contrat de mentorat, l'intersubjectivité est ainsi cultivée, avec indication du sens de quelques bonnes manières et mise en garde à l'encontre de quelques imprécisions.

L'élève, dont les éminentes qualités sont rappelées au mentor, a aussi des droits et des devoirs. Essentiellement, prendre acte de l'investissement du mentor et lui rendre la pareille. Ponctualité, serviabilité, respect du temps (on demande au mentor de se rendre disponible et à l'élève de ne pas harceler).

On exige la tenue d'un cahier de laboratoire, objet sur lequel se construisent la réputation et la crédibilité. Ce cahier de laboratoire — le terme exact serait *registre* —, avec ses feuillets numérotés et datés, est une pièce maîtresse du dispositif de mentorat et il contribue à en montrer le sérieux. Il est obligatoire d'y consigner par le menu le quotidien du travail, résultats, échecs, succès, organisation, procédures, procédés, limitations, observations, références, ressources documentaires utilisées, description des phénomènes observés, attendus ou inattendus, teneur des discussions avec les autres chercheurs, réactions, questions soulevées. Ils n'oublieront pas leurs réflexions, la recherche des points forts et des points faibles, les frustrations, les satisfactions [52].

On attend aussi des étudiants qu'ils deviennent familiers de la « littérature » propre à leur domaine d'investigation, qu'ils puissent identifier rapidement quelles sont les publications les plus fréquemment consultées par les chercheurs, sans négliger des publications périphériques, mais en relation avec leur travail. Il est également important d'identifier les livres significatifs et de connaître le nom des chercheurs de pointe dans le domaine, les aspects du sujet qu'ils ont examiné, ce qui est connu, ce qui reste à découvrir et ce qui pourrait relever du travail d'un étudiant motivé.

La responsabilité civile est partagée entre le mentor et l'étudiant (donc indirectement, son école, ses parents et leurs assurances). L'un s'engage à expliquer les précautions et les procédures propres à assurer la sécurité dans un laboratoire, l'autre à les respecter strictement. Cet engagement mutuel est écrit et cosigné, exactement comme un contrat.

Évaluations mutuelles. En relation constante avec le bureau de coordination du mentorat, le mentor a également une responsabilité pédagogique. Il signale immédiatement toute inadaptation et tout ce qui pourrait être préjudiciable à la qualité du stage. À la fin de l'année scolaire ou du travail de recherche, si celui-ci nécessite une durée plus longue, il remplit une fiche d'évaluation dont voici quelques éléments :

Étiez-vous à l'aise avec des attentes de notre programme de mentorat ?

Pensez-vous que la compréhension de l'étudiant et ses propres attentes étaient adaptées ?

L'étudiant a-t-il été assidu, a-t-il participé pleinement ?

A-t-il bien utilisé son temps sur le site ?

A-t-il suivi scrupuleusement les procédures de sécurité ?

A-t-il suivi les directives ? pris soin des appareils et des équipements ?

A-t-il pu travailler effectivement par lui-même, sans aide ?

S'est-il adapté à des situations nouvelles ?

52. L'histoire des sciences est riche d'exemples montrant que ce qui semble futile aujourd'hui, à la limite de l'invisible, peut demain se révéler essentiel ou décisif. Aux États-Unis, le cahier de laboratoire est une pièce maîtresse dans les conflits de paternité d'une nouveauté.

A-t-il pu résoudre des problèmes en utilisant un mélange d'intuition, de logique et d'imagination adaptées à la situation ?

A-t-il effectivement communiqué, avec vous, avec toute l'équipe, travaille-t-il volontiers avec les autres ?

Son comportement « social » était-il approprié ?

Avez-vous discuté de cette évaluation avec l'étudiant ?

Quels changements verriez-vous pour rendre ce programme de mentorat plus efficace ?

S'il vous plaît, commentez, en quelques lignes, les points forts et les points faibles de votre élève, tant sur le plan technique que sur le plan humain. Remplissez ce questionnaire le plus librement possible.

Comment les étudiants peuvent-ils, à leur tour, évaluer leur mentor ? Ils disposent pour cela d'un questionnaire semblable au précédent. Bien entendu, si quelques problèmes surgissent en cours d'année, les étudiants peuvent soit les résoudre eux-mêmes directement avec leur mentor, soit s'adresser au service de coordination du mentorat à l'école. Comme pour l'évaluation des professeurs par les étudiants, c'est plus l'activité qui est évaluée dans son ensemble que la personne, bien que certaines questions soient directement liées au comportement du mentor lui-même. Voici quelques éléments du questionnaire :

Votre mentor avait-il compris les buts du mentorat ?

Votre mentor s'était-il préparé à vous recevoir ?

Avait-il des connaissances suffisantes, à votre avis, dans votre domaine d'intérêt ?

Était-il disponible, raisonnablement, chaque fois que vous en aviez besoin ?

Était-il distant ou d'un contact facile, convivial, amical ?

S'est-il intéressé à vos progrès ?

Si vous trouvez que certaines choses ne sont pas appropriées à une activité de mentorat, dites lesquelles.

Combien de temps passiez-vous sur le site ?

Combien de temps passiez-vous réellement à votre travail de recherche ou à vos activités en relation directe avec celui-ci ?

Combien de temps passiez-vous dans les transports ?

Les exigences de votre participation à un mentorat vous avaient-elles été clairement communiquées ?

Quel bénéfice espérez-vous tirer de votre participation à un mentorat ?

Cette expérience a-t-elle rempli vos attentes ?

Que verriez-vous comme changements à faire pour rendre ce programme de mentorat plus efficace ?

Voulez-vous continuer un mentorat l'an prochain, avec le même mentor, avec un autre, pas du tout ? Donnez les raisons de votre réponse.

Avez-vous parlé à votre mentor de vos projets ?

Commentez librement, en quelques lignes, tous les aspects du mentorat.

Les bénéfices que les étudiants peuvent retirer de cette expérience dépendent avant tout de leur initiative, de leur opiniâtreté et de leur dévouement. On leur demande ponctualité, assiduité et sociabilité, on leur donne des responsabilités, une place parmi les adultes, la possibilité enfin de s'assumer, de construire quelque chose à soi, reconnu par la Cité. Cette reconnaissance se manifeste de façon tangible, lors de la présentation solennelle des travaux personnels, bien sûr, mais aussi par la publication des meilleurs comptes rendus dans la presse de Chicago (*Physician's Lifestyle Magazine, Chicago Tribune*).

De manière plus générale, chaque institution professionnelle recevant des étudiants en mentorat a ses règles ; qu'elles soient écrites ou non, les étudiants devront en tenir compte et les étudier, éventuellement pour les critiquer. Cela ne se fait peut-être pas sans mal, y compris dans les exigences vestimentaires ; le jean-tee-shirt-blouse est de mise dans un laboratoire ; dans un cabinet d'avocats le code vestimentaire pourra être différent. Il faut que les élèves se forment un jugement faisant appel, certes, aux règles, mais aussi à leur propre expérience, à leur propre réflexion et à une conquête active de la connaissance. Petit à petit, ils vont devenir familiers des problèmes éthiques de la recherche, des problèmes institutionnels, légaux, logistiques et des controverses ou des problèmes de sécurité et d'environnement concernant leur projet. C'est une immersion dans le monde réel avec toute sa complexité.

Le rapport, la présentation. Comment s'organise le travail et son évaluation ? Une part de cette évaluation est le fait du mentor lui-même par le biais du questionnaire, mais l'étudiant n'est pas livré aux seules griffes de son mentor, tant s'en faut ; d'autres instruments de mesure ont été mis au point. Le point culminant du stage est la soutenance du rapport de recherche. Ce dernier pourra éventuellement, avec l'accord de l'étudiant, faire l'objet d'une publication, ou de contributions à des conférences. La note reçue par l'élève, à l'issue de son travail, est binaire : passe ou échoue. Avec sagesse, l'institution a renoncé à toute gradation dans les éloges ; c'est l'affaire de la notoriété, donc du temps. Il est connu que les dithyrambes renseignent souvent plus sur un jury que sur un travail.

Voici donc que s'approche le jour de cette fameuse présentation publique, il va falloir rédiger le mémoire sacramentel. C'est sur cette préparation du rapport et donc du travail de communication ultérieur que vont se bâtir la crédibilité et la réputation du travail de mentorat.

En attendant ce jour grandiose, on commence par de tout petits pas, mais sans s'arrêter selon la technique bien connue des porteurs népalais.

Peggy attend la rédaction définitive du projet de recherche sous trois semaines ; il n'y a pas de temps à perdre, en trois mercredis, pour se familiariser avec ce nouveau monde, préciser le contexte et le but, les hypothèses, quelques références, des idées sur les méthodes et le matériel à utiliser, le tout assorti de quelques considérations éthiques identifiant la contribution que cette recherche pourra apporter à la Cité et les applications que ce travail personnel pourrait y avoir.

Il faut remettre vers la fin du premier trimestre un rapport intermédiaire, précisant l'état des travaux, éventuellement les modifications d'orientations par rapport au projet initial, les premiers résultats, les premières discussions en relation avec d'autres recherches du site, toujours étayé d'une bibliographie et des références correspondantes, des méthodes et du matériel utilisés. Vers le printemps, Peggy attend un résumé, bref et précis (pas plus de deux cents mots), de la recherche qui s'est entre-temps affinée et ciblée. Le choix du titre de ce résumé et de l'article qui suivra est important, il est longuement discuté, car les mots clés sont utilisés pour le retrouver dans un index informatique, sur le Net, par exemple.

Ce résumé sera largement diffusé à l'intérieur de l'école, ainsi que vers une importante liste de correspondants. La présentation annuelle a lieu quelques semaines plus tard, fin avril.

Le rapport complet est remis au plus tard à la fin de l'année. Sa structure est complètement définie avant la présentation publique, de même tous les éléments visuels de cette présentation sont prêts.

Voilà qui ressemble fort, en esprit, aux TIPE des classes préparatoires aux grandes écoles scientifiques françaises, à la taille près : une centaine d'étudiants à l'IMSA et environ quinze mille en France[53].

La brochure remise aux élèves est fort bien présentée, elle indique ce que l'on attend d'eux, et aussi quelques clés pour le succès. En voici la traduction de quelques éléments ; rappelons avec insistance que le niveau est celui d'une classe de seconde :

La présentation : c'est la première chose dont on parle. Vous êtes tenu de publier le fruit de votre travail, la présentation correspondante est orale et visuelle, il convient donc de préparer des transparents, des diapos, une projection informatisée, une vidéo, comme il vous plaira, mais avec rigueur, sobriété, économie de moyens et élégance. Le résultat final sera de classe professionnelle.

L'intégrité : dites la vérité, toute la vérité, rien que la vérité. Soyez compétent, tant sur le plan technique que sur le plan éthique, soyez exigeant avec vous-même, ne laissez rien au hasard, ne confondez pas compromis et compromission. Traitez les gens, les animaux, les équipements et les biens avec respect. Il est plus facile de se battre pour des principes que de vivre avec ; faites les deux.

La motivation : votre succès dépend de vous. Ne vous contentez pas d'une approche superficielle de l'information, soyez tenace. Assistez à toutes les sessions et trouvez le temps pour comprendre le contexte et la nature spécifique de votre travail, soyez déterminé. Soyez persévérant lorsque le matériel est défaillant ou le travail ennuyeux. Ayez suffisamment de force de caractère pour vous adapter aux situations nouvelles. Émerveillez-vous !

Le risque calculé : soyez prêt à prendre des risques dans une situation peu familière, à essayer des choses nouvelles sans certitude de succès, mais avec circonspection, posez des questions, admettez qu'il vous faut parfois plus

53. La présentation orale américaine est plus uniforme et toujours de très haute qualité, mais les étudiants français des CPGE sont plus libres dans leur choix puisque non soumis à la nécessité de trouver un mentor. Le revers de la médaille, c'est un contact trop ténu, épisodique, non systématique en tout cas, avec le monde de la recherche ou le monde industriel.

d'information avant de vous risquer. Sachez apprécier le travail de votre mentor et ce qu'il vous apporte. Montrez votre enthousiasme !

Respect et discrétion : la courtoisie ouvre bien des portes et facilite bien les demandes, un intérêt sincère pour les autres, pour leur travail, leurs conseils permet de développer un esprit de coopération indispensable pour la recherche. Soyez prudent si vous donnez des informations sur les travaux de votre mentor, respectez la confidentialité qui vous est demandée. Vous appartenez à une équipe, ne trahissez pas la confiance qui vous est faite.

Perspective : la recherche est un travail difficile, méticuleux, répétitif, frustrant, exhaustif. Vous n'avez que rarement les résultats souhaités et même souvent aucun résultat identifiable, mais c'est, pour ces raisons, un travail merveilleux.

Le but de la recherche, c'est la découverte ! étendre toujours plus loin les limites de la connaissance ! Avant de pouvoir contribuer à l'extension des connaissances dans le domaine de votre mentorat, il est bon de préciser les éléments de connaissances existant déjà dans le domaine.

Cela peut vous aider de vous poser à vous-même quelques questions : dans ce qui est connu, peut-on faire des associations avec d'autres données apparemment extérieures au domaine, est-ce applicable dans d'autres circonstances, quelles sont les lacunes dans le champ d'investigation, les niches où mon travail pourrait éventuellement apporter quelque chose, quelle est la prochaine étape ? Cela suppose la lecture de bon nombre de publications (votre mentor vous aidera à faire un premier tri), avec humilité non dépourvue de sens critique, ne vous laissez pas griser par la phraséologie scientifique.

La définition du sujet : il va vous falloir en convenir très vite, dès les premières semaines de votre mentorat, un peu de méthode ne fait pas de mal. Une fois identifié ce qui est connu et ce qui reste à découvrir (cas idéal !), vous êtes prêt à définir votre sujet de recherche. Quelle théorie voulez-vous tester ? Comment allez-vous vous y prendre ? Qu'espérez-vous découvrir ou expliquer ? Sur quel point spécifique allez-vous focaliser votre travail ? Pourquoi est-ce important à vos yeux ? Cela vous aidera sûrement de mettre votre sujet de recherche sous la forme d'un titre !

Repérez les termes avec lesquels vous n'êtes pas familier, essayez de les définir, précisez les limites de votre recherche. Une fois que vous en avez défini les paramètres spécifiques, vous êtes prêt pour choisir une méthode appropriée.

La méthode et le matériel : une recherche fiable requiert des procédés et des résultats reproductibles, une méthodologie qui assure la validité des résultats et permette de relier les différents champs d'investigation ; cela diffère d'un domaine à un autre. Votre mentor vous guidera vers une méthodologie appropriée. Il est cependant essentiel que vous preniez note très soigneusement de ce que vous avez fait et comment vous l'avez fait, de façon que d'autres membres de l'équipe puissent reprendre vos expériences et poursuivre, le cas échéant, votre travail. Notez tous les détails, les méthodes, le matériel, les observations, les limites, votre domaine de responsabilité, les références, et bien sûr les événements attendus ou inattendus ; vous devez crédibiliser votre travail et vous devez avoir présent à l'esprit que quelqu'un d'autre doit pouvoir accéder à votre production et s'en servir pour de nouvelles recherches.

Considérations éthiques : vous allez être confronté à des problèmes éventuellement controversés, beaucoup de questions sans réponses, complexes et confuses, des standards de comportement variés, examinez vos propres principes de comportement et sachez reconnaître que d'autres personnes peuvent avoir des valeurs différentes des vôtres. Sachez aller au-delà des apparences pour discerner votre propre niveau de responsabilité. Soyez vigilant, si votre recherche implique des êtres humains, médecine, sciences humaines, il existe des lois qui régissent ce type d'investigations. Si votre recherche implique des animaux, des précautions sont également à prendre, pour la nourriture, le logement, pour les maintenir en vie dans un environnement stressant et pour votre propre sécurité. Si votre recherche comporte des risques potentiels pour les personnes ou pour les biens, respectez strictement les procédures de sécurité, par exemple si vous manipulez des produits toxiques, chimiques ou biologiques, appliquez scrupuleusement les techniques de prévention pour éviter toute contamination de l'environnement. Soyez conscient que certains des travaux auxquels vous participez peuvent avoir des implications sociales ou politiques, prenez du recul, informez-vous le plus largement possible avant de vous faire une opinion personnelle. Le mentorat est aussi une école de citoyen responsable et critique. Passez du temps à penser aux conséquences de votre travail.

Vos découvertes : qu'avez-vous découvert ? Était-ce cela que vous attendiez ? pourquoi oui, pourquoi non ? Quel phénomène avez-vous réellement observé ? vos mesures confirment-elles ou infirment-elles vos hypothèses ? Il n'est pas nécessaire que la recherche expérimentale confirme des résultats prévus à partir d'hypothèses pour être valable ! Il est tout aussi important de savoir ce qui n'a pas marché, et pourquoi, que ce qui a fonctionné conformément à vos attentes. Qu'est-ce qui a conduit votre procédé à un échec ? On apprend autant, sinon plus, par ses échecs que par ses succès, d'ailleurs ils sont plus nombreux, autant les rentabiliser.

Discussion : vous avez maintenant établi et quantifié vos résultats, exploité vos échecs comme vos succès, ces données et ces découvertes sont autant de faits ; la prochaine étape est de les « qualifier ». Il s'agit de les insérer dans un contexte scientifique plus général en précisant leur signification, leurs causes profondes, les perspectives qu'ils ouvrent dans votre discipline et les liens même ténus avec des disciplines complètement différentes. Contactez d'autres étudiants, sur d'autres sites, qui ont travaillé sur des sujets voisins ou qui vous paraissent connexes. *Laissez aller un peu votre extravagance et votre goût pour la spéculation, pour le jeu.*

Certains des conseils cités plus haut relèveraient sans doute du non-dit dans nos institutions ! ou de ce qu'il n'est pas convenable de dire lorsque l'on a quelque hauteur d'esprit et que l'on répugne à énoncer des trivialités. Dans le contexte IMSA, cela est considéré avec sérieux (chacun en prend sa part). Les quelques vérités sur la recherche, connues de tous les praticiens, auraient, si elles avaient été dites d'entrée de jeu, évité plus d'une désillusion à de jeunes doctorants, dont le projet de comprendre le Monde s'est rapidement affronté à des problèmes de fuite dans la pompe à vide, d'erreurs sournoises dans les codes de calcul numérique, ou du vide théorique de certains sujets.

À propos d'*extravagance* (ainsi nommée, contrôlée et encouragée par l'institution), il en est une, superbe, qui mérite maintenant d'être racontée, c'est la présentation des exposés des mentorats, jour solennel et intense, mais avec beaucoup d'animation et... d'émotion.

Dès le petit matin, tout est prêt, une affluence inhabituelle de parents égarés munis d'un badge rose, des personnalités extérieures, munies d'un badge jaune, et des jeunes d'une élégance quelquefois un peu empruntée [54], méconnaissables, affairés en tous sens. La ruche est devenue fourmilière. L'opération concerne cent quarante-deux projets de recherche qui ont été effectués sur

54. Le jour de la présentation des exposés, on est vêtu de façon à montrer le respect qu'on porte à autrui et à la manifestation. Il y a un code pour ça.

cinquante sites différents, mettant en œuvre cent trente mentors actifs sur une réserve de deux cent cinquante mentors potentiels. La majeure partie des sujets présentés sont des sujets de biologie, de médecine, de biologie médicale, à peu près 80 % sont dans ce domaine ou autour de celui-ci, des sujets concernent la sociologie, l'ethnologie, la politique, l'histoire, mais aussi la musique et le théâtre ; les sujets concernant la physique et la chimie sont minoritaires mais soutenus, très peu de sujets à vocation industrielle, très peu de sujets en mathématiques. Les organismes extérieurs qui ont participé au programme « mentor » sont très variés, beaucoup de laboratoires naturellement, mais aussi un zoo, une ferme, un bureau de sénateur, le Art Institute de Chicago, un cabinet d'avocats, un bureau d'ingénieurs, des hôpitaux, une grande firme de composants électroniques, une petite entreprise d'aérosols, de nombreuses universités, etc. C'est une formidable diversité.

La plus brillante des idée est perdue à jamais si elle n'est pas communiquée et vérifiée. La vérification se fait au moyen d'un examen critique et de l'expérience, la communication se juge à la compréhension et à l'appréciation d'autrui. C'est ce que nous allons voir et entendre.

Les exposés sont suivis d'une série de questions, d'une discussion avec le public de même durée, tout est parfaitement synchronisé, comme il convient lorsque plusieurs sessions se déroulent simultanément : il convient de donner aux congressistes la possibilité de passer d'une salle de conférences à l'autre, pour y entendre à l'heure dite l'exposé prévu. Une brochure décrit la liste des exposés et des résumés du travail de recherche ; y figure en outre un plan de circulation entre les diverses salles ; chaque élève est aussi guide, huissier pour un public nombreux. L'atmosphère est celle d'un mélange de congrès et de remise des prix. Nous sommes très impressionnés, non seulement par la qualité générale des présentations, mais par deux aspects qui peuvent, *a priori*, paraître contradictoires : l'ambition et la modestie. L'ambition dans le choix du sujet, la modestie dans l'approche de celui-ci et dans la façon de ramener son traitement à des éléments pratiques, compréhensibles, utilisables.

Julie Comeford, qui a fait son mentorat à Fermilab, a choisi une recherche sur la violation de symétrie par conjugaison de charge dans la désintégration gamma du méson pi zéro. Rendre le titre compréhensible est déjà un vaste programme. Restant à un niveau descriptif — quelles possibilités de désintégrations ? quels pourcentages de telle particule ?... — Julie s'en tire avec les honneurs. Surtout, elle décrit le programme en Fortran qu'elle a rédigé pour analyser les données du détecteur. L'expérience de physique n'a pas donné les résultats supputés (on est très friand, dans ce genre d'étude, de désintégration irrégulière), mais son expérience humaine et universitaire est très positive, le laboratoire de mentorat lui offre une place d'étudiante chercheuse l'an prochain !

Marina Silivay a choisi un sujet difficile, les aspects multiculturels de la mort et des rituels qui entourent le décès d'un proche dans des milieux culturels très éloignés du canon américain ; que doivent faire les médecins hospitaliers confrontés à ce problème ? L'exposé est mal présenté — trop de timidité peut-être —, on a du mal à suivre. Cette situation d'échec va être restaurée par le reste de l'équipe, aidé par le questionnement de la salle. Marina se révèle alors beaucoup plus à son aise sur les réponses aux questions que dans son exposé. Un beau travail de reconstruction par le questionnement.

Un binôme s'est intéressé à l'étude de la dynamique d'un jeu collectif par une méthode connexionniste, les réseaux de neurones formels. Il s'agissait de trouver une bonne stratégie dans des conditions de marché : il y a des offres, des demandes, des agents, des ressources, des événements aléatoires, des comportements d'individus, des comportements d'agrégats et des interactions entre tous ces éléments ; que faire dans cet environnement incertain et dont les lois d'évolution sont méconnues ?

Un réseau de neurones formels modélise le comportement d'ensemble du système. De manière générale, et par analogie avec une simplification formidable de ce que l'on sait du fonctionnement de nos propres neurones, un réseau de neurones formels est un système capable de simuler certaines de nos facultés : décider, apprendre, catégoriser, optimiser. Ce système est constitué de nœuds, reliés entre eux par des liens. Chacun des nœuds est dans l'un ou l'autre de deux états. L'état occupé par un nœud donné du réseau neuronal est déterminé par l'ensemble des états des nœuds du voisinage. Ce sont les liens qui véhiculent l'information entre les divers nœuds. C'est tout. Si curieux que cela puisse paraître, un réseau neuronal est capable de résoudre des problèmes d'une grande complexité, et le plus souvent mal posés. La théorie en est difficile (bien des problèmes restent ouverts), et la mise en œuvre informatique exige du savoir-faire et ce genre de savoir que l'on appelle intuition. Mettre au point cette modélisation n'est pas chose triviale : quels sont les nœuds, quels sont les liens ? sont-ils excitateurs ou inhibiteurs ? quelle est l'architecture générale du réseau ? Les réseaux de neurones formels sont réputés « apprendre par l'exemple ». Ce sont les données elles-mêmes qui déterminent l'ensemble des paramètres du réseau, et les performances du réseau sont généralement sensibles aux valeurs des paramètres[55].

Force est de reconnaître que, en dépit de leur jeunesse, les élèves ayant la charge de ce projet ambitieux ont accompli un travail digne de figurer dans un congrès ordinaire. Acte pris du mur théorique auquel ce problème expose les praticiens, des simulations numériques d'une grande finesse ont été menées, ouvrant la voie à une bonne description du modèle. L'adhérence aux données réelles constituera la seconde phase de ce travail, à la présentation duquel assistaient quelques spécialistes de la question, unanimement laudateurs.

Rien n'est plus complexe, sur le plan théorique, que la frappe d'une batte de base-ball... voire ! Paul Nikodem n'hésite pas à se lancer dans cette hasardeuse entreprise ; armé des lois de Newton, son étude balisée par les lois de conservation de la mécanique, il élabore et teste un modèle permettant de déterminer si, au vu de la trajectoire de la balle, la batte était truquée. En tant que modèle, son travail est des plus convaincants ; pour ce qui est de l'adhérence aux données expérimentales, la conclusion, pudique, est que les tests ne sont pas significatifs. Il y a donc de la place pour des études ultérieures.

L'étude de la fermentation alcoolique, le support expérimental étant la bière, pose un problème expérimental d'importance : la consommation d'alcool est prohibée à l'intérieur de l'établissement (tout comme le tabagisme). Qu'à cela ne tienne, Kryspin Turczinski

---

55. Dans le cas particulier considéré ici, il n'existe pas, semble-t-il, de stratégie optimale ; un peu comme au jeu d'échecs : il est plus facile, dans le cas général, de dire qu'un coup est plus ou moins bon que de déterminer le meilleur mouvement de pièce, au sens absolu du terme. Les étudiants ont su tirer parti de cette indétermination essentielle du problème pour choisir la stratégie d'apprentissage la mieux adaptée, en l'occurrence « l'apprentissage par renforcement ». De manière métaphorique, chaque action du réseau reçoit un commentaire du style « plutôt bien » ou « plutôt pas bien » ; les paramètres du réseau changent au gré de ces appréciations. À aucun moment, le sens et la grandeur de la variation ne sont assignés par le programmeur au réseau ; en quelque sorte, il se détermine lui-même, l'utilisateur évalue qualitativement les diverses actions, mais ne dit jamais ce qu'il faut faire.

nous brossera une fresque historique et économique de la bière, en France, « pays du vin », en Allemagne, « pays des brasseries », et en Pologne, « pays de la vodka », six mille années racontées en quinze minutes.

Évidemment, le laboratoire de Leon Lederman, tout proche, fournit de nombreux thèmes de recherche ; y compris sur lui-même !

On se soucie également de faire connaître les résultats des recherches, les méthodes et les appareils utilisés, au grand public, aux élèves et aux étudiants de tous niveaux. Mason Kidd a choisi de préparer son mentorat dans ce domaine éducatif et, de son point de vue, ludique. Il a mis au point une série de jeux à base de questions et d'icônes sur le Web ; son but est la connaissance des particules élémentaires qui composent la matière. Accessible au monde entier, écrit en langage Java pour rendre le jeu interactif. Sa présentation de fin d'année a simplement consisté à faire jouer le public en direct, en projetant l'écran de son ordinateur. Pourquoi ne pas faire l'essai vous-même ? [www-ed. fnal. gov/work/upground].

L'organisation générale de l'école, les coûts

L'IMSA DANS LE DISPOSITIF ÉDUCATIF AUX ÉTATS-UNIS

L'IMSA est le seul lycée (*high school*) public américain dont la scolarité s'étende sur trois ans, comme en France. Les autres lycées, aux États-Unis, ayant un cursus de quatre ans, équivalant, pour la tranche d'âge, aux classes de troisième, seconde, première, terminale. Ce lycée recrute ses élèves à la sortie de l'équivalent de notre classe de troisième (qui se nomme « neuvième » aux États-Unis). Le *service d'évaluation et de développement* suit le parcours universitaire, puis professionnel, de chaque élève, qui est contacté tous les ans. La durée prévue de ce suivi est de vingt ans ! Chaque année, les anciens élèves de l'IMSA rempliront un questionnaire détaillé sur leurs études, leurs diplômes, leurs tests universitaires et professionnels, leurs performances professionnelles, en bref, sur ce qu'ils sont devenus. Leurs réponses sont comparées à celles fournies, au cours d'enquêtes semblables, par les anciens élèves d'autres lycées sur tout le territoire des États-Unis. Les résultats de ces études sont publiés et exposés, chaque année, en conclusion de la journée de présentation des mentorats.

L'IMSA diffuse les produits pédagogiques obtenus et testés à l'école, en formant des professeurs des lycées (ou des collèges) ordinaires ; elle propose des stages d'été de deux semaines (avec élèves volontaires en seconde semaine) ; des équipes de l'IMSA se déplacent aussi dans les établissements demandeurs en cours d'année scolaire ; enfin, l'IMSA travaille en partenariat contractuel avec d'autres établissements.

Ce n'est donc pas un monde clos, mais au contraire ouvert, non seulement sur le monde de la recherche et le monde professionnel[56], mais aussi sur les autres établissements, qui ne disposent évidemment pas des mêmes moyens ni du même recrutement. Par exemple, la « fondation Lederman » IMSA est évidement en relation avec la fondation Lederman « La Main à la pâte » de Cabrini Green, l'un des quartiers les plus défavorisés de Chicago.

Le recrutement à l'IMSA se fait sur dossier, à l'aide de lettres des professeurs, de questionnaires, de lettres de motivation, d'entretiens. Les jeunes passent, en outre, un test dit *Piaget,* pour déterminer leurs aptitudes préférentielles à l'abstraction ou au concret et orienter leur cursus ultérieur.

Les élèves sont internes. Dans les débuts héroïques de l'école, il y a une dizaine d'années, ils logeaient dans des salles de classe aménagées ; désormais, mais depuis peu, ils logent à deux par chambre dans une résidence de petits bâtiments à un étage, autour de l'école. Les critères de recrutement obéissent également à des quotas, par exemple filles/garçons, à raison de 47 %, 53 %. Un savant dosage reflète les diversités des origines ethniques, toutes les minorités étant représentées ; de même les classes sociales, à peu près, proportionnellement à leur représentation dans le pays. Les données statistiques sont publiées chaque année, étant entendu que le critère de qualité scolaire des candidats reste prépondérant.

---

56. Terme convenu, hélas, et idéologiquement pervers, désignant dans l'imaginaire collectif tout ce qui n'est ni recherche, ni enseignement, ni écriture, ni art, ni apprentissage, ni service de l'État, ni de manière générale ce qui est hors de l'entreprise privée. Honni soit qui mal y pense : les auteurs pensent que les expressions « métier de chercheur » et « métier d'enseignant » ne sont pas nécessairement paradoxales.

LES MOYENS

Tout cela ne se fait pas sans moyens financiers, les investissements immobiliers pour construire la résidence des élèves, pour réaménager les locaux d'enseignements au cours de ces dix dernières années, pour acheter du matériel de toute sorte ont été supportés par l'État de l'Illinois. En outre, l'école dispose d'un budget annuel de fonctionnement qui comprend aussi, pour partie, des investissements en matériel léger. Ce budget global est de 13 millions de dollars US. Il comprend l'hébergement des élèves (nourriture, logement, services), les salaires de tout le personnel, enseignant ou non, le fonctionnement de l'enseignement proprement dit et la plupart des « actions extérieures », stages, frais de transport des mentorats, relations extérieures, etc. Ce budget est également financé par l'État de l'Illinois, quelques actions extérieures, ou exceptionnelles, l'étant par des mécènes ; ce dernier budget est évidemment variable d'une année sur l'autre.

L'hébergement des élèves coûte 4 500 USD par individu et par an ; sur ce poste les élèves paient 900 USD. Le coût annuel total d'un élève est de 17 200 USD, dont 12 700 USD pour l'enseignement proprement dit, incluant les salaires des enseignants et non-enseignants de l'école.

À titre de comparaison, le coût d'enseignement, salaires compris, d'un lycéen américain ordinaire est d'environ 6 500 USD, à comparer également avec celui d'une *preparatory school*, spécialisée dans la préparation des tests universitaires qui est de 15 000 USD. Enfin, les coûts correspondants dans un lycée privé des quartiers riches sont de 20 000 à 30 000 USD.

Les projets « externes » financés sur le budget de l'État reviennent à 3 000 USD : 12 700 + 4 500 + 3 000 multiplié par les six cent cinquante élèves, on ne doit pas être très loin du budget annoncé. L'équipe de sécurité correspond à un budget annuel d'environ 300 000 USD.

Le budget consacré à Internet est uniquement constitué des connexions téléphoniques, le prestataire de service étant fourni gratuitement par le conseil supérieur de l'éducation de l'Illinois ; cela représente tout de même 700 à 800 USD par mois. Rapportée à l'utilisation individuelle et quotidienne, cette somme n'est pas exorbitante : comptez, pour simplifier, 6 500 francs français par mois pour six cent cinquante élèves, vingt jours par mois, et vérifiez le résultat de la division : 0,50 franc français par élève et par jour.

Dans le bâtiment principal, sept cents ordinateurs sont mis à la disposition des six cent cinquante étudiants. Il s'y ajoute les ordinateurs personnels dans les chambres. Une équipe de onze personnes, dont un ingénieur système, gère ce parc informatique, monté dès sa conception en réseau. Ces onze personnes ne sont pas toutes présentes en même temps, mais il y a toujours quelqu'un au centre nerveux pour intervenir immédiatement en cas de problème. Et des problèmes, il y en a, comme dans tous les systèmes informatiques du monde : « plantage » de programme, panne d'imprimante, virus. La mise en place d'un réseau informatique dans un établissement scolaire, comme dans une entreprise, ne peut se faire dans l'improvisation ou par strates successives de matériels disparates. Il faut un suivi, dès la conception, par un personnel motivé et compétent. On peut perdre beaucoup de temps et d'argent à tenter de faire fonctionner ensemble des matériels peu ou pas compatibles. De plus, ces techniciens travaillent également avec les élèves, qui écrivent des programmes originaux dans le cadre de leur projet de recherche personnel dont nous parlerons plus loin. La totalité des salaires correspondants représente une somme de 558 000 USD.

Les salaires des professeurs de cette école sont un peu supérieurs aux salaires correspondants à l'université. Environ le quart des professeurs sont titulaires d'un PhD et pourraient prétendre enseigner à l'université. En revanche, leurs salaires sont, en moyenne, de 10 % inférieurs à ceux de leurs collègues enseignant dans un riche lycée privé, la fourchette est de 35 000 à 70 000 USD par an. Attention aux comparaisons hâtives, la couverture sociale aux États-Unis est financée par les particuliers et non par l'employeur, le montant et la répartition des diverses charges peuvent y être bien différents de ce qu'ils sont en France !

Les professeurs ont un service hebdomadaire de quarante heures, effectué en totalité sur place, y compris la préparation des cours, les corrections, les mises à niveau, les réunions d'équipe. Ces réunions sont beaucoup moins formelles que chez nous, les intéressés s'organisant, la plupart du temps, directement entre eux. Le temps d'enseignement est de l'ordre de seize heures hebdomadaires, plus un certain temps de disponibilité organisé directement avec les élèves, sur rendez-vous ou par contact spontané. Le reste est dévolu au travail personnel, pour lequel il est possible de s'isoler, et aux différentes réunions ou travaux de groupe. La part de travail personnel des professeurs est répartie au gré de chacun, certains arrivant très tôt le matin, d'autres préférant rester en fin d'après-midi, il n'y a pas de contrôle.

Faut-il le répéter, tous les professeurs disposent d'un bureau, en général partagé, avec ordinateur connecté sur Internet et bibliothèque personnelle. Les praticiens des sciences expérimentales disposent, bien entendu, en plus, de leur laboratoire, de même les linguistes ; les mathématiciens ne sont pas les plus mal servis puisque, attenante à leurs bureaux, ils disposent d'une salle de travail, bien pratique pour laisser cogiter, éventuellement par écrit, un élève pendant les temps de disponibilité.

Les carrières des enseignants ou des non-enseignants ne sont pas uniformes : Connie Hatcher, vice-présidente, s'occupe principalement du recrutement du personnel et des professeurs. Elle est aussi responsable de l'intendance et de l'organisation. Auparavant, elle se préoccupait de réinsertion sociale.

Le jovial Greg Sinner, actuel directeur des études, est un ancien industriel, ingénieur chimiste de formation, il avait créé sa propre entreprise de produits biochimiques. Il a ensuite vendu sa florissante entreprise pour venir enseigner la chimie à l'école, et maintenant prendre la direction des études. Interrogé sur ses raisons, il met en avant son expérience professionnelle et le contact avec les ingénieurs qu'il a embauchés : « Je voulais développer leur esprit d'investigation plus que l'utilisation de leur mémoire, libérer leur propre génie ! » Mais si on insiste vraiment, il nous fait la même réponse que Tom Jordan : « Je suis venu ici pour apprendre... »

Linda Torp, qui dirige le service d'évaluation et de développement, et qui est très impliquée dans le développement des sciences intégrées, vient également de l'industrie ; elle est diplômée de sciences économiques. Elle a décidé de se tourner vers les problèmes de l'éducation, en commençant à enseigner elle-même dans les petites classes, puis à l'IMSA.

STEPHANIE MARSHALL

Le Dr Stephanie Marshall est présidente de l'Académie de mathématiques et de sciences de l'Illinois depuis sa fondation. Spécialiste en sciences de l'éducation, elle affirme avoir beaucoup appris depuis qu'elle travaille avec Leon Lederman, pour l'IMSA. Dans l'un de ses nombreux articles, elle écrit : « En tant qu'étudiante en organisation et développement, j'avais exploré une somme considérable de publications sur la restructuration [des systèmes éducatifs], cependant, mes connaissances les plus profondes [dans ce domaine] viennent de la physique, de la biologie et de la nouvelle science de la complexité[57]. » Stephanie est passionnée, le mot est faible, par son travail d'éducatrice. Une grande volonté se dégage de son regard, une aptitude exceptionnelle à l'écoute aussi. Attentive à autrui, elle conjugue des qualités... magistrales de pédagogue et de gestionnaire.

Quelques propos de Stephanie Marshall. C'est une époque passionnante pour une actrice du système éducatif. Notre société a subi un intense bouleversement social et politique qui a laissé les repères institutionnels dans un état de grande confusion. Dans la société d'hier, qu'elle ait été à dominante rurale ou manufacturière, l'effort d'instruction se portait naturellement sur l'acquisition de connaissances, plus précisément de connaissances abstraites, venant compléter une culture pratique de base assimilée dans la vie quotidienne, hors de l'école.

Le « contrat éducatif » était destiné à produire des travailleurs, au sens général du terme, capables de faire fonctionner la « machine » en suivant des lois de production, industrielles ou agricoles bien établies. Cette société s'est très largement urbanisée, automatisée et médiatisée. Le nouveau contrat doit prendre en compte une situation complexe où la maîtrise des outils techniques et la perception des problèmes ne va plus de soi, mais doit être utilisée comme moyen de développement des facultés de compréhension et d'imagination créative. On doit donc se fonder davantage sur les liens, sur la cohérence d'ensemble, ainsi que sur le partage des ressources.

---

57. « Educational transformation », *The School Administrator,* janvier 1995.

Pour y parvenir, nous avons imaginé de créer une véritable entreprise d'enseignement plus qu'une école, d'y développer l'esprit d'entreprise par le travail d'équipe, la prise de responsabilité très tôt et le contact avec la recherche. Tout cela n'est pas sans implications pratiques et suppose l'application d'une éthique. Je donne simplement deux exemples. Un exemple pratique d'abord : les grilles d'emploi du temps et les cursus ne sont ni rigides ni linéaires, mais modulaires, flexibles et combinables. Cela permet d'insister plus facilement sur les liens entre sciences et humanité ou entre mathématiques et art.

Un exemple éthique ensuite : nous n'envisageons pas l'éducation civique comme une discipline de cours, mais comme une pratique quotidienne ; les étudiants doivent, en moyenne, trois heures de service civique par semaine. Ce travail pour la communauté, l'école ou la Cité, se fait à l'école même ou à l'extérieur. Il peut s'agir de participation à des tâches de services, de formation ou d'assistance. Il est vrai que cette éducation civique, selon le terme français, nous dirions ici cette *éthique*, est plus facile à mettre en œuvre dans la mesure où les élèves sont résidents. La vie en communauté s'organise déjà dans chaque bâtiment.

Un adulte loge également sur le campus pour régler les problèmes d'intendance et veiller à la tranquillité des lieux, son rôle n'étant absolument pas coercitif. Cette personne a une formation de psychologue et d'éducatrice, elle est en relation avec l'équipe médicale, elle joue un rôle parental sur place, avec discrétion.

EN GUISE DE COMMENTAIRE : COGNITION, COGNITIONS

L'étude des mécanismes de la cognition préoccupe beaucoup les acteurs de l'IMSA, dont aucun ne dédaigne la pensée abstraite et réflexive sur sa propre pratique ; emboîtons-leur le pas.

La cognition évoque l'idée d'un champ disciplinaire défini par son objet : mécanismes cérébraux et mentaux, et modes de constitutions de ces derniers. Elle s'appuie donc sur la psychologie, la linguistique, l'anthropologie et ainsi de suite ; la production écrite à l'IMSA est riche de références à ces disciplines. Avec Grumbach[58], nommons « cognition générale » cette acception plutôt large.

---

58. Grumbach A., *Cognition artificielle. Du réflexe à la réflexion,* Addison Wesley, 1996.

Il est tentant de considérer alors la « cognition restreinte » (Simon, Fodor, Pylyshyn) : elle ne considère que les niveaux dits « supérieurs » de la pensée, concepts, schémas, règles, processus explicites et ainsi de suite. À titre documentaire, ces points de vue sont étendus dans deux directions actuellement antagonistes, le point de vue biologique (Changeux : « tout comportement s'explique par la mobilisation interne d'un ensemble topologiquement défini de cellules nerveuses ») et le point de vue sociologique.

L'acception en cours à l'IMSA est, on l'aura pressenti, la première.

Il y a ici un présupposé très fort, issu d'une définition de l'American Psychological Association : « L'apprentissage est, naturellement, un processus naturel, actif, "volontaire[59]" [...] et individuel de construire du sens à partir d'informations et d'expériences filtrées par les perceptions, pensées et affects[60] de chacun. »

Assez curieusement, on affirme ici le caractère individuel très marqué du processus, et, ailleurs, on le socialise fortement. Est-ce ici une trace persistante de la forte influence qu'eut Jung aux États-Unis ?

Une trop grande expertise du professeur peut-elle constituer une barrière à l'apprentissage ? C'est ce qu'affirme implicitement le discours IMSA ; l'enseignant omniscient, ayant réponse à tout, et en particulier à ses propres questions, découragerait en son public toute velléité d'autonomie, toute spontanéité. Il laisserait l'élève devant l'alternative de ne répondre que des erreurs ou des banalités, des perspectives aussi peu engageantes l'une que l'autre. Ce danger d'excès dans l'expertise serait vraisemblable si l'acte pédagogique relevait tout le temps des paradigmes de la théorie élémentaire de la communication : un émetteur, un récepteur et un canal de communication dont on connaît les qualités et les défauts ; éventuellement, un code correcteur d'erreur pour corriger automatiquement les imprécisions à l'émission, le brouillage par le canal ou les imperfections à la réception. Le caractère transférentiel de toute communication est, semble-t-il, ignoré dans ce modèle trop stylisé ; il est en outre écranté dans la plupart des textes soucieux

---

59. Le terme anglais est *volitional*. Il faut sans doute comprendre ici la « volition » de Locke, ou de Leibniz : acte de l'esprit aboutissant immédiatement à une exécution. C'est donc plus que la volonté, qui peut être en danger de toutes les procrastinations. Une volition forte introduit des changements substantiels.

60. Traduction technique de *feeling*.

de convaincre. Seule subsiste la remise en question de la notion de « *réponse correcte* ». La théorie de la pertinence, assez récente, en fait son objet. La technologie et la philosophie ont, depuis longtemps, supprimé la notion normative de réponse correcte, en lui substituant la notion moins binaire de « *meilleur-moins bon* ».

Omniprésente éthique...

Chacun des actes, chacun des propos de l'IMSA s'appuie sur des considérations explicitement éthiques et humanistes. Il est rare de pouvoir observer tant de proximité (allant jusqu'à la fusion) entre les praticiens et les théoriciens de la pédagogie. Cette particularité constitue une richesse en même temps qu'une difficulté. La richesse est celle qui résulte de toute tentative de pensée sur sa pratique ; la difficulté est que le regard autoréférentiel résiste difficilement au discours apologétique ou à son versant négatif, qui est une critique trop sévère de ce que l'on fait.

L'identification de standards pédagogiques et l'attente d'une conduite appropriée sont affirmées. Le niveau de formalisme surprend quelquefois, par sa répétitivité, par sa cohérence aussi. L'ensemble donne l'impression d'une architecture élaborée dans le moindre de ses détails, où la modification d'un élément peut, de proche en proche, rejaillir sur le tout. On envisage mal dans ces conditions des changements radicaux dans la manière de faire : c'est le corpus doctrinal dans son entier qui serait mis en question. Il y a plutôt des questionnements sans relâche, des retouches permanentes, des adaptations continues. Un musicien penserait peut-être à des variations sur un thème donné ; il peut y en avoir des myriades, sans rupture de la ligne tonale ou mélodique.

Le niveau et le style d'affirmation sont ceux du code, assertif, sans jugement de valeur explicite : le discours théorique de l'IMSA relève souvent d'une morale descriptive plus que prescriptive ; c'est tantôt l'art tantôt la science de diriger une conduite. Bien sûr, il faut décoder les textes, les blancs de l'écriture sont quelquefois lourds de signifiés ; il demeure : le scrupule vigilant mis à ne pas formuler de jugement a quelque chose d'impressionnant. Les jugements évoluent avec l'expérience, la réflexion, le savoir, est-il affirmé, non sans pertinence ; les faits, eux, sont robustes. Reste la question de savoir ce qu'est un fait.

AU SERVICE DE LA COLLECTIVITÉ

« La survie de la civilisation globale dépend en tout premier lieu de la qualité de l'éducation donnée à tous les gens. » Cette traduction rend mal l'ambiguïté et peut-être l'ambition de la formulation anglaise : « *to all people* » ; doit-elle être comprise dans son acception la plus vaste, « à tous les peuples », ou dans son acception locale, « les gens autour de nous » ? L'apprentissage de la socialisation est une des missions que se donne l'IMSA. L'apprentissage des valeurs, qui suscite en France tant de réserves, est pris en charge, avec diligence. Les difficultés de cette pédagogie ne sont pas occultées, mais il n'y a pas pour autant une volonté explicite de seriner quelque modèle unique. Le message dominant est que les valeurs existent, qu'il existe plusieurs systèmes de valeurs différents, mais qu'il est futile ou pervers de vouloir les hiérarchiser. Au degré immédiat de la socialisation, les violences verbales, le vandalisme, les conduites désocialisées, en un mot, semblent absentes de l'IMSA ; pour signifier leur existence au monde, les élèves sont mis en effet en position de laisser à la société d'autres traces que prédatrices. Mais par où donc passe la violence ?

L'appartenance à un groupe exige l'alignement des intérêts personnels et du bien public. Le sentiment d'appartenance se nourrit de pratiques collectives ou de rituels mimétiques. Les associations sont très actives à l'IMSA, et les soutenances de projet ressemblent à s'y méprendre aux sessions parallèles des grands congrès internationaux. Il est rare de voir les étudiants travailler isolés dans le forum ; il y a toujours un condisciple rôdant aux alentours et qui, par sa seule présence, manifeste une sorte de solidarité.

L'INDIVIDU, VALEUR PREMIÈRE ET VALEUR SACRÉE

« Tous les individus ont même valeur intrinsèque, l'aversion du risque étouffe l'innovation et la créativité, l'esprit humain est la première ressource du monde. »

La fusion en une seule phrase de trois propositions qui irriguent le discours et l'action de l'IMSA est éclairante sur l'ensemble des croyances de cette institution.

La notion d'*intrinsèque* n'est pas explicitée ; peu est dit sur l'extrinsèque, qui est pourtant le principal mode de connaissance que nous avons des individus : ne sommes-nous pas tentés d'apprécier les individus à la mesure de ce qu'ils font plutôt qu'à la mesure de ce qu'ils pourraient, selon nous, faire ? À défaut d'une méthode permettant de distinguer l'extrinsèque de l'intrinsèque[61], nous nous contenterons (et, pourquoi pas, nous satisferons) d'un abord global du sujet ; l'ontogenèse et la phylogenèse de l'esprit sont un sujet largement ouvert. L'affirmation que « *nous ne sommes pas programmés*[62] » laisse d'ailleurs de beaux jours à cette pratique désespérante qu'est l'enseignement et à ce discours incertain qui a pour nom pédagogie.

La valeur intrinsèque des élèves est repérée, en fin de scolarité, par la moyenne des notes, ce qui permet un classement. Réfutons un instant cette notion de moyenne, c'est-à-dire refusons de repérer un sujet par un ensemble de valeurs numériques. Si les savoirs fondamentaux sont d'essence transdisciplinaire, si l'approche du savoir est fusionnelle, que sert en effet de combiner la finesse en philosophie d'un élève avec sa virtuosité dans la manipulation des formes quadratiques ? Avec quatre sur vingt en dissertation philosophique et vingt en mathématiques, un élève incapable de construire ou de formuler une pensée cohérente serait tiré d'affaire et peut-être affublé de la mention « assez bien » ! Fidèle au principe d'excellence[63] qui fit la gloire de l'enseignement des jésuites en France, on signalera plutôt les remarquables dispositions d'un élève en telle matière et on ne s'étendra pas sur sa médiocrité en telle autre.

Les vertus de l'*innovation* ont été suffisamment théorisées et chantées, il serait oiseux d'y revenir.

Enfin, la confiance mise en « *la première ressource du monde* » ne manquera pas de stimuler l'ensemble des élèves. Nullement inquiétés par la dispersion de leurs résultats, ils pourront affronter

61. Cette difficulté de discernement a été caricaturée avec une efficacité définitive par Georges Fourest qui, dans une élégie de *La Négresse blonde* (Corti, 1940), décrit un personnage abominable, que le Seigneur admit pourtant au paradis profond, « *car il était plus vif que méchant dans le fond* ».

62. Lewontin R. C., Rose S. et Kamin L. J., *Nous ne sommes pas programmés*, Paris, La Découverte, 1985.

63. Par opposition à la *diligence*. L'élève diligent a des résultats honorables partout, mais ne brille nulle part. L'élève excellent surpasse les autres en une activité ; ce qu'il fait ailleurs est hors sujet.

plus sereinement leurs limitations, lorsqu'ils y seront contraints. L'échec, pour autant qu'il reste dans des limites acceptables, sera plus un indicateur qu'une source de honte et d'opprobre.

UN PROPHÉTISME LAÏQUE

Quelques citations montrent l'ambition du projet soutenu par l'IMSA :

« Accomplir notre vision du futur dépend de notre acceptation du sacrifice[64]. »

« Une bonne vie se caractérise par l'harmonie entre les émotions, le corps, l'intellect et l'esprit. »

« Une conduite éthique est essentielle à une vie harmonieuse. »

« Harmonie », que l'on vient de lire deux fois, vient en écho à des termes précédemment rencontrés, et qui sont dans le champ sémantique (et presque lexical !) de *connexionnisme*, *pluridisciplinaire*, *intégré*, *holistique* et ainsi de suite. Certainement, l'analyse linguistique de la production écrite de l'IMSA fournirait-elle une représentation plus étoffée que les intuitions empiriquement esquissées ici.

Le modèle connexionniste est un cadre de pensée invoqué souvent. Une étude fouillée montrerait aussi le subtil agencement de l'école en niveaux d'organisation, évolutifs et interactifs. Nous avons déjà mentionné les niveaux logique et associatif ; ce sont les plus évidents, ils semblent relever de la rationalité immédiate. Avec un meilleur détail, on peut aussi reconnaître, en suivant Atlan, la genèse et la structuration de niveaux dont la description est plus complexe. Ces niveaux se traduisent par des fonctionnalités nouvelles. L'auto-organisation peut être considérée comme un apport de signification au système, le système ouvert considéré ici étant la communauté de l'IMSA... mais tout cela est une autre histoire.

L'IMSA est prolixe en discours autoréférentiel ; elle ne méconnaît pas pour autant les risques et les limites de ce genre littéraire. Si les « professions de foi » et les descriptions ne manquent pas

---

64. Il serait intéressant, en tant qu'hypothèse, de repérer les références religieuses dans le discours de l'IMSA. Par exemple : a) il faut scruter et harceler tout savoir, c'est ainsi que se construit le monde ; b) l'investissement dans le labeur a pour corollaire une récompense incommensurable ; c) la communauté doit être servie avec rigueur. On aura identifié, suggérées dans leur ordre chronologique d'apparition, trois caractéristiques des variantes d'un monothéisme qui s'affirme révélé.

d'exhaustivité, le débat est encore vif, comme il sied à un laboratoire et comme il est commun en pédagogie. Dans le filigrane de l'action pédagogique, deux constantes, au moins, sont repérables ; la première est de l'ordre de « *l'intimité cognitive* » qui s'installe entre tous les partenaires de cette action ; une citation de Ruskin aux frontons de l'institution en est la formulation la plus avancée, elle nomme l'amour comme élément essentiel d'une réussite pédagogique ; la seconde est la conscience, pleine et revendiquée comme telle, de l'excellence des étudiants ; il serait frivole de ne voir là qu'ostentation ; on peut y voir, au contraire, une sorte de conscience professionnelle : « Sachant que nos élèves sont plutôt bons, que pouvons-nous faire de mieux ensemble [65] ? »

Inlassablement revient l'idée que les maîtres sont en situation d'apprentissage continu ; l'éducation a lieu d'une part dans la classe avec les élèves, d'autre part au sein de l'institution avec les collègues, enfin à l'extérieur, avec le reste du Monde. Si l'analyse de l'enseignement répartit ce dernier en séquences disciplinaires séparées, la pratique fusionne ce qui a été clivé ; par exemple, un cours sera préparé en liaison avec les enseignants d'autres matières, une animation de classe sera conjointe, et il en ira de même pour l'évaluation de ce qui a été assimilé. C'est toujours le même schéma holistique qui revient.

Une autre idée récurrente est que chaque acte pédagogique doit être évalué, de manière aussi objective que possible. Plus généralement, il n'est d'activité qui résiste à la tentative ou à la tentation normative.

---

65. Des enseignants français nourris à la sagesse prudente et séculaire des programmes ne peuvent cependant pas s'empêcher d'être surpris de constater l'existence d'un cours de physique quantique relativiste, avec modèle standard et quarks. La proximité du Fermilab n'explique pas tout. De fait, nous avons rencontré aussi bien des élèves affairés sur les tornades et les alizés, tout en ignorant le phénomène d'accélération complémentaire (à la Coriolis), que des étudiants familiers de la métrique de Robertson-Walker, ou qui méditaient sur le champ moyen relativiste de Walecka, pour ne rien dire des matheux en herbe préoccupés de pseudo-algèbres...

COMMENTAIRES

« Heureux celui qui arrive à bon port qui laisse derrière lui les mers et les tempêtes. »

Primo LEVI[66].

Le phalanstère éducatif est proche, ou le babouvisme pédagogique ; cette vision de la vertu de l'éducation a des accents rousseauistes irrésistibles, elle nous rappelle le programme de la préface de l'*Encyclopédie,* « afin que nos enfants en soient plus heureux ».

Il est dit avec force et répétitivité, à l'IMSA, que l'éducation améliorée est une condition nécessaire de l'amélioration du statut de la société, et, partant, de l'humanité. Nous n'avons pas entendu d'allusion au caractère insuffisant de cette affirmation ; sans doute est-il trop évident que la puissance vertueuse octroyée à l'éducation résiste mal au cauchemar qui rôde sur la conscience européenne : le centre du monde intellectuel a coïncidé avec le lieu de l'« imprescriptible[67] », et l'on sait au service de quoi toute science a été mise.

La vision économique sous-jacente à ce programme est celle de la microéconomie : de l'ensemble des bonheurs particuliers sourdra le bonheur général ; les limitations de cette vision sont connues ; on ne voit nulle part de source positive du mal ; les souffrances sont des souffrances par défaut, des souffrances du manque : manque de générosité, d'éducation, de soin de l'autre.

Encore une fois, la pensée religieuse frémit et s'agite derrière des propos laïques.

La vie des étudiants, l'avis des étudiants[68]

LA VIE EN COMMUNAUTÉ

À l'IMSA, tous les élèves sont logés sur le campus, que leurs parents habitent à Chicago (à moins d'une heure en voiture) ou à l'autre extrémité de l'État (environ six heures de trajet). Bien plus qu'un service accordé aux étudiants, c'est une règle. En acceptant

66. *À une heure incertaine.*
67. Jankélévitch V., *L'Imprescriptible*, Paris, Seuil, 1986.
68. Cette partie a été rédigée par Damien Polis, étudiant à l'ENST.

de vivre avec ses camarades, l'élève participe à l'effort de formation engagé par l'Académie, du moins est-ce la façon dont l'institution présente les choses. C'est de l'engagement consenti par chaque individu que dépend l'évolution de la communauté. L'Académie a d'ailleurs fait de ce principe une de ses valeurs fondamentales, exprimées sous forme de courtes maximes rassemblées au début des documents institutionnels. On lit : « Appartenir à un groupe exige la concordance des intérêts personnels et de l'intérêt commun. » Le comportement de chaque élève est ainsi tributaire d'une cause. Il trouve là, pour l'élève, quelque chose qui tient à la fois de la responsabilité, puisque son attitude est censée avoir des conséquences immédiates sur le fonctionnement du groupe, et de la contrainte, parce qu'on ne lui laisse pas le choix.

Le règlement interne affirme aussi : « Les résidences sont un lieu dans lequel la vie et le travail d'apprentissage se rencontrent. » Les élèves ont, en moyenne, près de quatre heures de travail à faire chez eux par jour. Ils travaillent le plus souvent possible ensemble, qu'ils se regroupent par trois ou quatre le soir pour faire leurs devoirs. Quoi de plus simple que d'aller frapper à la porte du voisin pour discuter avec lui du problème sur lequel l'inspiration est défaillante ? Il ne s'agit pas d'une chasse à la solution, mais d'une évaluation mutuelle : par la confrontation d'arguments avec ses camarades, il perçoit les limites de ses connaissances et des interprétations qu'il a pu faire d'un sujet.

Quand le professeur expose une théorie, un élève qui cherche à comprendre reprendra les concepts à son compte et reconstruira le raisonnement avec sa propre perception des choses. Il arrive bien évidemment que le résultat soit erroné, par exemple parce que l'élève perçoit mal les liens entre les différentes étapes et transgresse quelques règles des modèles utilisés. Bien souvent, le voile se lève plus facilement lors d'une mise en commun des problèmes rencontrés que lorsque des explications supplémentaires sont fournies par le professeur.

La vie en communauté fait que ces échanges vont de soi, ils n'exigent plus le cadre scolaire pour se développer. Ils occupent une place importante dans l'emploi du temps de l'élève et constituent à l'IMSA une véritable méthode de travail. Une élève à qui j'avais demandé si elle avait l'habitude de faire ses devoirs avec d'autres élèves m'a assuré qu'« ils s'utilisent les uns les autres ».

Les résidences sont pour l'Académie le relais de l'établissement scolaire. Les promoteurs de l'IMSA partent du principe que les étudiants ont tous envie d'apprendre : il suffit donc de créer les conditions nécessaires à la satisfaction de ce désir. À peine âgés de quatorze ans pour les plus jeunes, ils doivent vivre en communauté ; ils se heurtent ainsi à des éléments inconnus qui peuvent les intriguer, voire d'autres cultures, d'autres idées, d'autres habitudes, d'autres valeurs. On veut qu'ils se construisent une personnalité, développent leurs propres repères. Un élève de dix-sept ans, que j'interrogeai sur ses convictions religieuses, m'apprit qu'il n'avait pas de religion particulière ; mais il était déjà allé faire un tour dans le temple indien en bas de la rue, pendant la célébration du culte, parce que des amis hindous le lui avaient proposé. Il se montrait d'ailleurs fier de la liberté qu'il avait pour effectuer toutes sortes de choix au sein de l'école. Cette envie de découvrir, de connaître pour apprendre ou tout simplement s'informer, je ne l'ai constatée pas tant pendant les cours, sous forme peut-être trop convenue, en tout cas institutionnalisée, qu'à l'occasion des différentes discussions que j'ai pu avoir avec les pensionnaires de l'IMSA.

À trois reprises, des élèves sont venus à ma rencontre à la fin d'un cours ou pendant une pause pour me demander mon opinion et celle des Français en général quant à la légalisation des sans-papiers dans notre pays. Ils avaient récemment étudié des textes français traitant du sujet et ils profitaient de notre présence pour avoir des informations peut-être différentes de celles qu'ils avaient pu lire dans les journaux américains ou européens. Une discussion s'est alors engagée, dans laquelle j'ai été largement sollicité. J'ai ainsi rapidement perdu mon statut d'enquêteur.

Une semaine à l'IMSA suffit pour constater l'attrait des élèves pour la connaissance et la culture. À voir l'application qu'ils mettent, pour la plupart, à s'investir dans tous les domaines enseignés ou présentés, on ne peut que s'émerveiller devant une telle soif de savoir... et on ne peut que s'interroger sur ce qui motive ces jeunes gens et ces jeunes filles. Depuis qu'ils ont intégré l'IMSA, leur avenir est, à leurs yeux, mieux déterminé, ils commencent à envisager les qualités des métiers qu'on pourra vraisemblablement leur proposer, et ils se représentent de plus en plus nettement la place qu'ils pourront occuper dans la société.

Non que tout soit joué, les treize pour cent d'échecs annuels sont là pour nous le rappeler. Mais on leur fait miroiter des situations professionnelles de qualité dont on leur répète inlassablement qu'elles sont à leur portée. Quand il s'agit de leur avenir, ils sont intarissables. Nous avons rencontré des futurs psychologues, des avocats en herbe ; certains feront de la recherche scientifique, c'est sûr, d'autres se renseignent déjà sur les métiers qui se rapportent à la fois à la psychologie et aux sciences fondamentales. Pour la plupart, les élèves sont sûrs de leurs choix. Il ne faut pas négliger pour autant l'enchaînement inverse : c'est peut-être plus la capacité qu'ils ont à appréhender le résultat de leur investissement qu'une véritable passion qui pousse les élèves à s'investir.

Les aptitudes personnelles et sociales des étudiants sont en train de se révéler. L'Académie veut contribuer à cette construction, pousser l'élève à développer des capacités qui ne demandent qu'à trouver l'occasion de se manifester. Outre les rassemblements classiques tels que le club de poésie, de musique classique, d'échecs, de politique ou encore de science-fiction, l'école propose et encourage des activités plus innovantes, dont le fonctionnement rappelle les méthodes d'enseignement fondées sur la simulation de situations réelles et complexes, et qui obligent l'élève à endosser, le temps de l'exercice, les attributions des véritables protagonistes. Par exemple, les étudiants peuvent participer pendant le week-end à *Mock Trial*, jeu qui consiste à simuler un procès : une cour fictive traite différentes affaires, en respectant au mieux la réalité. Bien sûr, les jeunes comédiens n'ont que peu d'expérience du droit. Pour triompher, ils doivent avancer des arguments compatibles avec les règles du civisme et de la légalité, qu'ils découvrent peu à peu. On peut se demander si une telle activité provoquerait le même engouement en France. On sait en effet que le recours à la justice ne procède pas des mêmes principes dans les deux pays.

Il est étonnant de constater à quel point, et ce malgré la charge élevée de travail à la maison, certains étudiants s'engagent dans la vie associative de leur lycée.

Il est vrai que les Américains développent plus tôt que nous ce goût de l'entreprise, et c'est la moindre des choses pour un lycée que d'entretenir une kyrielle de clubs gérés par les jeunes. Ces organisations extrascolaires rassemblent les élèves et tentent de leur donner le sens des responsabilités, leur apprennent à évoluer au sein d'une équipe, avec toutes les concessions que cela suppose ; si tout cela est tout à fait général, une caractéristique de l'IMSA est que ces activités sont considérées comme participant à la formation de l'élève, au même titre, exactement, que les cours. En outre, elles permettent aux jeunes de pouvoir se repérer dans l'institution scolaire, en établissant un lien entre l'enseignement et la vie. Un lycée qui n'est qu'un seul lieu d'apprentissage et de transmission des connaissances n'offre rien à l'élève qui puisse le rattacher à ses expériences quotidiennes : ce dernier reçoit un monde tout fait, dans lequel il ne se retrouve pas, et se demande à quoi va bien pouvoir lui servir ce qu'il est en train d'apprendre.

Pendant la semaine qu'a duré notre séjour à l'IMSA, j'ai pu m'entretenir avec une quinzaine d'étudiants, rencontrés au hasard des salles de cours. Ils sont unanimes : la vie en communauté représente une chance « formidable ». Pour Dana, une Afro-Américaine de dix-sept ans, née dans le ghetto noir de Chicago, ce fut l'occasion d'échapper au foyer familial et à des conditions peu favorables à son épanouissement. Certes, l'IMSA rassemble les élèves les plus brillants des collèges de l'État, des « premiers de la classe » en somme. Il est compréhensible qu'ils puissent se sentir à l'aise dans un environnement où leurs aptitudes sont partagées par le plus grand nombre et, qui plus est, élevées au rang de qualités perfectibles par l'établissement. On ne s'étonnera pas que beaucoup d'élèves, d'où qu'ils viennent, ne rentrent chez eux que rarement.

Que font-ils de si intéressant pendant le week-end ? Rien d'exceptionnel. Beaucoup d'entre eux m'ont assuré qu'ils passaient leur week-end à dormir. J'ai entendu dire que les équipes sportives ne sont pas très performantes à l'Académie, mais il y en a dans tous les sports habituels et elles rencontrent périodiquement les élèves des autres établissements de la région. Le week-end, ils vont les uns chez les autres et discutent pendant tout un après-midi. Beaucoup (environ un sur deux) ont un ordinateur dans leur chambre, bien entendu connecté au réseau. À en juger par la dextérité de quelques-uns à manipuler les logiciels de navigation sur Internet, on peut penser qu'ils passent un temps considérable devant leur écran.

Si l'esprit de communauté est exalté par l'institution, il est repris en chœur et à leur compte par les élèves. Pour autant, on peut se demander s'il n'y a pas là un risque d'isolement, comme si le système était victime de ses propres principes. Les étudiants sont conscients des opportunités qui leur sont offertes dans ce petit monde favorisé, mais ils n'en comprennent pas moins les difficultés qu'il y a à s'en évader. Ils ont pu constater la différence de pédagogie et d'encadrement entre l'IMSA et leur précédent lycée, et craignent de vivre la même expérience en sens inverse. Pour des élèves qui m'avaient confié auparavant qu'ils ne savaient pas ce qu'ils seraient devenus s'ils n'avaient pas intégré, et qui se considèrent toujours en situation précaire, c'est une crainte compréhensible.

D'autres élèves nous ont déclaré qu'ils étaient agacés par l'omniprésence de l'école, de ses principes et de ses règles dans leur vie quotidienne : « L'IMSA est tout. » Ils considèrent que toute leur vie, de leur travail scolaire à leurs divertissements, est régie par l'institution et ils ont évoqué les règles trop strictes en vigueur à l'école, et plus précisément dans les résidences. Les pensionnaires doivent respecter un couvre-feu (présence obligatoire dans les chambres à 19 heures), les présences mixtes dans les chambres sont très surveillées, ou encore les étudiants n'ont pas le droit de posséder de voitures.

Avec beaucoup de solennité, un étudiant m'a appris qu'il y avait beaucoup de *liberty* à l'IMSA, mais pas de *freedom* ; *liberty*, c'est le privilège d'être libre, alors que *freedom*, c'est le droit d'être libre.

LES COURS ET LE TRAVAIL PERSONNEL

La quantité de travail exigée est comparable à celle que l'on demande dans nos classes préparatoires, mais elle n'est pas de même nature. Du propre aveu des élèves, le *busy work* prend beaucoup de temps. *Busy work*, c'est le travail un peu pénible, comme la préparation d'un compte rendu qui doit respecter des critères fonctionnels et esthétiques précis, ou encore la recherche documentaire, travail qui ne consiste pas en l'acquisition de connaissances à proprement parler, mais davantage en l'apprentissage d'une méthode de découverte et de prise de contact avec un support nouveau[69].

Les pages Web que les élèves avaient à créer pour le cours de géophysique m'ont paru particulièrement soignées : des petits paragraphes suffisamment bien délimités accrochent le regard ; les mots

69. Selon que vous préférerez le parler argotique ou châtié, vous traduirez par « bourrin » ou « ancillaire ».

clés s'animent assortis de nombreux graphes aux couleurs vives et presque trop nombreux par rapport au texte. Des élèves rencontrées pendant ce cours m'ont avoué qu'elles avaient passé tout le week-end à concevoir leur page Web, parce qu'elles avaient eu des difficultés à trouver des documents intéressants à insérer ; cela, d'ailleurs, les avait retardées dans la progression normale du cours. Par *documents intéressants*, elles signifiaient aussi bien des courbes que des images. Les élèves ne se seraient pas aussi impliqués dans leur travail si l'exposé avait dû être rendu sur papier. Et de plus, un compte rendu de ce travail est accessible à partir de tout ordinateur connecté au réseau.

Cela m'a rappelé mon collège, quand tout le monde se précipitait pour avoir les claviers dès qu'on annonçait une séance devant les ordinateurs. Je n'ai pas retrouvé, bien sûr, la même effervescence ni la même excitation, parce que les élèves de l'IMSA sont habitués à utiliser l'outil informatique et que ce dernier est de plus en plus utilisé dans les écoles. Mais c'était la même volonté de produire quelque chose d'original, la même envie de dénicher la petite astuce qui pourrait encore améliorer la présentation de l'exposé. Évidemment, toutes ces recherches prennent beaucoup de temps, et le gain en connaissance pure est moins que modeste. Deux autres élèves, rencontrées à l'occasion d'un cours de Tom Jordan, toutes deux *sophomores* mais âgées respectivement de quatorze et seize ans, semblaient avoir eu quelques difficultés à se soumettre à des exigences différentes de celles qu'elles avaient connues dans leur lycée précédent. « Au début, quand je passais une heure à chercher une information sur Internet ou dans des livres, je pensais vraiment que c'était du temps perdu », me déclara la plus âgée. Mais elle avait changé d'avis peu à peu : « En fait, on ne se rend pas compte qu'on apprend. On est content quand on tombe sur un sujet qu'on a déjà rencontré avant, ça permet de s'orienter. »

L'IMSA ne se ponctue pas par un concours, on n'y trouve pas cette course à l'efficacité qui pousse l'élève à rejeter tout ce qui n'y contribue pas directement, ou qui n'a pas encore fait ses preuves. Bref, on peut d'autant plus facilement prendre des risques qu'il n'y a pas d'enjeu ponctuel.

J'ai été surpris par la véhémence des critiques de certains élèves concernant l'esprit de l'enseignement et en particulier les méthodes visant l'intégration des concepts. Ils sont entourés de personnes dévouées qui exaltent leur intelligence et leurs talents à grands renforts de superlatifs et de maximes, leur école bénéficie maintenant d'une réputation nationale et a contribué à la création de quelques établissements similaires aux États-Unis, et surtout leurs prédécesseurs ont intégré, pour la plupart, des universités remarquables (Chicago, Caltech, Harvard...). Pourtant, les élèves comprennent que cette école est un laboratoire, dans lequel on effectue des expériences, avec tous les risques d'échec que cela comporte. C'est un sujet qui est devenu chez eux une source abondante de plaisanterie. Un soir, en nous dirigeant vers la sortie de l'établissement, nous avons croisé un étudiant qui nous a salués en levant les bras et nous a crié, dans un français approximatif, « Sauvez-nous, sauvez-nous ! » Intrigués par le personnage, nous avons essayé d'en savoir plus et lui avons demandé ce qu'il voulait dire. Hélas, le malheureux n'est pas parvenu à nous expliquer son exhortation pathétique et burlesque, et nous a quittés précipitamment.

Nous avons pu parler le lendemain, à la faveur d'une rencontre où le hasard semble avoir joué un rôle limité. Il confia qu'il nous avait interpellés pour bien s'assurer que nous n'étions pas hypnotisés par l'IMSA, et qu'il nous fallait connaître les points négatifs. Selon lui, il se passait « des choses étranges dans cette école ». Un peu surpris, mais finalement amusé par la façon dont il présentait les choses, je lui demandai des exemples précis. Il savait, par exemple, qu'avait eu lieu récemment un test visant à évaluer les capacités respectives des élèves suivant la filière intégrée et de ceux suivant la filière dite « classique », et que ce test avait été rédigé par les enseignants du cursus intégré. Pour lui, c'était clair, l'Académie se devait de présenter des résultats satisfaisants à ses donateurs : voilà pourquoi l'évaluation était biaisée. Les étudiants se posent des questions, et peuvent envisager que, dans leur école comme dans un laboratoire scientifique, la nécessité des résultats peut biaiser l'expérience.

La plupart des étudiants, quel que soit leur âge, semblent assez hostiles au cursus intégré. Parmi les *sophomores* « victimes » de l'expérience, on trouve ceux qui l'ont délibérément choisi en début d'année, mais qui ont été déçus, et ceux qui y ont été inscrits d'office pour compléter les effectifs et qu'une année scolaire a confortés dans leur position. Une jeune élève timide, qui s'était retrouvée suivre ce programme sans l'avoir demandé, me confia que ce fonctionnement ne lui convenait pas, parce qu'elle avait besoin pour apprendre « d'une structure plus forte, d'un encadrement plus directif ». Elle avait toujours des difficultés pour trouver les questions à poser.

Même si les critiques les plus négatives proviennent, et c'est assez naturel, de ceux qui ne suivent pas le programme intégré, les élèves gardent l'impression qu'on n'y apprend pas grand-chose. « Nous passons beaucoup de temps à discuter d'apprentissage », me confia l'un d'eux. Un autre restait frustré parce qu'on ne lui donnait jamais le temps de bien comprendre un phénomène. C'est le concept même de l'intégration qui lui posait problème : « Comme les professeurs ne laissent jamais rien tomber, comme on doit voir tous les aspects d'un sujet, on n'a pas le temps d'aller au fond des choses. C'est frustrant. » Le programme *Integrated Science* se termine au milieu de la deuxième année, et les cours qui suivent font se rencontrer des étudiants qui ont suivi des cursus différents. Ainsi, chacun peut aisément évaluer la qualité relative des enseignements dans les différents programmes. « Les élèves d'*Integrated* ne sont pas aussi rapides que nous. Ils ont beaucoup de mal à résoudre des problèmes de calcul », m'apprit un élève de la filière classique. Il ajouta qu'en général ils avaient aussi plus de difficultés à mémoriser. Comme je l'interrogeai sur les points forts de ces élèves, s'il pensait en trouver, il m'assura qu'ils savaient peut-être mieux tirer les conclusions du résultat d'un problème, et, après quelques secondes de réflexion, qu'ils avaient un meilleur sens de l'analyse.

C'est peut-être de la facilité même qu'ils ont eue à s'habituer aux méthodes de l'IMSA que proviennent les interrogations des élèves ; comme si, tout en trouvant cela agréable et facile à vivre, ils ne pouvaient pas vraiment y croire. Nous avons établi quelques contacts par courrier électronique avec des anciens de l'Académie, afin de déceler une éventuelle continuité dans les points de vue des élèves après leur intégration. Même si les *défenseurs* ont probablement été les plus prompts à répondre et aussi les plus sévères, on trouve là encore tous les types de commentaires. L'un de ces anciens élèves, sorti de l'établissement en 1997, nous déclare qu'il a l'impression de s'être fait berner par ce cursus. *Integrated Science* ne donne selon lui aucune base scientifique à des élèves qui n'auraient pas reçu auparavant de formation plus exhaustive. Il reconnaît une certaine utilité au système, en termes de capacités d'analyse notamment, mais recommande une solution dans laquelle on s'assurerait d'abord que les étudiants possèdent les bases nécessaires à la résolution des problèmes classiques. Un autre ancien, en son temps adressant les critiques les plus virulentes à l'égard du cursus intégré, reconnaît que, après deux années passées à l'université, *Integrated Science* est « bien plus efficace » qu'il ne l'avait tout d'abord pensé. Grâce à ce programme, il le constate maintenant, il peut interpréter des faits scientifiques avec plus de sûreté que ses camarades qui n'ont pas suivi le même cursus. Il se sent mieux capable de formuler des hypothèses et des conclusions à partir d'informations imparfaites et incomplètes, pain quotidien du chercheur.

Ce n'est pas tant une somme de connaissances que l'Académie cherche à transmettre aux élèves qui suivent le cursus intégré que la capacité à évoluer dans un environnement peu connu, l'habileté à en exploiter les quelques éléments familiers pour progresser. Pour ce jeune diplômé, spécialisé à présent dans les mathématiques et la neurobiologie, l'aspect intégrateur n'est pas ce qu'il faut retenir de ce cursus : c'est avant tout « la façon dont on demande aux étudiants de penser scientifiquement sans les supports traditionnels ». Malheureusement, c'est quelque chose de beaucoup moins identifiable que l'acquisition d'informations sur un sujet donné. On peut facilement tester des connaissances par la résolution de problèmes classiques, au contexte théorique précis et statique. Dans les classes préparatoires aux grandes écoles, on nous serine que l'essentiel est d'acquérir des méthodes, un savoir-faire, qu'il est stupide de mémoriser une multitude de résultats pour espérer pouvoir les utiliser dans d'autres problèmes. Il n'empêche : les étudiants s'encombrent souvent volontiers l'esprit de formules inutiles.

La communication

« Communication » est un maître mot à l'IMSA ; cet institut se propose de produire, de communiquer et de vulgariser une pratique scientifique qu'il décrit et catégorise minutieusement. La science est ainsi un phénomène collectif dont l'essence est la communication. Elle est définie comme le processus créant, rassemblant et synthétisant tout type d'informations ; cette activité générale de fusion de données se fait sous l'égide, largement dominante, d'Internet. L'IMSA est de ce fait un terrain d'investigation privilégié de sociologie de la science. Il n'y a cependant que peu d'improvisation, c'est le professeur qui décide, initialement, du site. Le livre subsiste surtout dans et par la littérature. Cet appel aux réseaux est remarquablement efficace là où l'on a besoin d'un grand nombre de données ; la météorologie en est un bon exemple. En revanche, la pertinence du réseau semble moins évidente lorsqu'il s'agit de se familiariser avec un mécanisme élémentaire. Le phénomène d'accélération complémentaire lié à la rotation de la Terre est, pour l'étude des courants atmosphériques, un bon exemple de cette limitation, la recherche sur Internet s'étant révélée ici d'une utilité modeste. Le livre de science n'est guère lu pour autant, il est consulté, *internétisé* (l'index est parcouru en premier, on se promène rarement à l'aventure dans le livre ; le plus souvent, la formulation précise d'une question sert de fil d'Ariane autant que de garde-fou).

LA SCIENCE COMME UN RÉSEAU DE COMMUNICATION

Une clé de lecture du fonctionnement de l'IMSA, vu comme un microcosme, résulte du postulat que l'organisation de la pensée et celle de la société ne sont pas indépendantes entre elles. Plus catégoriquement, l'organisation de la pensée, ou plutôt son cadre d'opération, catalyse la demande et le besoin de communication. Encore que les choses ne soient pas formulées aussi nettement dans la production de l'IMSA, le souci d'accorder la pensée et l'action y est tel que l'on peut, sans sollicitation excessive, adopter ce point de vue. On constate dans ces conditions que la manière dont s'organisent entre eux les différents acteurs reflète fidèlement ce que l'on observe à d'autres échelles. Voici les traits principaux que nous avons pu repérer, en tentant d'adapter à ce microcosme quelques méthodes d'analyse de la société :

Dépendances fonctionnelles. J'ai besoin des résultats de l'autre pour progresser dans mon activité. Cette dépendance comprend une part assez forte de subjectivité. Ne connaît-on pas dans l'enseignement des exemples, revendiqués et entretenus, de décorrélation totale ? Plus subtilement, l'enseignement français a longtemps été sillonné d'un discours œcuménique, assorti de faits séparatistes. La dépendance fonctionnelle est plutôt rare en France, et certainement volontariste ; elle est érigée en une sorte de règle à l'IMSA, et l'on cherche sans relâche à y élucider, voire révéler des liens mal exprimés. Les réunions de professeurs en portent témoignage. Ces réunions sont de pratique très naturelle à l'IMSA, point n'est besoin de convocation, en revanche l'ordre du jour est toujours précis, la réunion est brève, intense, animée par un collègue, meneur de jeu, qui vous pousse dans vos retranchements. La discussion terminée, personne ne songerait à déroger à ses décisions.

Dépendances stratégiques. C'est une manière de qualifier une relation où chacun des partenaires n'a pas besoin de persuader l'autre de la pertinence de son travail. Le lien n'est pas bureaucratique, ou, si l'on préfère, contraint ; de ce fait, il est plus robuste, car il résiste à l'épreuve de la difficulté. L'anecdote suivante fournit un exemple de ce genre de lien : un cycle d'enseignement intégré portant sur la lumière, pour tel enseignant il s'agissait d'interférence, pour tel autre de spectre infrarouge ou de photochimie, pour un troisième de couleur, et ainsi de suite, mais dans des champs disciplinaires dont les lettres et les arts étaient exclus. La suggestion d'élargir l'éventail d'étude par l'examen du traitement de la lumière par les primitifs flamands et par l'étude du thème de la lumière dans les mythes et les religions a été immédiatement acceptée, sans qu'il fût besoin d'en démontrer la pertinence. Le lien est moins bureaucratique ; il est donc plus fort.

Dépendance dialectique. Les nouveaux venus à l'IMSA sont accueillis avec un soin particulier ; un conseiller pédagogique (et volontiers plusieurs conseillers) observe et scrute chacun des faits associés au premier venu et ne manque pas de lui en faire part sans détour ; l'éloge et la réserve semblent se faire de manière moins codée qu'en France ; tout au moins, le code semble plus transparent. Voici un exemple de commentaire de conseiller : « M. J. maintient la pression, mais sans engager l'épreuve de force. Sa voix et ses manières incitent à la participation. Il prend acte chaleureusement des questions pertinentes... et ne laisse passer aucune question mal posée ou contenant quelque incohérence. Il travaille avec les étudiants qui ont formulé de telles questions jusqu'à ce que leur énoncé se clarifie. »

De multiples réunions sont organisées, avec un degré de formalisme assez poussé. Simultanément, le niveau d'exigence professionnelle reste élevé. L'intégration et l'agrégation sont ainsi, elles aussi, des processus coopératifs et continus.

LES DISCIPLINES REFLÈTENT L'ORGANISATION SOCIALE DE LA SCIENCE

Acte est pris que les chercheurs sont constitués en villages ; il existe entre les individus d'un même village, puis entre les villages, de multiples liens implicites, que l'IMSA vise à élucider sur le plan théorique et à expliciter sur le plan pratique.

Le savoir est disséminé dans ces villages ; chaque communauté a sa part du tout, les frontières bornent, autant qu'elles inspirent, les populations frontalières[70] ; la classe reproduit ce schéma en recréant inlassablement des sociétés en modèle réduit. De la sorte, les risques sont mutualisés, les ressources et les résultats partagés.

La substitution des cours magistraux par des activités visant à la production de résultats (lancer une fusée, par exemple[71]) rend plus intense et plus dense le jeu de relations dans les groupes. Par contraste avec le référent traditionnel unique qu'est la classe, il y a création de plusieurs référents, qui s'enchevêtrent : référents disciplinaires, thématiques, de niveaux. De manière volontariste et délibérée, le politique semble donc plus présent que dans l'enseignement français standard, plus autonomiste et parcellisé. La microsociété que veut être l'IMSA connaît-elle de ce fait le phénomène, banal, des stratégies d'alliance ? On ne saurait écarter cette possibilité. Quelques indices incitent même à répondre positivement à cette question.

Le plus grand du territoire est ici occupé par le statut des mathématiques. Le lecteur francophone est suffisamment averti du débat pour qu'il soit inutile de reformuler la problématique. En un mot, les mathématiques sont en première année une discipline de service et elles n'acquièrent leur autonomie que plus tard. Des enseignants ne manquent pas de regretter qu'un institut plaçant les mathématiques au premier rang de son autodésignation ne distingue pas ces dernières dès les premiers jours de la scolarité ; bien sûr, l'argument développé est bien plus étoffé que ce point de vue strictement narcissique. Il est avancé en retour que la première représentation de la science que souhaite véhiculer l'IMSA est une

70. Pour un développement de cette idée, voir, par exemple, Maruani A. et Thurin J.-M., « Pratique et limites de l'interdisciplinarité », dans *Modèles du psychisme*, Eshel, 1992.

71. Même si ce lancer, parfaitement réaliste grâce à un logiciel de simulation de la NASA, était, en fait, virtuel !

version intégrée. Le débat est abyssal, comme toutes les questions mal posées. Il ne débouche pas à l'IMSA sur des guerres picrocholines ; au moins, aucun des partis ne soutient que l'autre pervertit la jeunesse. Et puis les étudiants, tout compte fait, obtiennent quand ils le souhaitent une culture mathématique hors pair.

Le besoin de communication, d'adhésion au bon réseau est, en soi, une tâche. L'existence de réseaux contraint de reformuler la question de l'évaluation. Les barrières disciplinaires facilitent une évaluation composée d'éléments numériques disjoints. Lorsque la discipline est plus un indicateur, un point d'arrivée, qu'un point de départ, désignable par un programme, l'évaluation doit refléter la globalité de l'enseignement. Cette question de l'évaluation est l'une des plus mal posées de la pédagogie : elle est structurellement mal posée, et, parmi toutes les mauvaises manières de procéder, la somme pondérée de tout ce qui est sommable semble faire partie des (peut-être) moins mauvaises manières de faire. Les choses ne se posent pas en ces termes à l'IMSA, qui semble avoir renoncé à enfermer un élève dans la globalité d'une évaluation scolaire. En revanche, toute production de l'élève est notée et commentée ; de la sorte, ce dernier sait à chaque instant où, localement, il se trouve, par rapport à la classe et par rapport à l'idée qu'il se fait de ses performances.

ENTRE LA COOPÉRATION ET L'IDIOSYNCRASIE

Un postulat de base de la pédagogie est que l'on ne peut pas tout transmettre par tout moyen ; quand on pourrait le faire, il vaudrait mieux l'éviter ; la diversité des modes plaît à l'apprentissage. Corrélativement, on ne saurait satisfaire tous les besoins... en particulier ceux qui ne sont pas exprimés. Que l'apprentissage soit un acte essentiellement volontaire est communément admis ; la sagesse populaire en a pris acte depuis longtemps, lorsqu'elle dit qu'on ne fait pas boire un âne qui n'a pas soif. On ne saurait exprimer les choses de pire manière. Il aurait mieux valu célébrer la vertueuse frugalité de l'équidé, trouver une métaphore plus gratifiante que celle de l'âne et de l'ânier, cesser enfin de discréditer un animal dont la robustesse et la vaillance au travail n'ont d'égal que le discrédit dont il souffre dans les représentations courantes. Peut-être le refus de travail de certains élèves est-il de même nature que la sobriété asine ? Peut-être alors est-il plus utile de stimuler que d'aiguillonner ? Toujours est-il que l'IMSA cultive la disparité des modes d'activité des élèves, en exigeant force travail individuel et force travail de groupe. Les résultats sont le plus souvent présentés comme celui d'un travail collectif[72]. Revient alors la question obsédante de l'évaluation, et le choix entre l'égalité, par laquelle c'est le groupe qui est évalué dans son ensemble et l'équité, par laquelle on évalue les succès personnels. Dans des situations où le sentiment d'appartenance est élevé, où la solidarité est de mise, la notation égalitaire est préférable, elle contribue à constituer le groupe et à resserrer le jeu des collaborations entre participants. Elle peut, inversement, affecter fortement l'ensemble des stratégies d'alliance. La notation équitable est plus agréable pour les ego, mais elle donne au groupe le statut d'une coquille formelle que le scalpel des notes clive en chacun de ses constituants. Le groupe dès lors est éphémère, c'est un référent volatil et flou.

L'ACCÈS AUX RESSOURCES

Un accès rapide et fiable aux données pertinentes est l'un des enjeux des technologies contemporaines de l'information. Il est banal d'observer que l'activité scientifique se nourrit de lectures, de rencontres et d'échanges. Dans le domaine de la recherche, l'univers des données est assez bien circonscrit, et, la pauvreté en métaphores et en ambiguïtés du langage scientifique aidant, le but recherché est atteint par des chemins directs, et d'autant plus directs que les délais de production, quoique toujours aussi décriés, restent toujours aussi menaçants. L'apprentissage est par nature plus discursif, il s'accommode volontiers de batifoler à l'écart du chemin principal, les voies explorées se ramifiant à l'infini par corrélations et associations. Le rêve a dans l'apprentissage une place que l'on ne saurait mésestimer. Dès lors, créer des situations d'apprentissage prend du temps : temps de vagabondage, temps de perplexités aux carrefours des labyrinthes, temps de la métabolisation des savoirs, temps perdus et temps retrouvés.

Lorsque le professeur choisit et installe pour ses élèves le site à explorer pour obtenir telles données, il limite de ce fait leur autonomie et leur exercice de l'esprit critique, il incite au conformisme

72. Est nommé collectif ici tout travail ayant rassemblé les efforts de plus d'une personne.

et à l'uniformité. Mais il gagne un temps précieux, celui de la détermination des sites proposant l'information la plus adaptée au but poursuivi. Ce temps est important au point qu'il pourrait occuper toute la durée convenue pour le cours. L'efficacité à court terme de cette manière de faire peut avoir pour revers l'illusion que les choses sont données et non acquises. Mais rien n'est perdu ! le premier exposé du professeur sera d'exiger des élèves beaucoup d'indépendance devant les données qui scintillent sur leurs écrans : s'agit-il de données de première main et commentées *in situ*, de données recopiées d'une source de seconde main et commentées par une plume extérieure ? S'agit-il de données brutes ? de données traitées ? de données interprétées[73] ? La difficulté devant les données est maintenant rejetée au niveau du sens ; elle n'est plus au niveau de l'acquisition.

Ce point nous semble particulièrement important, pour ce qu'il implique sur l'attitude devant le savoir : tout est inscrit quelque part, il suffit d'aller voir au bon endroit. Le problème du sens non seulement reste entier, mais il acquiert une vivacité nouvelle.

Un aspect inattendu de la dissémination du savoir est qu'il s'étend désormais aux individus ; les élèves à l'IMSA travaillent volontiers avec des inconnus qui ont eu la bienveillance d'afficher sur le réseau leur portrait, leurs compétences et le moyen de les joindre. La connivence est immédiate entre les éléments de la galerie de portraits, preuve, s'il en est encore besoin, que la reconnaissance du statut est un moteur puissant de l'activité.

Une expérience grandeur nature (ENST, mai 98)

PASSAGE À L'ACTE

De retour en France, il s'est révélé tentant de passer à l'acte et d'inclure certaines méthodes d'enseignement observées à l'IMSA dans un cursus français, afin d'en observer les effets et, pourquoi pas, d'en tirer quelques premiers enseignements. Par une sorte d'effraction dans l'emploi du temps d'une fin d'année scolaire

---

73. Exemple observé à l'IMSA : les élèves compilaient les valeurs connues de la constante de Hubble et en déduisaient les âges de l'Univers que l'on pouvait en inférer. Mais qu'en est-il des flux lumineux (intensité, longueur d'onde...) dont la mesure conduit à la valeur numérique de cette constante ?

chargée, avec pour principaux opposants la séduction d'un printemps parisien et l'horaire (occupant l'intégralité de la pause méridienne et condamnant au jeûne ou au sandwich les habitués d'un restaurant universitaire de qualité renommée), un appel déraisonnable a été lancé aux étudiants de première année de l'ENST[74] : participer sur-le-champ à un enseignement de durée indéterminée, sans but, sans programme, sans enjeu, sans rattachement à aucun grand domaine, aucune filière, ni dominante, ni option. Autre nouveauté, les séances seraient animées par plusieurs enseignants que les étudiants n'avaient pas l'habitude de voir ensemble, dont ils ne soupçonnaient même pas qu'ils pussent se parler ! Quinze étudiants répondirent instantanément à l'appel, efficacement relayé par Damien Polis, l'étudiant qui faisait partie du voyage, et transformé pour les besoins de la cause en sergent recruteur.

Le premier document envoyé aux étudiants était une mise en situation, qui, en dépit des apparences, n'avait rien d'anodin ; en effet, les lauréats des concours d'entrée aux grandes écoles scientifiques subissent un changement de statut soudain : après une période d'assez grande contention, les enjeux de leur travail vont changer qualitativement. Ils le savent bien. Les premiers mots qui leur sont dits dans leur école d'accueil devront répondre à une attente aussi grande qu'imprécise. Souvent, la visite de l'école est organisée, et les étudiants sont entraînés dans un tourbillon où, de laboratoire en département, on leur montre en trente minutes (« pas le temps, pas le temps ») le travail de toute une équipe pendant plusieurs années. Les résultats s'amoncellent, les présentateurs sont ravis de leur prestation de niveaux scientifique, technologique et narcissique élevés, les étudiants, bercés par les mots de la science, sont confiants dans leur futur... et se demandent si c'est bien là le discours qu'ils attendaient.

74. Pourquoi cette école ? Parce que l'un de nous s'y trouvait ; aussi et surtout parce que l'attitude de la direction de cette école allait de l'attentisme sceptique à la confiance déterminée et agissante, sans qu'aucune opposition se fût manifestée. Les étudiants sollicités étaient les seuls à avoir subi l'épreuve de TIPE. Bien entendu, le caractère restreint de l'appel n'est en aucune manière la négation du caractère formateur des multiples projets soutenus par les étudiants des promotions antérieures !

Paris, le 18 mai 1998.

Mlles et MM. les membres du Comité d'organisation

École Nouvelle des Sciences et des Technologies

Mademoiselle, Monsieur,

Vous avez bien voulu accepter de faire partie du Comité d'organisation des activités d'accueil de notre nouvelle promotion, veuillez pour cela accepter nos remerciements les plus vifs. Nous avons coutume, à cette occasion, de présenter à nos étudiants quelques aspects des nouvelles donnes scientifiques et technologiques, sans exclusive sur les thèmes traités ; ces séances se font volontiers dans le cadre de la pédagogie que nous mettons en place depuis quelques années. Notre pratique se fonde sur les affirmations suivantes :

L'essence du savoir est dans le *discernement* entre les éléments de connaissance et dans l'établissement de *liens* entre eux.

La segmentation des contenus doit être confrontée à *l'intégration de concepts*.

L'action et l'attente de l'enseignant sont confrontées au besoin et à la *demande* de l'étudiant.

L'enseignement en vue de l'examen doit être confronté à *la compréhension pour l'utilisation* future.

L'apprentissage incrémental traditionnel doit être confronté à un processus : ce processus crée, pour chacun, les *conditions de construction de sens*.

La classe fixe peut être confrontée à la *communauté d'apprentissage*, aux expériences transmissibles.

Il convient d'articuler ce qui a été confronté ci-dessus ; la pédagogie accommodant mal la notion de modèle unique, rigide ou dominant, la *diversité* s'impose comme critère d'excellence (serait-ce faute de mieux ?).

La première séance fut longue, à la mesure de la demande des étudiants. Le tableau fut rapidement plein de questions fusant dans toutes les directions, en se répartissant toutefois en deux grandes classes, les questions de science fondamentale et les questions de société. Il a fallu choisir, et le choix s'est porté sur une question plutôt fondamentale : pourquoi certains objets sont-ils transparents et d'autres opaques ?

Qui l'eût dit et qui l'eût cru ? Après une longue année d'enseignement, les problèmes préoccupant le plus ces étudiants étaient, d'une part, des problèmes élémentaires de science, d'autre part, des problèmes de société. Le souci de comprendre, loin de s'être assoupi, avait été avivé tout au long de l'année. Allez soutenir maintenant que le temps des études fondamentales est, à ce niveau, révolu et que seules les applications ont droit de cité...

Le document n° 2, intitulé « Feuille de route n° 1 », fut envoyé le jour même aux étudiants, avec le but d'intriguer et de montrer que la réponse à cette question de la transparence et de l'opacité n'allait pas de soi (et d'autant moins que physique quantique et statistique avaient disparu du cursus commun). Ce but fut atteint au-delà de toute espérance. Voici un extrait de ce document :

Feuille de route n° 1

Question : Pourquoi la vitre est-elle transparente ?

La réponse phénoménologique à cette question d'apparence anodine consiste à appliquer les équations de Maxwell à un milieu dont les constantes optiques font... qu'il est transparent ; en changeant la valeur numérique des constantes, et en refaisant le calcul, on décrit un milieu opaque. La transparence ou l'opacité ne résultent pas ici de considérations sur la Nature, elles découlent de la résolution d'une équation différentielle linéaire du deuxième ordre à coefficients constants.

Tentons d'aller plus loin ; on verra, si on le veut bien, que des notions élémentaires (c'est-à-dire constitutives) de mathématiques et de physique permettent d'englober dans le même discours, et la réponse à la question posée, et la réponse à bien d'autres questions. Voici, en vrac, quelques questions que l'on pourra rencontrer sur le chemin d'une réponse ; ce sont des repères, il y en beaucoup d'autres. Je pense qu'il y a matière à l'investissement de six personnes.

Pourquoi met-on du plomb dans le cristal ? Pour en augmenter l'éclat ? Pourquoi ne parle-t-on guère de l'indice optique d'un milieu opaque ?

On dit que l'indice d'un milieu est le nombre par lequel il faut diviser la vitesse de la lumière dans le vide pour obtenir la vitesse de la lumière dans ce milieu. Mais pourquoi la lumière ne serait-elle pas accélérée au lieu d'être ralentie ?

Qu'est-ce qui permet de dire que la vitesse de la lumière a changé (on ne rentre pas dans le milieu pour la mesurer !) ? De quelle vitesse s'agit-il ?

Flipper à photons : lançons un photon dans un milieu matériel ; entre deux atomes, le photon se propage dans le vide, avec la vitesse c ; admettons que le photon interagisse avec l'atome et que la durée d'une collision soit Δt ; connaissant la distance moyenne entre atomes et la valeur courante d'un indice, on calcule Δt ; si on en a entendu parler, appliquer en force brute la relation de Heisenberg ; en déduire une idée de l'énergie mise en jeu dans cette interaction ; on obtient un résultat déroutant. Être alors opiniâtre.

Un circuit électrique ne contenant que des résistances, des inductances et des capacités est alimenté entre deux points A et B par une tension e (*t*) variant très lentement à l'échelle des constantes de temps propres du circuit ; on attend l'extinction du régime transitoire, et on mesure le courant circulant entre A et B : i (*t*) ; on calcule le rapport z (*t*) = e (*t*)/i (*t*) ; cette grandeur est-elle constante ou varie-t-elle avec le temps ?

Quel est le rapport entre cette question et celles qui précèdent ?

Mots clés : réponse linéaire ; causalité ; transitions virtuelles, théorème de Cauchy sur les fonctions holomorphes ; intégrale en partie principale ; rayonnement dipolaire ; interférences, ondes et photons, état quantique (cryptographie quantique ?), résonance, retard, mémoire, phonon localisé, etc.

Immanquablement, des étudiants allaient aussi faire état de leur incompréhension de l'Univers et de la frustration qui en résultait pour eux ; au mépris de son ignorance insigne de la relativité générale, sympathisant à toute souffrance, un enseignant rédigea la feuille de route n° 2, dont voici un extrait :

Feuille de route n° 2

Qu'y a-t-il au-delà de la limite de l'Univers ?

Ce que l'on pense savoir :

L'Univers est en expansion.

Le rayonnement fossile suggère l'existence d'un « atome primitif » (big bang)

L'âge de l'Univers est de 15 à 17 milliards d'années.

La masse de l'Univers pourrait faire intervenir une grande quantité de matière invisible.

Ce qu'on aimerait savoir :

Quelle est la nature des quasars ?

Peut-on déduire la masse des galaxies par d'autres moyens que l'observation de leur luminosité ?

L'Univers est-il ouvert ou clos ? et quel est le sens de cette clôture ?

Quel est le plus petit élément de matière ?

Quel est l'objet le plus lointain ?

Quelle était la taille du premier cyclotron (E. O. Lawrence, 1930) ?

Quelle est la taille du Tevatron ? Quelle est l'accélération des particules (comparer à *g*) ?

Comment fonctionne un détecteur de particules chargées ?

Les découvertes en physique de base changent la compréhension du Monde ; mais changent-elles le Monde lui-même ? Considérer les exemples de Newton, Faraday et Einstein. Ont-ils un lien avec les thérapies du cancer, la photographie des virus aux rayons X ou les diodes laser ?

Pourquoi la matière a-t-elle une masse ?

Reste-t-il des particules ou des interactions à découvrir ? Deux charges électriques de même signe s'attirent ; mais comment la particule n° 1 sait-elle qu'il y a quelque part une particule n° 2 portant telle charge ? Quel est le messager de l'information ?

La relativité identifie énergie et matière, espace et temps. Comment une théorie aussi solide peut-elle produire les deux inconcevables suivants : « *Que se passait-il avant l'instant initial et qu'y a-t-il au-delà de la frontière de l'Univers ?* »

Si des questions semblent sans autre réponse qu'absurde, c'est peut-être qu'elles sont mal posées ?

De proche en proche, l'enseignement se construisit, avec de belles interventions d'étudiants sur l'universalité des transitions de phase, sur la notion de modèle, sur la censure et ainsi de suite.

La suite est assez rare pour être rapportée : une délégation d'étudiants se rendit à la Direction de la formation pour demander l'insertion dans le cursus de l'année prochaine de ce module inhabituel ; acte fut pris de cette demande, mais il fut rappelé qu'il appartenait aux enseignants, et à eux seuls, d'émettre des propositions et, aussi et surtout, de les mettre en forme ; ce qui fut dit fut fait, et, très rapidement, l'improvisation sur un thème donné fut mise en musique ; la partition finale fait collaborer six enseignants, tous les départements de l'école y sont représentés. Voici un extrait de la fiche descriptive de cet enseignement :

Objectifs

Les idées de base de cet enseignement incluent, d'une part, un décloisonnement disciplinaire volontariste et affirmé, d'autre part, l'introduction de nouveauté non pas du haut de la chaire, mais comme réponse à un questionnement : celui de l'élève. De la sorte, et à la différence de l'apprentissage par mémorisation, l'apprentissage se fait par réponses à des demandes qui ont été formulées, par l'établissement de liens entre le savoir existant et les concepts nouveaux. L'enseignant interviendra pour faire surgir, guider, infléchir, faire rebondir, canaliser, mettre en forme le questionnement. L'expérience montre que les barrières de timidité tombent facilement, aussi bien que le fantasme de la « bonne question », au sens où cette dernière n'a d'autre intérêt que rhétorique...

Contenu

Le contenu s'articule cette année autour d'un noyau physico-mathématique : construction de la mécanique générale des ondes (mécanique quantique, optique, ondes élastiques...), phénoménologie, aspects mathématiques (intégrale fonctionnelle, intégrale de Feynman, typologies des équations différentielles partielles...). Plusieurs facettes du même thème seront examinées, incluant la facette historique et sociologique. Les applications dès lors seront plus facilement compréhensibles, et on attend de cet enseignement intégré qu'il lève quelques freins à l'imagination.

CADRE GÉNÉRAL DE L'EXPÉRIENCE *

L'importance d'une réflexion sur la manière d'enseigner est indispensable, certes pour les élèves en difficulté, mais aussi pour ceux des filières dites d'excellence. Ainsi l'expérience réalisée à Telecom avait-elle pour but d'envisager une autre manière d'appréhender les problèmes didactiques, d'essayer de comprendre les limites de notre système actuel pour tenter, en mettant en scène l'élève de manière plus active, mais aussi plus conviviale et plus attractive, de recourir à des méthodes plus adaptées, plus ouvertes que celles généralement pratiquées.

Les conditions étaient peu favorables à une forte participation des élèves. En effet, l'approche des partiels, le retour du soleil, les multiples engagements que beaucoup d'élèves prennent dans la vie associative ou extrascolaire, l'absence de plage horaire prédéterminée pour ce projet, l'absence d'insertion dans un quelconque cursus, étaient autant d'éléments handicapants. Dans ces conditions, quelles ont pu être les raisons de ces quinze étudiants, confrontés, eux aussi, à de multiples obligations et sollicitations ?

---

* Rédigé par M. David Flacher, étudiant à l'ENST.

L'amitié pour leur camarade ? l'intérêt pour cette expérience et surtout le projet qu'elle sous-tend ? Mais surtout, la réponse à une attente.

Qui ?

Les élèves qui ont participé à l'expérience ont comme point commun celui de déplorer un enseignement trop utilitariste où les techniques prennent le pas sur les sciences fondamentales. Ces élèves regrettent l'absence d'une vraie culture générale scientifique. La volonté d'accéder à un niveau plus élevé de connaissances, dans sa dimension de découverte ou d'approfondissement, est certainement l'un des objectifs majeurs des élèves volontaires. Leurs attentes étaient aussi celles d'une pédagogie plus adaptée à leurs besoins. Même s'ils lui attribuent de grands mérites et le considèrent souvent comme une base indispensable de leur formation, le cours magistral, du genre de celui qu'ils ont en général reçu dans les classes préparatoires, ne retient plus leur adhésion ; leur attitude est ambiguë, mais pas pour autant paradoxale. Ils reconnaissent, pour la plupart, une forte légitimité au système des classes préparatoires, mais aspirent désormais à découvrir d'autres horizons, hors du cadre scolaire (à travers la vie associative ou extrascolaire).

Reconnaissons aussi qu'ils éprouvent, après les années de travail intense en classes préparatoires, un réel besoin de « souffler », ce qui n'implique pas forcément un désintérêt à l'égard de la culture scientifique.

Beaucoup ont perdu goût au travail purement scolaire. C'est pourquoi se manifeste cette curiosité pour des méthodes « nouvelles », un intérêt pour un cours qui se veut résolument différent et pour des méthodes expérimentées dans des établissements étrangers. Cette curiosité et cet intérêt se nourrissent d'une frustration des étudiants dans un cursus qui n'a répondu que partiellement à leurs attentes. Il s'agit pour eux de retrouver le goût d'apprendre et l'envie de s'investir à nouveau dans un travail scientifique. Il s'agit aussi de parier sur :

1. la diffusion d'un savoir effectivement assimilé et maîtrisé par l'élève,

2. l'inclination que l'enseignant aura pu susciter chez l'élève pour les matières enseignées.

Comment ?

L'expérience met en valeur les diverses relations en jeu dans l'apprentissage entre l'élève, le savoir et l'enseignant. Rappelons simplement que, si l'enseignant a un rôle d'impulsion, la part d'initiative de l'élève, l'interactivité entre élèves, entre professeur et classe, ainsi que l'acquisition décloisonnée des connaissances occupent une place centrale dans ce processus expérimental de formation. Dans les procédures d'appropriation des savoirs par les élèves, il importe que ceux-ci se sentent pleinement parties prenantes. De ce point de vue, il est intéressant de comprendre ce qui motive un grand nombre d'entre eux à s'impliquer dans la vie associative. Le besoin d'implication y est manifeste, l'important semble moins être la nature du projet que l'aspiration à combiner trois éléments, trois composantes qu'impliquent la conception et la réalisation d'un projet :

1. travailler, d'abord, avec une équipe d'amis (la composante de « convivialité » — favorisée par un groupe de taille réduite),

2. réaliser « quelque chose » (la composante « réalisation concrète », « finalité du projet » et « reconnaissance du travail fourni »),

3. enfin, il faut avoir une vue globale, une vue d'ensemble du travail entrepris (la composante « synthèse, bilan, récapitulation »...).

De même que pour nombre d'élèves de grandes écoles l'apprentissage des responsabilités passe par la réalisation de projets les plus divers et des initiatives, les connaissances semblent devoir désormais se construire par l'action, en rupture avec la phase des classes antérieures où était privilégiée la transmission unidirectionnelle des connaissances. Ce besoin d'« expérimentation » est fortement valorisé. Certains élèves attendaient d'ailleurs davantage de « manipulations » au cours des séances que je m'apprête à décrire.

DÉROULEMENT DE L'EXPÉRIENCE

La première réunion eut lieu un mercredi entre 12 heures et 13 heures, chaque élève apportant son sandwich. Fut présenté un exemple tiré des méthodes de l'IMSA mettant en évidence l'intérêt de l'intégration de plusieurs matières dans un même enseignement. Il fut également question du rôle que pouvait jouer le questionnement d'élève, sans censure et sans timidité, dans l'élaboration du cours ainsi que l'autonomie dont celui-ci devait bénéficier.

Appel a donc été lancé aux élèves pour qu'ils aillent inscrire au tableau toutes les questions, sans exclusive, qu'ils entendaient poser. Les résultats furent au niveau des attentes des enseignants, qui virent déferler une avalanche de questions, débordant les sciences dites exactes pour aller taquiner les sciences humaines. La discussion permit d'opérer un regroupement par thèmes. Le temps imparti étant écoulé, nous en restâmes là. La méthode utilisée est chronophage : laisser place à l'intervention des élèves, leur permettre de participer à l'ordonnancement du cours, les conduire à exprimer leurs exigences de contenu, sont autant de contraintes dévoreuses de temps, ce qui pose le problème crucial de l'horaire.

La deuxième séance, la semaine suivante à la même heure, donna l'occasion de comprendre comment pouvait s'opérer le décloisonnement entre disciplines et en particulier de réaliser un passage de relais entre mathématiques et physique. Il s'agissait de présenter un des outils fondamentaux communs à ces matières. L'intérêt de cette séance, animée par deux professeurs de mathématiques et un professeur de physique, en totale connivence, n'a été contesté par personne ; mais cette belle unanimité doit être nuancée par des remarques : « trop long » pour quelques élèves, trop court pour la plupart... Le problème de l'horaire est donc, à nouveau, posé. L'intégration d'un tel cours au cursus conditionne, pour l'ensemble des élèves, la réussite d'un tel projet. Autrement, le risque de frustration est trop élevé.

Les questions d'information des élèves, lors de la première séance, portaient sur trois axes :

1. les objectifs : quels sont-ils ?
2. la structure des cours : comment prendre des notes ? Aurons-nous des polycopiés ?
3. la part des cours magistraux, du travail personnel, de l'action.

On retrouve ici deux points fondamentaux pour les élèves ; d'abord, la nécessité d'avoir l'impression de réaliser quelque chose de valorisant ; ensuite, la nécessité d'avoir une vue globale de l'évolution du cours. Ce dernier doit inclure, très régulièrement, un bilan récapitulatif resituant le contexte et précisant les éléments à éclaircir pour une meilleure assimilation.

De manière plus ou moins radicale, ce sentiment s'exprime par le désir d'une structure, d'une charpente soutenant l'édifice « cours » et dont des interventions magistrales de l'enseignant pourraient constituer le cœur. Pour la quasi-unanimité des élèves, définir un sujet, même large, apparaît comme une nécessité. Un fil conducteur qui n'exclue pas les digressions est indispensable à une cohérence d'ensemble de la classe. L'idée de l'échange permanent entre les professeurs et les élèves fait l'unanimité : l'élève posant des questions sur un thème (suffisamment large), le professeur amorçant les réponses tout en laissant à l'élève le soin de trouver des compléments à ces réponses, mais également à la liste de ses questions. En aucun cas l'élève ne doit être le seul à amener des réponses, et en aucun cas l'élève ne doit être livré dès le début à lui-même. En effet, l'effort, souvent grand, que représente l'amorce de recherches et en particulier de recherches bibliographiques constitue un obstacle de taille. Les professeurs doivent jouer le rôle crucial du guide, de celui qui saura éviter des difficultés inutiles à l'élève. Dans un système comme celui-là, peut-être utopique, la classe profiterait donc des interrogations et des recherches de l'ensemble des élèves, de l'enthousiasme de certains, que l'on peut espérer communicatif. Il reviendra au professeur de formaliser cet ensemble de contributions.

Les élèves de l'expérience, tous sont curieux et ils ont tous envie d'apprendre. Mais certains d'entre eux n'en ont pas (ou plus ?) la volonté. Ils ont une vision passive de l'enseignement et se contenteraient probablement d'un cours où le professeur assurerait lui-même l'ensemble des tâches de recherche en ayant posé au préalable les questions susceptibles d'intéresser les élèves, allant à la rencontre et à la recherche de leurs attentes. Il s'agit donc de « séduire » l'élève. La séduction passe aussi et surtout par l'aptitude de l'enseignant à poser un problème, à le poser de manière vivante et attrayante parce que des problèmes jamais résolus, des éléments étonnants, ou la portée très large ou très précise de l'étude pourront être mis en valeur.

Il est une phrase d'élève que je trouve symptomatique : « J'ai envie qu'on me donne envie. » Pour cet élève, il ne peut pas y avoir de séduction :

- si le cours ne présente aucune unité,
- si de telles séances se passent d'un cours magistral, proposant une articulation entre les sujets étudiés, pour en établir la charpente,

• si on ne sait pas sortir, très régulièrement, du cours magistral, c'est-à-dire au moins chaque heure, pour le restituer dans son contexte, pour en comprendre les limites et les ambitions, pour en faire le bilan et laisser place aux questions,

• si une aide à la recherche des sources de documentation n'est pas, au moins dans un premier temps, mise en place pour éviter des découragements prématurés.

Les élèves sont tous d'accord pour affirmer que des cours s'appuyant sur l'initiative des élèves, leurs libertés, le développement d'une aptitude à raisonner, à s'interroger, à construire la connaissance en orientant le cours en fonction de leurs attentes, de leurs aspirations et de leurs goûts peuvent et doivent trouver leur place dans le cursus scolaire.

Ils restent pour autant sceptiques sur la généralisation de ces méthodes à l'ensemble des cours. Le rythme initialement lent de la progression leur fait redouter une efficacité médiocre de cet enseignement. Assez paradoxalement, les élèves délaissent les cours magistraux, mais ils en vantent les qualités, tout en critiquant les cours où trop de libertés leur sont laissées.

Si l'ambition du projet est de faire (re) naître chez l'élève le goût d'apprendre et de découvrir, l'envie d'avoir envie, alors ce projet mérite qu'on lui donne les moyens de se réaliser.

Programmes : les paradis à venir

Périodiquement, les programmes de toutes classes sont reconsidérés, dans leur fond et dans leur forme. Cette procédure est nécessaire, et bonne dans son principe. Les commissions en charge des programmes sont composées d'individus compétents et diligents, et dont la sagacité est mise à rude épreuve par la multiplicité des contraintes à satisfaire simultanément pour ne point susciter d'émeute. Traditionnellement, les nouveaux programmes ne déclenchent effectivement pas d'émeutes, mais de jolies philippiques, dont les leitmotive incluent la dégradation inadmissible de l'enseignement de telle matière, la place exagérée accordée à telle autre, l'incohérence d'ensemble du programme, ses inutilités, ses manques, ses incomplétudes et ses imprécisions. Tous ces commentaires sont recevables et pertinents. Une saveur leur vient du fait que l'ensemble des solutions proposées pour pallier les imperfections particulières constitue un édifice généralement bien plus imparfait que l'édifice critiqué. En d'autres termes, il est très simple de faire des mauvais programmes, et tout le talent des experts est de déterminer, parmi toutes les mauvaises solutions possibles, s'il en est qui soient peut-être un peu moins mauvaises que les autres. Il faut mettre un terme au présupposé qu'un programme est une espèce chimiquement pure, dont une succession de distillations et d'opérations de filtrage et de décantation peut fournir une version absolue.

Le débat est considérablement apaisé si l'on convient qu'un programme, outre ses nécessités de savoir minimal, est aussi un cadre de pensée, piste d'envol vers le traitement des questions vraiment topiques : que doivent savoir les élèves et que devraient-ils savoir faire ?

À la lumière de ces questions, le caractère superficiel des choses s'estompe, et ce caractère est mis en pleine lumière par l'approche coopérative des enseignants pratiquant un enseignement intégré.

La pédagogie par projet a un but et un effet concordants ; la responsabilisation de l'élève facilitera ses orientations ultérieures ; l'inscription dans la durée de la confiance en soi limite l'usure d'une scolarisation longue. Cette pédagogie se heurte à la logique, complémentaire, des programmes. Les programmes, sources de tant de procès de chétive substance, évoluent parfois à l'image du soufflé au fromage, ou, si l'on préfère les métaphores plus cosmiques, sur le modèle de l'effondrement gravitationnel : par gonflements se nourrissant au lait des épreuves d'examen et de concours, ils atteignent, la jurisprudence pédagogique aidant, des tailles telles que la seule issue possible soit, passé un certain volume critique, la remise à zéro. Au grand dam des Cassandres, qui persistent à se figurer, d'une part, que tout ce qui est dit par eux est, *par le fait même*, enseigné, d'autre part, que tout ce qui est enseigné doit être appris. À la clé de cet acte de foi, l'idée d'un ensemble de savoirs élémentaires disjoints.

Nous avons visité un laboratoire pédagogique où l'adaptation des approches et leur diversité sont au service de la rigueur qui sied à un enseignement novateur et audacieux.

Notre pays n'est pas en reste dans l'évolution des systèmes éducatifs ; comme partout ailleurs, il porte l'héritage de sa culture et de son histoire.

Peut-être cette rencontre peut-elle servir de réservoir d'idées, d'exemples et de savoir-faire, alimenter nos discussions de citoyens ?

Nous avons retrouvé au Middle West nos préoccupations, nos difficultés, que l'affirmation de grands principes ne suffit pas à résoudre. Les équilibres d'un moment sont précaires, leur recherche exaltante. Notre travail se veut une source de propositions au service de tous ; sans trompette... ni tambour.

Annexes

L'ORGANISATION DES CURSUS (UNE RÉCAPITULATION)

Les élèves séjournent trois ans à l'école, soit l'équivalent des trois années de lycée. Le succès de leur scolarité est soumis à l'obtention d'un minimum de seize *credits*[75] à totaliser sur l'ensemble des disciplines, avec les contraintes suivantes :

Mathématiques et sciences : 8 crédits dont 4 en sciences (biologie, physique, chimie) et 4 en mathématiques.

Sciences sociales : 2,5 crédits.

Anglais : 3 crédits.

Langue étrangère : 2 crédits.

Arts : 0,5 crédit.

Activités sportives : assiduité à un programme couvrant la totalité des trois ans.

Éducation de consommateur : passage d'un examen ou assiduité à un cours.

Travail communautaire : quatre-vingts heures à assurer annuellement.

Service civique : trois cents heures à assurer annuellement.

Tous les cours se présentent sous la forme d'unités semestrielles qui comptent chacune pour 0,5 crédit avec pour chacun de ces cours deux heures trente à cinq heures de classe par semaine. La dominante affichée de l'école est *math and sciences* ; les différents modèles de cursus vont donc, en principe, dans cette direction, mais, avec le même choix de cours, ce système s'accommoderait sans peine de sections conduisant à des profils diversifiés (par exemple à dominante lettres, ou économie).

La structure de base n'est pas la classe dans le sens français du terme, soit un groupe d'élèves partageant une année durant le

75. Le mot anglais *credit* désignant une entité intermédiaire entre le point et l'unité de valeur, autant le transcrire par le mot français « crédit ».

même emploi du temps pour toutes les matières. On observe au contraire, dans plusieurs cours, un mélange d'élèves d'âges différents ; cependant, dans les cours de base, les élèves sont inscrits en fonction de leurs niveaux respectifs, ce qui garantit pour ces cours une certaine homogénéité dans l'assistance.

Le minimum requis pour l'obtention du diplôme laisse une marge de manœuvre appréciable dans le choix des cours ou des activités facultatifs. En effet, les seize crédits à obtenir correspondent en moyenne 5,3 cours par semestre, ce qui est peu de chose pour ces élèves. Avec sept ou huit cours suivis simultanément, ce qui est courant, un quart du temps environ est consacré à des activités facultatives. Par exemple, dix-huit cours facultatifs sont proposés à l'IMSA, contre neuf cours de tronc commun ; ce rapport est représentatif : les cours facultatifs sont en bien plus grand nombre que les cours obligatoires. On peut faire valoir au titre des activités facultatives des projets de recherche de terminale effectués sous la direction d'un professeur de l'établissement, ainsi que des recherches indépendantes. Enfin, le fleuron de cette école est constitué par les projets de recherche effectués sous la direction de chercheurs professionnels, à l'extérieur de l'établissement, sur le lieu de travail de ces chercheurs mêmes, et qui concernent, comme on l'a vu plus haut, environ cent quarante élèves sur six cent cinquante.

Les cours de base sont proposés sous trois formes :

La forme traditionnelle, mais où le questionnement de l'élève est encouragé.

La forme fondée sur des problèmes concrets.

Enfin, la forme appelée *perspectives learning* qui se caractérise par l'existence de séminaires hebdomadaires sur un thème pluridisciplinaire : plusieurs professeurs de disciplines différentes se réunissent avec une cinquantaine d'élèves pour débattre d'un thème donné.

La charge horaire des élèves de première année est globalement de quatre fois sept heures, plus deux à quatre heures hebdomadaires[76]. À partir de la deuxième année (équivalent de notre classe de première), les élèves peuvent choisir de continuer avec la même

76. Ces données sont à comparer aux 32,5 heures hebdomadaires dont 3 d'option facultative, d'un élève de première année de lycée ; le rapport Meirieu (extraits par exemple dans *Le Monde* du 29 avril 1998) préconise une réduction à 28 heures (dont 2 facultatives) dans l'enseignement général. L'horaire IMSA est donc plus dense.

charge horaire, mais généralement ils adoptent un rythme moins soutenu de vingt-deux heures hebdomadaires environ. S'ils choisissent de s'engager dans un projet de recherche personnelle, celui-ci occupera leur mercredi entier. La structure des études est étudiée de façon à laisser une marge de choix aux élèves, qui va en grandissant au cours des trois années, les amenant à prendre de plus en plus de responsabilités sdans l'orientation de leur propre formation.

DE RETOUR EN CLASSE PRÉPARATOIRE...

Il a été question à plusieurs reprises des TIPE, Travaux d'initiative personnelle encadrés, une activité novatrice en classe préparatoire aux grandes écoles scientifiques, où il s'agit de développer, avant tout, l'initiative de l'étudiant. Cette activité fait l'objet d'une évaluation aux concours d'entrée, sous la forme d'une épreuve de communication scientifique, avec exposés et dialogue avec un jury. Pour l'immense majorité des places mises aux concours, l'épreuve est commune. Elle se déroule en deux parties : une partie dite D ou *analyse de document scientifique*, où il s'agit de faire un exposé à partir d'un document scientifique fourni par le jury ; une partie dite C qui consiste en un exposé du candidat sur son travail personnel de l'année. Les exposés qui durent dix minutes sont suivis d'une discussion avec le jury, d'une durée de dix minutes également. L'École normale supérieure de Cachan, qui gère également le concours de l'École polytechnique pour la filière[77] PSI, utilise un dispositif analogue à celui de la banque d'épreuves décrite ci-dessus. Les biologistes ont une banque de TIPE spécifique, l'épreuve est uniquement basée sur le travail de l'année dont le caractère expérimental est très marqué et qui fait l'objet d'un mémoire conséquent.

Le travail de recherche des étudiants s'organise autour d'un thème ; par exemple, le thème retenu pour les concours 1999 est pluridisciplinaire et commun à toutes les filières : *Terre et Espace*. Dans le cadre de ce thème bien peu contraignant, chaque étudiant construit son sujet, s'approprie son contenu, rédige un mémoire et prépare son exposé.

Pour les Écoles normales supérieures de Paris et de Lyon, il s'agit uniquement d'un dialogue avec le jury, qui reçoit au préalable

77. Les nouvelles filières des classes préparatoires scientifiques sont BCPST : biologie, chimie, physique et sciences de la terre ; PC : physique et chimie ; PSI : physique et sciences de l'ingénieur ; PT : physique et technologie et MP : mathématiques et physique.

un bref mémoire rédigé par le candidat sur son travail personnel. Pour l'École polytechnique, il s'agit d'un exposé effectué à partir d'un document scientifique remis au candidat lors de l'épreuve.

À titre documentaire, nous reproduisons ci-dessous un exemple de conseils prodigués aux candidats subissant les parties C et D de l'épreuve ; on comparera utilement ce texte aux conseils fournis par l'IMSA à ceux de ses élèves s'engageant dans un mentorat.

Préparation

Travail personnel	*Dossier*
Choisir un sujet d'étude, se documenter.	Lire le dossier,
Comprendre, éventuellement mettre en pratique.	le comprendre, se l'approprier,
Préparer la présentation.	préparer sa retransmission,
Cerner les limites + ouvrir (autres méthodes...) pour préparer les réponses aux questions	se préparer à répondre aux questions.

Dossier
Présenter
Dialoguer

L'épreuve de TIPE

S'expliquer devant le jury

=

Comprendre = savoir ce qu'on comprend + savoir ce qu'on ne comprend pas

+

Communiquer = présenter + traduire + écouter

Extraire les éléments d'informations essentiels.

Les *regrouper* en sous-classes. Par exemple : les objectifs ; le contexte technique, scientifique, historique ; les contraintes ; les moyens retenus ; les difficultés de mise en œuvre ; les principes scientifiques mis en œuvre ; les autres moyens envisageables ou à écarter.

Les *relier* logiquement entre eux. Par exemple : tels moyens répondent à tels objectifs, telles contraintes éliminent tels moyens, tel principe scientifique est inapplicable dans tel contexte technique, tel principe scientifique impose telles précautions contre les influences parasites.

Cette démarche d'analyse ouvre aussi la voie de la synthèse.

Déterminer ce qui est vraiment compris, ce qui garde un certains flou, et ce qui paraît hermétique. Bien souvent, la part non comprise sera faible. Elle n'apparaît pas forcément seulement en partie D, puisqu'il est possible de choisir un sujet d'étude dont on ne maîtrise pas tous les aspects.

Histoire ou épistémologie : il vaut mieux travailler sur les documents originaux et non pas uniquement sur des articles de vulgarisation, et se limiter à commenter, ou paraphraser, les commentateurs. Il convient d'analyser les conditions historiques, les erreurs éventuelles et des résultats partiels.

Justifier son choix est toujours apprécié.

Attention aux sujets affectifs où la conviction l'emporte sur la rigueur.

Il est indispensable de connaître ce qui gravite autour du sujet principal.

La plupart des techniques de communication sont considérées comme évidentes, personne ne considère toutes les techniques comme évidentes, aucune technique ne paraît évidente à tous, et, surtout, aucune technique n'est universelle.

TROISIÈME PARTIE

L'expérience japonaise

En apparence, ce livre est plutôt orienté vers l'expérimentation pédagogique entreprise aux États-Unis pendant ces dernières décennies. Mais c'est l'occasion de réfléchir à des problèmes qui sont, en fait, universels. Et pour cela, j'ai attaché une grande importance à ce que deux expériences, cruciales à mes yeux, soient analysées sur le terrain par des équipes d'instituteurs et de professeurs eux-mêmes engagés en France depuis de longues années dans la réforme de l'enseignement élémentaire et secondaire en France.

Il y a, dans le monde, de nombreuses entreprises du même type desquelles nous pourrions beaucoup apprendre. Sophie Ernst nous permet d'élargir notre champ d'observation au Japon, où elle vient de faire un voyage d'étude. Chargée d'études en philosophie de l'éducation à l'Institut national de la recherche pédagogique, elle exerce ses talents à l'analyse de « La Main à la pâte ». Dans ce dernier chapitre, elle nous livre les résultats de ses observations qui lui ont permis de voir qu'au Japon, s'est développé un enseignement dans les classes élémentaires dont l'esprit ressemble beaucoup à celui de « La Main à la pâte » et dont nous pourrons certainement tirer des enseignements.

Georges CHARPAK

Visite dans une école de Tokyo*

SOPHIE ERNST

Le système scolaire japonais peut susciter de l'admiration : un illettrisme quasiment inexistant, une intégration sociale poussée et d'excellents résultats aux évaluations internationales de connaissances. Cependant, ce que l'on connaît en France du système d'enseignement japonais ne nous pousse pas à l'imiter. L'école japonaise souffre, d'après les Japonais eux-mêmes, d'un système de concours qui pousse tous les jeunes à bachoter, en accumulant une masse d'informations apprises par cœur plutôt que véritablement organisées en culture ; les emplois du temps sont saturés, la part d'invention et de réflexion minimale ; l'originalité individuelle trouve mal à s'exprimer, elle n'est pas reconnue comme une valeur, et le système d'éducation a tendance à la brider. Dans cette période où la mondialisation et la crise économique poussent à de profondes remises en cause, les Japonais s'interrogent sur les faiblesses de leur système d'enseignement. C'est en grande partie l'école du Japon qui a fait la force du pays, et c'est d'elle, de sa réforme, qu'est attendue une nouvelle adaptation à l'état du monde.

---

* *Cette étude a été réalisée dans le cadre de la préparation d'un colloque international « Éduquer au XXe siècle. Pâques an 2000 », à l'invitation de l'université Waseda de Tokyo, que je remercie vivement. Ma gratitude va tout particulièrement au Pr Shin'ichi Suzuki et au Pr Véronique Perrin, ainsi qu'à l'équipe enseignante de l'école du quartier Nakaochiai. Le lecteur intéressé par l'école primaire japonaise aura plaisir à lire le livre d'Annie Vercoutter* À l'école au Japon, *PUF, 1998, qui m'a fourni les données de cadrage.*

Or, s'il y a un domaine où le Japon peut être fier de ce qui a déjà été accompli, c'est justement celui de l'enseignement scientifique à l'école primaire. L'école japonaise ressemble à l'école française et ce en raison de facteurs historiques. Au XIXe siècle, ses structures ont été imitées de celles de l'école de Jules Ferry, et leur caractère centralisé n'a fait que s'accentuer avec la dérive nationaliste qu'a connue le Japon au XXe siècle ; en revanche, ses méthodes pédagogiques se sont inspirées, après la défaite de 1945, des méthodes américaines, qui ont beaucoup d'affinité avec les courants européens dits « d'éducation nouvelle ». De ce fait, deux forces profondes et antagoniques marquent la culture enseignante : une tradition autoritaire et hiérarchique, à laquelle s'oppose une culture syndicale puissante, un vif esprit de résistance au pouvoir central. Le résultat est surprenant pour un Français ; c'est un peu notre école, mais telle que nous l'imaginons dans nos rêves de réforme. La force d'un système centralisé, unifié, mais aussi la vitalité d'une autonomie localement assumée. Travail en équipe, projet d'école, collaboration avec les parents, méthodes actives, épanouissement des enfants et sérieux des études... Certes, la situation va se corser au collège, lorsqu'il faudra préparer le concours d'entrée au lycée, avec obligation de s'entraîner intensivement. Mais en attendant, à l'école primaire publique, il se fait un beau travail, en profondeur. L'enseignement des sciences bénéficie de cette qualité générale de l'enseignement primaire, beau résultat d'une histoire paradoxale. Il est en même temps tout à fait représentatif de cette réussite de l'école primaire : parce qu'il est exigeant et difficile, il révèle bien les forces et les faiblesses d'un mode éducatif. Là où il se pratique par investigation et expérimentation, on peut gager que tout un ensemble de facteurs plus vaste entre en jeu.

Un enseignement des sciences vivant, fin et profond

Visitons ensemble une école primaire ordinaire de Shinjuku, un quartier de Tokyo. Sans doute, les écoles et les personnels sont divers, comme partout. C'est ici une « bonne école », une de ces écoles où l'alchimie des personnes donne tout son sens à la structure. Mais c'est quand même une école ordinaire, où tout n'est pas à mettre au compte de la seule qualité exceptionnelle de tel ou tel maître, même si celle-ci trouve à s'y épanouir.

Nous allons dans la salle de sciences, une grande salle bien équipée avec des tables carrelées et des robinets. Les enfants sont en petits groupes de trois ou quatre. Dans le fond de la classe, une quinzaine de mères assistent à la séquence : une fois par trimestre, les parents ont la possibilité de venir assister à une demi-journée de classe, à la suite de quoi ils peuvent poser des questions au maître. Les enfants sont habitués, les mères sont discrètes et se font oublier...

Dans cette classe qui correspond à notre CE2, les enfants étudient depuis quelque temps ce qui se passe entre solides et liquides. Ils ont déjà réalisé, lors des semaines précédentes, une série d'expériences qui ont fait varier les cas et approché divers concepts : ce que c'est qu'une solution, une solution saturée. Aujourd'hui, le problème consiste à dissoudre des cristaux dans un pot d'eau. Une discussion animée entre les enfants et le maître fait le point sur ce qu'on a déjà fait et les problèmes posés lors des séances précédentes. Pour ce faire, les enfants jettent un coup d'œil dans leur cahier d'expériences personnel. On a vu la dernière fois qu'une partie se dissout mais qu'il reste encore des cristaux. Peut-on se débrouiller pour faire fondre les cristaux restants ? Ce sera la difficulté à résoudre aujourd'hui. Certains enfants pensent que rien ne changera, cependant ils sont prêts à tester l'hypothèse. Mais comment faire ? Ils suggèrent plusieurs façons : tourner, agiter, faire chauffer, ajouter de l'eau.

Chacun donne son avis, avec beaucoup de liberté : les enfants sont très habitués, à cet âge, à parler, à être écoutés, mais également à s'intégrer harmonieusement à une discipline collective tranquille. Les discussions collectives ne dégénèrent pas, malgré la pétulance des élèves. L'école japonaise apprend très tôt à doser initiative et autocontrôle, liberté et rituel.

Le maître récapitule au tableau les diverses suggestions des enfants. On va expérimenter chaque hypothèse et voir ce qui se passe. Comment faire ?

Les enfants n'ignorent rien du matériel dont ils peuvent disposer dans cette salle. Il leur est familier et ils en connaissent les possibilités. C'est pourquoi ils peuvent répondre aisément. Ils décident de commencer par faire chauffer la solution. On refait le point sur la démarche, le matériel, l'endroit où il se trouve, les consignes de sécurité, la façon d'allumer un réchaud... et quand tout est bien envisagé, les enfants s'y mettent, dans un fouillis apparent qui se révèle en fait un ordre remarquable ! En deux minutes, chaque groupe est prêt à faire chauffer son flacon, il n'y a eu aucune bousculade, et évidemment pas de casse. Ils sont trois ou quatre autour de chaque feu, tous observent attentivement, l'un d'eux remue délicatement la solution avec une baguette. Chacun y va de son commentaire. On a décidé également de compter le temps nécessaire et c'est pourquoi il faut être attentif.

À noter : beaucoup d'initiatives et de responsabilités sont laissées aux enfants. Jusqu'ici le maître a seulement posé des questions et écrit sous la dictée. Les enfants utilisent un matériel fragile qu'on peut percevoir comme dangereux : dans combien d'écoles françaises oserait-on inciter dix groupes de trois enfants à faire chauffer un flacon en verre sur un réchaud à alcool ? Or l'ordre dans lequel les actions se passent et s'enchaînent est ici remarquable. Le maître est très présent, c'est un chef d'orchestre vigilant, mais toute sa vigilance soutient les initiatives des enfants, elle ne bride pas leur activité, elle en encourage la profondeur. Dans ce but, une dimension essentielle de son intervention consiste à garantir la continuité du temps : par la prévision, l'anticipation, la mise au point, la récapitulation. Qu'est-ce qu'on a déjà fait ? Pourquoi ? Comment ? Qu'est-ce qui nous reste à faire ? Pourquoi faites-vous ceci ? Qu'est-ce que vous avez voulu faire ? Qu'est-ce que vous avez compris ?

Les enfants écrivent au crayon au fur et à mesure dans un cahier d'expériences où ils dessinent le dispositif, décrivent ce qu'ils font, écrivent ce qu'ils cherchent et ce qu'ils prévoient, se posent les questions qui viennent à leur esprit. Le maître ne leur donne aucune consigne pour ce cahier, qu'ils sont manifestement habitués à tenir soigneusement. En revanche, dès que le maître marque un temps d'arrêt pour une mise en commun, une récapitulation, une réflexion sur ce qui se passe ou va se passer, les enfants consultent leur cahier, qui sert de base pour cette élaboration collective.

Il y aura encore trois séquences sur cette même série d'expériences. Le questionnement aura été minutieux et rigoureux. Les enfants se sont vivement intéressés à cet enjeu, qui ne semblait pas bien palpitant aux adultes que nous étions, et ce, grâce aux questions du maître, qui par ces anticipations et récapitulations réussissait à constamment lier un faire et un dire, une action et une recherche, une expérimentation et une interrogation.

Au total, quelle est la valeur éducative de telles enquêtes, lorsqu'elles sont pratiquées deux ou trois fois par semaine sur toute la durée d'une scolarité ? Ajoutons que la même profondeur minutieuse, le même respect de l'appropriation active de l'enfant, caractérisent l'enseignement de la musique, des mathématiques, des arts plastiques...

Je me contente d'énumérer sans pouvoir précisément développer tout ce que les enfants ont eu ici l'occasion de perfectionner : des connaissances et des démarches scientifiques précises. Une formation intellectuelle en profondeur. L'habitude prise de travailler en commun, de collaborer à un travail, d'écouter l'autre et de discuter de points de vue différents. La responsabilité devant une prise de risque, une autonomie bien assumée. Une utilisation sensée de l'écrit, pour faire des descriptions et réfléchir l'expérience.

Un mot sur le perfectionnisme japonais bien connu : le sens du travail bien fait, la volonté de tenir un problème jusqu'à ce qu'il soit résolu au lieu de se contenter d'une simple exécution formelle. Les enfants avaient vraiment le sentiment de résoudre un problème, de le tenir jusqu'à en être quitte — il ne s'agissait pas de tâches décousues accomplies par routine scolaire. Ils savaient où ils allaient, pourquoi ils faisaient ce qu'ils faisaient, et la moindre de leurs interrogations recevait un statut. Dans de telles pratiques, parce qu'il est mis au service de la curiosité des enfants et de leur exploration du monde, ce perfectionnisme reçoit le sens plein d'une éducation humaniste et rationaliste.

Sur quoi les maîtres peuvent-ils compter pour les soutenir dans cet enseignement ?

Des locaux et des moyens importants

Un Français est d'emblée surpris par la qualité de l'équipement de base, les locaux et le matériel.

L'école compte quatorze classes, et le nombre des élèves varie entre vingt-cinq et quarante (pour les classes les plus âgées). Les bâtiments sont spacieux, l'établissement est de grande taille : un Français se croit dans un collège. C'est d'autant plus remarquable que l'espace est réduit au Japon, et spécialement à Tokyo, où les logements sont bien plus exigus qu'en France. L'établissement est vaste, pas luxueux, mais doté de tout le matériel nécessaire. En cas de séisme, il constitue pour tout le quartier un lieu de refuge relativement sûr, car construit selon des normes antisismiques exigeantes.

Chaque classe dispose de sa salle, similaire aux nôtres, et en plus de salles spécialisées, bien équipées, pour chaque type d'activités :

• Salle de sciences, avec tout le matériel d'expériences, petits bacs à eau, paillasses.
• Salle de musique, avec instruments de musique.
• Salle d'activités manuelles et plastiques.
• Salle de calligraphie traditionnelle, avec tatami.
• Salle de réunions polyvalente, avec écran.
• Bibliothèque.
• Grand gymnase intérieur transformable en salle de théâtre.
• Grande cour de récréation-stade, recouverte d'un revêtement antichoc, avec jeux et agrès.
• Terrain de jardinage, chaque classe ayant son périmètre.
• Salle d'ordinateurs modernes, un pour deux enfants.

Chacune de ces salles contient une télévision de très grande taille, avec magnétoscope (en état de marche).

Les maîtres disposent également d'une vaste salle de réunions et de travail, agréable, avec une bibliothèque bien fournie. Le directeur nous reçoit dans un salon confortable et accueillant, prévu à cet usage.

L'importance des moyens est évidente également en ce qui concerne les personnels.

Deux directeurs (un directeur et une directrice adjointe), qui sont déchargés d'enseignement ; leur travail consiste à organiser les études, suivre la scolarité des enfants, préparer et animer les réunions du conseil des maîtres, gérer l'école et surtout, fonction reconnue pleinement, recevoir les parents.

Ceux-ci sont d'ailleurs souvent invités dans l'école, à l'occasion des fêtes, nombreuses, et aussi, fréquemment, pour assister à un après-midi de classe et rencontrer les enseignants.

Chaque maître polyvalent a sa classe, mais, de plus, l'école a droit à deux maîtres spécialisés entièrement attachés à l'école, dont elle choisit la spécialité.

Une polyvalence bien épaulée

Nous l'avons dit au départ, les structures de l'école primaire japonaise ont été copiées sur celles de l'école française : les responsables de l'éducation à l'ère Meiji avaient été très impressionnés par l'école de Jules Ferry — à vrai dire, ils avaient été surtout sensibles à son organisation hiérarchique, centralisée, nettement plus qu'à la valeur civique de cette école républicaine. Mais, de ce fait, et malgré une histoire qui a bifurqué bien différemment au XXe siècle, on reconnaît une école qui ressemble par bien des côtés à la nôtre ; les enseignements sont à peu de chose près les mêmes que les nôtres, l'organisation de la journée, la découpe des séquences d'une heure environ, la même.

Les maîtres japonais sont polyvalents, or ni leur formation initiale ni les conditions de leur recrutement ne leur assurent d'emblée une polyvalence bien difficile à assumer de nos jours — le niveau d'exigence des programmes est quasiment le même qu'ici, et la pédagogie, assez ressemblante à celle de nos maîtres d'application, entre pédagogie traditionnelle et méthodes actives, est plutôt exigeante.

J'ai vu des maîtres plus ou moins bons, mais tous compétents et au moins valables. Toutes les disciplines au programme sont effectivement enseignées, car inscrites à l'emploi du temps : cet emploi du temps est établi collectivement par le conseil des maîtres sous la responsabilité du directeur, imprimé et distribué. Il est impensable donc de laisser tomber une matière.

Donc, comment font les maîtres pour être au niveau dans tant de disciplines, pour mener leur classe avec cette aisance ?

Les maîtres ne travaillent pas seuls, même s'ils travaillent de manière autonome. D'une façon générale, le Japon cultive le sens de la solidarité de groupe, du travail d'équipe, et la réussite collective prime sur l'indépendance individuelle : le principe de liberté individuelle a bien du mal à s'acclimater au Japon, mais du moins cela a-t-il des effets indéniablement enviables dans certains domaines. Précision importante : les deux directeurs déchargés ont, par rapport à cette équipe, une fonction d'animation, de facilitation et de gestion, mais l'équipe s'organise de façon égalitaire et démocratique. Dans l'école, la journée commence toujours par une réunion des maîtres, et le temps devant les enfants n'est qu'une partie du temps dans l'établissement, qui comprend aussi du temps disponible pour la préparation, la concertation, l'accueil des parents. Ce qu'on appelle « projet d'école » est ici une pratique tout à fait ordinaire.

Les maîtres travaillent ensemble, partagent idées et expériences ; leur salle est à la hauteur de sa fonction : il s'agit d'une belle salle de travail, dotée d'une bibliothèque fournie. On travaille et on décide en commun, et le terme d'équipe pédagogique, qui n'est souvent en France qu'un euphémisme pour désigner une juxtaposition de solitudes et de méfiances réciproques, correspond ici à une vraie solidarité. S'il est impensable pour un Japonais de délaisser un enseignement au programme, du moins n'est-il pas seul et démuni. La polyvalence se construit en équipe, à partir des compétences multiples des uns et des autres.

Dans cette école, le directeur a un rôle d'incitation très important, mais il est également très attentif à ne pas prendre le pas sur ses collègues. Par exemple, il a seulement proposé ma demande de visite, et c'est seulement quand les maîtres ont accepté en conseil des maîtres que j'ai été autorisée à venir dans l'école.

Il y avait une jeune débutante qui avait des difficultés dans la classe, et qui manquait manifestement de savoir-faire. Comme la directrice me signalait ses difficultés, qu'elle attribuait sans ambages à des erreurs pédagogiques, j'ai demandé comment elle allait évoluer. Le directeur a tenu à affirmer la liberté pédagogique de cette jeune femme, et son refus à lui de toute intrusion. Elle évoluerait peu à peu, dans la pratique des réunions avec les collègues.

Chaque école a droit, en plus de ses deux directeurs totalement déchargés, à deux maîtres ayant une spécialité, qui seront entièrement affectés à cette école (au lieu, comme c'est le cas en France, de tourner dans les écoles). Ils assumeront alors les enseignements de leur spécialité et pourront éventuellement former leurs collègues. Quelles spécialités ? Le choix relève du conseil des maîtres. Souvent on demande la musique, car c'est une discipline qui est considérée comme mal maîtrisée par les amateurs. Mais ce peut être aussi bien une spécialité comme l'informatique, ou les sciences, ou l'histoire. L'école peut redéfinir ses demandes de spécialités. C'est une façon très efficace de faire diffuser des compétences, dans la mesure où ce recours n'est pas utilisé seulement pour pallier des incompétences.

Conséquence de cette entente collective et de ce travail d'équipe, les maîtres pratiquent, entre eux, l'échange de services. Le maître que j'ai suivi le plus longtemps excellait en sciences, alors il prenait aussi une autre classe en sciences. Ces échanges de services ne se font pas de gré à gré mais sont collectivement décidés au niveau de l'école. L'organisation des classes relève du conseil des maîtres.

Des manuels et du matériel bien faits

J'ai été impressionnée par la qualité de l'enseignement scientifique dans toutes les classes que j'ai visitées. Or, si l'un des maîtres était très compétent, manifestant une admirable aisance dans le guidage des enfants, ce n'était pas le cas des autres, et pourtant les séquences étaient, sinon du grand art, du moins très correctes. On peut noter que les maîtres n'avaient pas demandé de collègue spécialisé en sciences, preuve qu'ils se sentaient assez à l'aise dans cet enseignement pour l'assumer (ils avaient préféré, cette année-là, une maîtresse de musique et un professeur de mathématiques spécialisé en informatique). Outre le travail d'équipe, les maîtres pouvaient s'appuyer sur une base très solide : des manuels et du matériel d'expérience intégré au manuel.

Les manuels sont au Japon extrêmement contrôlés par le ministère, soumis à une censure d'État fortement contestée par l'opposition progressiste ; il reste qu'en matière de sciences ce dirigisme extrême n'a pas produit de mauvais résultats. Là, c'est plutôt la qualité japonaise de fabrication de consensus qui a joué, en suscitant des manuels commodes, près des préoccupations et des usages des enseignants, mais en même temps soumis à des exigences de progressivité et de cohérence dans le parcours scientifique : comme aux États-Unis, ces manuels résultent d'une intégration de points de vue scientifiques, didactiques et pédagogiques. Que faut-il enseigner qui constitue une culture scientifique élémentaire ? Selon quelle méthode, quelles démarches, pour construire quelles compétences ? Dans quel ordre, suivant quelle stratégie d'expériences ?

Quels dispositifs en classe pour gérer les groupes d'enfants, le matériel, organiser le temps et l'espace ?

Autant de questions qui sont ici résolues pratiquement dans les manuels par un guidage très près de ce qui se fait effectivement en classe. Les manuels que j'ai vus avaient pris le parti de photographier les étapes des expériences, en ajoutant des commentaires : des questions, des observations. Bizarrement, il s'agissait de manuels destinés aux enfants, mais qui ne leur servaient pas : et on ne voit pas pourquoi ils auraient utilisé ces manuels, sauf à faire des expériences livresques, ce qui est contradictoire avec les conceptions éducatives qui sont, de fait, partagées par les auteurs de manuels comme par les maîtres... Mais le manuel pour les enfants servait en fait au maître. Ce que j'ai vu en classe, merveilleusement incarné, de façon vivante, inventive, et disponible, avait en fait été décalqué du manuel. Ces manuels sont donc des aide-mémoire pour les enfants, mais surtout des guides pédagogiques pour les maîtres ; les photos montrent les étapes de l'expérimentation et construisent tout un cheminement bien conçu et parfaitement explicité, que le maître n'a plus qu'à s'approprier et à faire vivre dans sa classe, en se rendant disponible aux questions et aux réactions des enfants.

Le matériel est de deux sortes. D'une part, il y a cette belle salle bien équipée en matériel de base pour les sciences naturelles, la physique et la chimie élémentaires. D'autre part, la pratique régulière de cet enseignement a suscité un petit matériel réalisé et distribué de façon industrielle. Ainsi, par exemple, j'ai assisté à quelques séances sur les aimants, qui reposaient sur un petit kit utilisable pour toute une série d'expériences — une boîte en plastique de 15 cm sur 15 cm, une par enfant, un vrai jouet. Fonctionnel et peu coûteux.

Le matériel est fourni, car il est ainsi parfaitement adapté aux expériences qui sont proposées par les manuels. C'est un choix notable, car l'école japonaise n'aurait pas hésité, le cas échéant, à mobiliser les parents ou les maîtres, en leur demandant de procurer telle ou telle petite chose peu coûteuse. Si le choix de cette organisation centralisée et industrielle s'est imposé, c'est qu'il est apparu comme plus rationnel et mieux adapté aux fins pédagogiques. Les maîtres japonais y gagnent d'échapper à la récupération, ce cauchemar du maître d'école français — la recherche des bouts de ficelle, de fils de fer et de débris en tout genre...

Ajoutons, parce que ce n'est pas non plus négligeable, même si ce n'est, hélas, plus transférable en France tant nos écoles manquent de place, que les maîtres peuvent aussi compter sur une véritable pratique du jardinage, passion japonaise. La vaste cour de récréation comprend un grand coin de jardin — environ 60 m^2 de plates-bandes, où chaque classe cultive ses plantes.

Le travail des maîtres est ainsi grandement facilité, un peu comme ce que permet le programme *Hands'on* aux États-Unis.

La collaboration avec les parents

La relation aux parents est une préoccupation importante des équipes américaines dont s'inspire « La Main à la pâte », et c'est un aspect du travail qui est discrètement mais clairement distillé tout au long des manuels *Insights*. L'idée de base étant qu'un enfant réussit mieux à l'école s'il sent que ses parents s'intéressent à ses apprentissages, et s'il arrive à tisser des liens, même ténus, entre ce qu'il apprend à l'école et ce qu'il vit à la maison, entre son expérience scolaire et son expérience familiale : si, du moins, les deux mondes ne s'opposent pas comme deux mondes de sens opposés.

Du coup, il importe de le souligner, même si ce n'est pas spécifique à l'enseignement des sciences : l'école japonaise est une école largement ouverte aux parents.

Les maîtres ont soin, dans toutes les matières, d'interroger les enfants au début de chaque apprentissage, de façon à évoquer des situations familières, vécues par les enfants dans les familles, dans la rue, dans les circonstances ordinaires de la vie quotidienne. Bien sûr, en sciences, c'est plus facile encore : solides et liquides, plantes qui poussent, aimants et métaux, tout cela se rencontre dans la vie quotidienne des familles.

Le travail du directeur et de la sous-directrice comprend explicitement un rôle d'accueil, d'explication, de dialogue avec les parents, et, comme on l'a vu, les locaux sont organisés pour le permettre. L'école donne aux parents un livret de présentation de l'école, analogue à ce qui se fait ici au niveau de l'enseignement supérieur : horaires, présentation des enseignements, des buts poursuivis, des conceptions éducatives, du règlement, de ce qui est attendu des uns et des autres.

Les parents sont fréquemment invités à des fêtes organisées par les enfants.

Ils ont la possibilité de venir assister à des demi-journées de classes, suivies de réunions avec les maîtres, où ils peuvent poser toutes sortes de questions sur les apprentissages. Ils sont ainsi vraiment mis devant le travail scolaire d'apprentissage — pas seulement devant un discours d'intention pédagogique ou devant des productions. Du coup, les échanges entre enseignants et parents portent vraiment sur les apprentissages ; alors qu'à l'école française, faute de pouvoir débattre sur la matière même de l'enseignement, les échanges parents-enseignants se limitent souvent à des considérations psychologiques sur chaque enfant. Au Japon, les parents, ainsi introduits aux enjeux même du travail scolaire, sont sollicités à leur place, pour apporter leur soutien.

Ce qui fonde cette étroite collaboration avec les parents est un sentiment profondément enraciné au Japon que l'éducation des enfants relève de la responsabilité collective de tous les adultes. Même si les évolutions de la société moderne tendent à atténuer ce sentiment traditionnel au profit de conduites plus individualistes ; comme chez nous, l'école et les parents tendent à se renvoyer la responsabilité de l'éducation au lieu de s'en charger ensemble.

L'école japonaise assume tranquillement ce que nous vivons comme une contradiction : les parents jouent un rôle dans la réussite scolaire de leur enfant ; l'école japonaise explique et sollicite ce rôle, au lieu de compter sur la spontanéité des parents. Selon les écoles, et la personnalité des directeurs, cette attitude est plus ou moins libérale ; l'éventail, d'après les témoignages, va de la pression (désagréable pour un Français) à ce que j'ai observé : une grande ouverture de l'école, une disponibilité intelligente des directeurs et des enseignants, plutôt une collaboration et une possibilité qu'une conformité exigée.

S'inspirer et non copier

Cette belle réussite de l'enseignement des sciences résulte d'une tradition éducative différente de la tradition française, mais plus encore différente de la tradition américaine. Aux États-Unis, un système extrêmement décentralisé dans une tradition libérale.

Au Japon, un système fortement tenu par une hiérarchie plutôt autoritaire, compensée par une pratique courante de la concertation locale. La France : ni l'un ni l'autre, d'autres forces, d'autres faiblesses. Nous avons à trouver une voie qui nous soit propre, il ne s'agit pas de copier ni d'imiter bêtement, mais de capter ici ou là des modes opératoires qui soient transférables dans l'état actuel de nos traditions professionnelles et institutionnelles. C'est dans cet esprit qu'il vaut la peine de considérer l'expérience japonaise, indéniablement en avance sur nous dans ce domaine.

Il serait bien difficile ici de faire venir les maîtres sur la base de trente-cinq heures par semaine, mais il serait encore plus difficile de leur fournir le confort et la fonctionnalité de l'école japonaise, qui permettent d'occuper ces heures passées dans l'établissement à un travail efficace, convivial et tranquille...

En revanche, une évolution se dessine nettement en ce qui concerne le rapport aux familles, l'ouverture de l'école aux questions des parents, la collaboration pour les apprentissages — l'enseignement des sciences en acquiert plus de sens, et ce n'est pas un détail. La mise à disposition de manuels fonctionnels et la fourniture du matériel se révèlent incontournables, tant aux États-Unis qu'au Japon, avec des formules qui se ressemblent même si elles ne sont pas identiques — est-ce un hasard si viennent à converger des traditions par ailleurs si différentes ? Le travail en équipe, la continuité des apprentissages sur la durée de la scolarité, la concertation des maîtres sont de plus en plus reconnus comme indispensables à la réussite d'une école, et notamment à l'enseignement des sciences, si difficile et fragilisé en France. C'est sans doute là que nous pouvons admirer l'école japonaise et, peut-être, tenter d'adopter en les adaptant ses méthodes de travail.

CONCLUSION

Éduquer nos enfants

GEORGES CHARPAK

On nous reprochera sans doute de vouloir acclimater en France des expériences pédagogiques américaines et de nous rendre ainsi coupables de crime de lèse-exception française.

Mon expérience scientifique m'a appris que, si des gens font de bonnes choses, il faut commencer par les copier si l'on veut les dépasser un jour. Nous avons beaucoup bénéficié au CERN de l'expérience américaine en matière d'accélérateurs et de détecteurs de particules pour nous lancer dans l'aventure, puis nous avons dépassé nos amis américains dans de nombreux domaines et, après l'abandon de leur Supercollisionneur supraconducteur, même dans celui des accélérateurs.

Cette démarche me semble pertinente dans la plupart des domaines dès qu'il s'agit d'innover : celui de l'industrie, celui de l'éducation, et même celui de l'art. Une seule règle vaut en la matière : éviter de mettre des barrières à la propagation des créations du génie humain ! Ce qui ne signifie pas qu'il faut accepter les pressions d'un mercantilisme débridé qui prétend, au nom de la liberté des échanges, traiter la culture comme une marchandise et accepter l'invasion de la médiocrité, notamment à la télévision.

Une seule question doit nous préoccuper, nous tous, enseignants, psychologues et parents d'élèves : quelle est la bonne façon d'éduquer nos enfants ?

Ce que leur transmettra la famille, la société, de l'âge le plus tendre à la vie adulte, aura une influence déterminante sur le cours de leur vie.

Ils seront, à quelques exceptions près, promis à la misère des groupes marginalisés par l'essor de l'économie moderne ou invités à participer au festin qu'elle offre aux classes moyennes toujours plus nombreuses dans les sociétés post-industrielles, ou encore aux postes de direction réservés par des procédures occultes à des groupes restreints. Ces procédures sont aussi strictes et impitoyables que celles du temps jadis qui liaient l'accession aux niveaux supérieurs de la hiérarchie sociale à la possession de titres nobiliaires.

Quand un pays comme la France dépense 350 milliards de francs pour l'éducation de ses enfants, on a le droit de se demander si ses structures sont bien adaptées à transmettre la culture qui nous est chère aux nouvelles générations, à leur donner les connaissances nécessaires pour affronter la vie professionnelle dans un monde de compétition. Je ne le pense pas et j'ai voulu avec ce livre contribuer aux débats en cours sur les réformes de l'éducation.

Rien ne peut mieux faire comprendre le formidable impact que peut avoir la nouvelle approche de l'éducation scientifique que nous préconisons dans ces pages, que cet exemple rapporté par un maître formateur de Vaulx-en-Velin.

Portrait d'élève : Soumia ou le « raccrochage scolaire ».

Cette année, nous avons expérimenté un module traduit de l'américain sur « les liquides » dans le cadre de l'opération « La Main à la pâte ». À raison de trois séances d'une heure trente par semaine sur une durée de deux mois et demi.

Dans la classe où j'enseigne, les origines des élèves sont diverses et l'hétérogénéité scolaire est grande. Soumia fait partie des élèves en grande difficulté. Arrivée d'Algérie il y a un an, elle a de la difficulté à comprendre la langue française et encore plus à l'écrire. Notons que l'écriture est mauvaise et le travail peu soigné. Le retard scolaire est important et cette élève a déjà un an de plus que l'âge requis en CE2.

Soumia, par ailleurs, souffre de troubles psychologiques et vit dans une famille en grande difficulté socio-économique.

Cependant, elle ne s'est pas désintéressée de l'école et témoigne du désir d'y arriver. Son comportement est très effacé, c'est une élève qui exprime beaucoup de tristesse, qui ne parlait quasiment pas en début d'année et faisait preuve d'une grande lenteur voire d'apathie.

Avant de commencer le travail d'expérimentation sur les liquides, un questionnaire d'introduction est proposé aux élèves pour évaluer au départ leurs représentations du sujet et ce qu'ils en connaissent déjà.

Sur un maximum de 50 points que l'on pouvait obtenir, Soumia en a alors obtenu 2, les élèves les plus en difficulté se situant davantage entre 10 et 20 points, un seul élève obtenant 0 et les meilleurs scores se situant aux alentours de 30 points.

En deux mois et demi, j'ai noté les points suivants :

- le comportement a évolué de façon fulgurante, plus trace d'apathie ou de léthargie en classe. Soumia attend avec impatience la séance de sciences pendant laquelle elle s'active avec frénésie,
- on assiste à une prise de parole, régulière et même insistante, si on ne l'interroge pas de suite !

Que ce soit durant les manipulations pour faire part de ses observations ou après, lors de communication au grand groupe, que ce soit pour exprimer une hypothèse, toujours justifiée par un « parce que » ou pour exprimer son point de vue dans un autre espace de parole qu'est notre conseil de classe, Soumia s'exprime sur tous les sujets qui nous occupent et j'ai même noté que sa voix était plus assurée et qu'elle osait parler plus fort qu'auparavant.

Soumia affirme une plus grande volonté et confiance en elle. Elle s'est mise à s'inscrire aux « Quoi de Neuf ? », moment d'expression orale à sujet libre que je propose aux élèves. De même, elle a souhaité s'inscrire à des ateliers scientifiques dans le cadre des contrats locaux d'accompagnement scolaire organisés pendant le temps des études aménagées le soir.

Cette élève qui écrit mal, dont les cahiers sont négligés et dont la production d'écrits est quasi absente, a pris plaisir à représenter les expériences et schématiser, avec parfois un résultat très satisfaisant, tant au niveau de la forme : dessin bien réalisé, souci des légendes, que sur le fond où il était clair que la compréhension était juste.

Par ailleurs, Soumia écrit avec plaisir dans le cahier de vie de la classe, sorte de cahier de mémoire collective qu'un élève, chaque soir, emmène à la maison et sur lequel il consigne un petit bilan des activités du jour. C'est d'ailleurs à cette occasion que Soumia se plaisait à reparler des expériences, dessiner les conclusions qu'elle en avait tirées, voire si c'était un jour où nous n'avions pas eu notre séance de sciences, se plaignait qu'elle en était vraiment « trop désolée », avec le dessin d'une petite fille rageuse à côté.

À la fin du module nous avons réitéré le même questionnaire en plus de l'évaluation qui était prévue afin de mesurer l'évolution des élèves, l'écart de points obtenus.

L'écart de points pour Soumia a été de 25 points. Deux élèves sur vingt-deux seulement ont eu un écart supérieur, soit de 29 pour une élève qui partait de 9 et 31 points pour une autre qui en avait obtenu 17 au départ, la moyenne de la classe se situant à plus 16 points.

Je note actuellement un « raccrochage scolaire » en mathématiques : Soumia se met à comprendre...

Qui n'a pas envie de donner la même chance à tous les enfants qui démarrent mal dans la vie car ils n'ont pas la chance d'avoir des parents suffisamment disponibles !

Nous rêvons tous, mes collaborateurs de ce livre et moi, d'entraîner le système éducatif avec nous. Cela demande plus que des moyens matériels. Ceux-ci peuvent être évalués à 50 F par an et par élève, ce qui paraîtra dérisoire au regard des 12 000 F que coûte annuellement chaque élève à la nation. C'est dérisoire !

L'obstacle principal est l'inertie, le scepticisme, le fatalisme, mais il peut être vaincu. Les quelques années de mise en pratique de la méthode en France ont montré qu'il existait un immense réservoir de bonnes volontés prêtes à s'investir. En particulier, les scientifiques de tous niveaux peuvent jouer un rôle décisif en assistant les instituteurs qui se lancent dans leur nouvel enseignement avec un matériel qui ne leur est pas familier.

Les hommes politiques sont face à leur responsabilité. Ils doivent trouver les moyens de surmonter les principaux obstacles. À cet égard, la structure centralisée de notre enseignement s'avère fort avantageuse. Si la formation prodiguée aux instituteurs s'inscrit dans les perspectives ouvertes par « La Main à la pâte », il suffira de cinq à dix ans pour opérer une réforme générale de l'enseignement primaire qui entraînera dans son sillage des bouleversements salutaires.

Afin que l'école de la République joue son rôle redistributeur des cartes du destin, et contribue à former des citoyens égaux, quelle que soit leur naissance, dans un monde complexe. Pour le plus grand bien du pays !

Table

INTRODUCTION

PREMIÈRE PARTIE

Leon Lederman, un pionnier de l'enseignement scientifique aux États-Unis

DEUXIÈME PARTIE

Perspectives ouvertes dans nos écoles et dans nos lycées

TROISIÈME PARTIE

L'expérience japonaise

CONCLUSION

Ouvrage publié sous la responsabilité éditoriale de Gérard Jorland

CET OUVRAGE A ÉTÉ COMPOSÉ
ET MIS EN PAGE CHEZ NORD COMPO (VILLENEUVE-D'ASCQ)
ET ACHEVÉ D'IMPRIMER SUR ROTO-PAGE
PAR L'IMPRIMERIE FLOCH (MAYENNE)
EN OCTOBRE 1998

N° d'impression : 44644.
N° d'édition : 7381-0641-X.
Dépôt légal : octobre 1998.
Imprimé en France

sous la direction de

GEORGES CHARPAK

ENFANTS, CHERCHEURS et CITOYENS